朝倉数学講座 ⑩

応用数学

清水辰次郎 著

朝倉書店

小松　勇作
能代　清
矢野　健太郎
編集

まえがき

　応用数学といわれる数学の範囲は極めて広く，これをことごとく尽くすことは僅かの紙数では不可能である．本書はそれゆえ以下述べる範囲に限定し，次の2編からなっている．

　第1編は科学技術的方面に主として論ぜられ，普通に応用数学という語でよばれるもので，フーリエ級数，フーリエ変換，ラプラス変換の理論を中心として偏微分方程式から自動制御の理論に及んでいる．

　第2編は経済，経営方面に主として応用せられる数学的手法でオペレーションズ・リサーチと呼ばれる部門である．リニヤー・プログラミング，ゲーム，待行列，在庫管理などの理論の数学的手法を論ずる．

　第1編，第2編を通じて応用の具体例を並べるというよりはその数学的手法を具体的に述べることにした．読者はそれらを実際の問題に適用することができると思う．

　本書は数学的理論の美しさを犠牲にして，なるべく初歩の範囲で応用上差えない程度の数学に止めた．

　数学上では普通の微分積分学，函数論，統計の初歩の範囲で十分理解し得るように努めた．

　しかし数学上の証明は極めてていねいに詳しく述べておりしかも厳密さは十分保ってある．適用の限界を明示するため条件等は明確にしてある．この点普通の技術的数学入門書のように単なる説明に終っているものとは異なる．

　初心者のためをも考慮して証明を要する部分は詳しく述べてあるので冗長の嫌いのある部分も少なくないが，普通の書物には述べられていない点を知ることができるであろうと思う．

　本書を書くに際し参考としあるいは準拠した書物，あるいは各章，節について参考とするに適した書物は各章の終りに挙げて明記しておいた．

　1961 年 8 月

著者しるす

目　次

第1編　科学技術的応用数学の手法

第1章　フーリエ級数
§1.　フーリエ級数，フーリエ係数 ……………………………… 1
§2.　連続函数とフーリエ級数 …………………………………… 4
§3.　フーリエ級数展開 …………………………………………… 9
§4.　フーリエ級数の実例 ………………………………………… 17
§5.　区間で定義された函数のフーリエ展開 …………………… 20
§6.　フーリエ積分，フーリエ変換 ……………………………… 24
　　　問　題　1 ………………………………………………… 32

第2章　応用偏微分方程式
§7.　絃の振動の微分方程式 ……………………………………… 33
§8.　熱伝導の微分方程式 ………………………………………… 40
§9.　ポテンシャルの微分方程式 ………………………………… 46
§10.　熱伝導の微分方程式（2） …………………………………… 52
§11.　絃の振動の微分方程式（2） ………………………………… 56
　　　問　題　2 ………………………………………………… 60

第3章　ラプラス変換
§12.　ラプラス積分の収束域 ……………………………………… 62
§13.　ラプラス変換の一意性 ……………………………………… 67
§14.　ラプラス変換の実例 ………………………………………… 71
§15.　ラプラス積分の評価 ………………………………………… 76
§16.　ラプラス積分の一様収束性 ………………………………… 78
§17.　ラプラス積分の正則性 ……………………………………… 80

§18. $f(t), F(s)$ の微分，積分函数の関係 ･････････････････････････ 82
§19. 変数の一次変換 ･･･ 87
§20. 合成函数のラプラス変換 ･･･････････････････････････････････ 88
§21. ラプラス逆変換 ･･･ 90
§22. ラプラス逆変換の表示 ･････････････････････････････････････ 93
§23. ラプラス変換の応用 ･･･････････････････････････････････････ 106
問　題　3 ･･ 122

第4章　自動制御理論
§24. 伝　達　函　数 ･･･ 124
§25. 過　渡　応　答 ･･･ 127
§26. 周波数応答 ･･･ 129
§27. ブロック線図 ･･･ 134
§28. 自動制御系 ･･･ 138
§29. 制御系の安定，不安定 ･････････････････････････････････････ 143
§30. 諸　特　性 ･･･ 152

付録、ベッセル函数，ルジャンドル函数 ･･････････････････････････ 158

第2編　経済，経営への応用数学の手法

第5章　ゲームの理論
§31. 純　粋　方　策 ･･･ 169
§32. 混　合　方　策 ･･･ 175

第6章　線型計画法
§33. 簡　単　な　例 ･･･ 185
§34. 輸　送　問　題 ･･･ 188
§35. 線型計画法 ･･･ 197

第7章 待行列論

§36. 生成死滅過程 ································218
§37. 待行列問題 ··································222

第8章 取替理論

§38. 再帰現象 ····································230
§39. 取替問題 ····································233

第9章 在庫量管理

§40. 在庫量管理 ··································238
§41. 在庫量管理へ自動制御論の応用 ················244

索　引 ··253

第1編　科学技術的応用数学の手法

第1章　フーリエ級数

§1. フーリエ級数，フーリエ係数

$-\pi \leqq x \leqq \pi$ で函数 $f(x)$ がある条件をみたすとき，$f(x)$ は $-\pi \leqq x \leqq \pi$ で一様収束する次のような三角函数級数に展開される：

$$(1.1) \quad f(x) = \frac{a_0}{2} + a_1 \cos x + b_1 \sin x + \cdots + a_n \cos nx + b_n \sin nx + \cdots.$$

(1.1) の両辺に順次に $1, \cos x, \sin x, \cdots, \cos nx, \sin nx$ を掛けてそれぞれ $-\pi$ から π まで積分すると，

$$\int_{-\pi}^{\pi} f(x) dx = \pi a_0, \quad \int_{-\pi}^{\pi} f(x) \cos x dx = \pi a_1, \quad \int_{-\pi}^{\pi} f(x) \sin x dx = \pi b_1, \cdots,$$

$$\int_{-\pi}^{\pi} f(x) \cos nx dx = \pi a_n, \quad \int_{-\pi}^{\pi} f(x) \sin nx dx = \pi b_n, \cdots$$

となる．

これは微積分学で，m, n が自然数のとき，

$$\int_{-\pi}^{\pi} \cos^2 nx dx = \int_{-\pi}^{\pi} \sin^2 nx dx = \pi,$$

$$\int_{-\pi}^{\pi} \cos mx \cos nx dx = \int_{-\pi}^{\pi} \sin mx \sin nx dx = 0 \quad (m \neq n),$$

$$\int_{-\pi}^{\pi} \cos mx \sin nx dx = 0$$

を知っていることから明らかであろう．

したがって (1.1) の右辺の係数は次の通りである：

$$(1.2) \quad \begin{aligned} a_n &= \frac{1}{\pi} \int_{-\pi}^{\pi} f(x) \cos nx dx \quad (n=0, 1, 2, \cdots), \\ b_n &= \frac{1}{\pi} \int_{-\pi}^{\pi} f(x) \sin nx dx \quad (n=1, 2, \cdots). \end{aligned}$$

$-\pi \leqq x \leqq \pi$ で定義された函数 $f(x)$ がそこで積分可能でさえあれば,展開されると否とにかかわらず (1.2) によって a_n, b_n は求められる.したがって a_n, b_n を係数とする三角函数級数はつくることができる.(そのときその級数は収束するとは限らない.)そのような三角函数級数はともかく $f(x)$ が定まれば定まるのであるから,これを $f(x)$ に対応する**フーリエ級数**と呼び,a_n, b_n を**フーリエ係数**と呼ぶ.そして次のように表わす:

$$f(x) \sim \frac{a_0}{2} + a_1 \cos x + b_1 \sin x + \cdots + a_n \cos nx + b_n \sin nx + \cdots.$$

この右辺が $f(x)$ にどのような制限があれば収束しかつその和が $f(x)$ に等しくなるかは後に考える.この章では独立変数は実数とする.函数値は実数または複素数でもよいが複素数値のときは a^2, b^2 などは $|a|^2, |b|^2$ などとなおして読まねばならない.また $f(x)$ は $-\pi \leqq x \leqq \pi$ で有限個の点 $x_1, x_2, \cdots, x_k$ を除いて連続で,すべての不連続点 x_i では $f(x_i + 0)$ も $f(x_i - 0)$ も存在して有限である(このような函数 $f(x)$ を**区分的連続**と呼ぼう)と仮定する.

定理 1.1. フーリエ係数とは限らない数列 $\alpha_0, \alpha_1, \cdots, \alpha_n, \beta_1, \cdots, \beta_n$ が与えられ,

$$\frac{\alpha_0}{2} + \alpha_1 \cos x + \beta_1 \sin x + \cdots + \alpha_n \cos nx + \beta_n \sin nx = S_n(x)$$

とおくとき,

$$M = \int_{-\pi}^{\pi} |f(x) - S_n(x)|^2 dx \,^{1)}$$

を最小にする三角函数級数 $S_n(x)$ は α_n, β_n がフーリエ係数となったフーリエ級数のときである.

証明. $M = \int_{-\pi}^{\pi} (f(x) - S_n(x))^2 dx$

$$= \int_{-\pi}^{\pi} (f(x))^2 dx - 2 \int_{-\pi}^{\pi} f(x) S_n(x) dx + \int_{-\pi}^{\pi} (S_n(x))^2 dx.$$

右辺の第二項,第三項は $f(x) \cos jx$ や $f(x) \sin jx, \cos jx \sin kx, \cdots$ などの積

[1)] $f(x)$ の積分は不連続点があるからコーシーの特異積分であるが,不連続点は有限個しかなく,かつ区分的連続であるから存在することは明らかである.

分であるから，計算により
$$M=\int_{-\pi}^{\pi}|f(x)|^2dx-2\pi\left(\sum_{j=0}^{n}\alpha_j a_j+\sum_{j=1}^{n}\beta_j b_j\right)+\pi\left(\sum_{j=0}^{n}\alpha_j^2+\sum_{j=1}^{n}\beta_j^2\right).$$

この右辺に $\pi\left(\sum_{j=0}^{n}a_j^2+\sum_{j=1}^{n}b_j^2\right)-\pi\left(\sum_{j=0}^{n}a_j^2+\sum_{j=1}^{n}b_j^2\right)$ を付け加えて項の順序を変えると
$$M=\int_{-\pi}^{\pi}|f(x)|^2dx-\pi\left(\sum_{j=0}^{n}a_j^2+\sum_{j=1}^{n}b_j^2\right)+\pi\left\{\sum_{j=0}^{n}(a_j-\alpha_j)^2+\sum_{j=1}^{n}(b_j-\beta_j)^2\right\}.$$

この式の右辺から $\alpha_j=a_j, \beta_j=b_j$ のとき M は最小となる．

さて M は負でない函数 $|f(x)-S_n(x)|^2$ の積分であるから決して負とはならない．よって $S_n(x)$ がフーリエ級数であるときは上式から
$$\int_{-\pi}^{\pi}|f(x)|^2dx-\pi\left(\sum_{j=0}^{n}a_j^2+\sum_{j=1}^{n}b_j^2\right)\geqq 0.$$

この不等式は n のいかんにかかわらず成立するから $n\to\infty$ に対しても成立する：
$$\int_{-\pi}^{\pi}|f(x)|^2dx\geqq \pi\left(\sum_{j=0}^{\infty}a_j^2+\sum_{j=1}^{\infty}b_j^2\right).$$

また $f(x)$ は区分的連続であるから $\int_{-\pi}^{\pi}|f(x)|^2dx$ は存在して有限の値である．よって
$$\sum_{j=0}^{\infty}a_j^2+\sum_{j=1}^{\infty}b_j^2$$
はつねに収束することがわかる．

よって，特にフーリエ係数については $a_n\to 0, b_n\to 0\ (n\to\infty)$ である．

さて

(1.3) $$\lim_{n\to\infty}\int_{-\pi}^{\pi}|f(x)-S_n(x)|^2dx=0$$

ならば

(1.4) $$\int_{-\pi}^{\pi}|f(x)|^2dx=\pi\left(\sum_{j=0}^{\infty}a_j^2+\sum_{j=1}^{\infty}b_j^2\right)$$

が成立する．

(1.4) を**パーセバルの等式**という．

また逆に (1.4) が成立すればフーリエ級数 $S_n(x)$ に対し (1.3) が成立することも明らかである．

$S_n(x)$ が $f(x)$ に一様収束すれば (1.3) が成立するが，(1.3) が成立しても $S_n(x)$ が $f(x)$ に収束するとは限らない．しかし $S_n(x)$ と $f(x)$ との差の絶対値の平方が小さくなることを示すものであって，ある意味で $S_n(x)$ が $f(x)$ に近くなる．

$$\lim_{n\to\infty}\int_{-\pi}^{\pi}|S_n(x)-f(x)|^2 dx = 0$$

となることを

$$\|f(x)-S_n(x)\| \to 0 \quad \text{または} \quad \underset{n\to\infty}{\text{l.i.m.}}\, S_n(x) = f(x)$$

とかき，$S_n(x)$ は $f(x)$ に平均収束するということがある．

§2. 連続函数とフーリエ級数

一般に無限級数 $\sum_{j=1}^{\infty} u_j$ の部分和を $s_n = \sum_{j=1}^{n} u_j$ とするとき $\sum_{j=1}^{\infty} u_j$ が収束する，すなわち $\lim_{n\to\infty} s_n = S$ ならば

$$S_n = \frac{s_1 + s_2 + \cdots + s_n}{n}$$

とおくとき $\lim_{n\to\infty} S_n = S$ となる．しかし $\sum_{j=1}^{\infty} u_j$ は収束しなくとも $\lim_{n\to\infty} S_n = S$ が存在することがある．このとき無限級数 $\sum_{j=1}^{\infty} u_j$ はチェザロの総和法（または相加平均総和法）で和 S をもつという．

例えば無限級数 $1-1+1-1+\cdots$ では $s_{2n}=0, s_{2n+1}=1$ であるから収束しないが $S_{2n} = \frac{n}{2n} = \frac{1}{2}$, $S_{2n+1} = \frac{n+1}{2n+1}$ であるから $S_n \to \frac{1}{2}$ すなわちチェザロの和は $\frac{1}{2}$ となる．

フーリエ級数が収束すると限らぬ場合でもチェザロ総和法を考えると収束する場合があり，それについては次のフェジェルの定理が成立する．

定理 2.1. フーリエ級数の部分和

$$s_n(x) = \frac{a_0}{2} + \sum_{j=1}^{n-1}{}'(a_j \cos jx + b_j \sin jx)$$

§2. 連続函数とフーリエ級数

とし
$$S_n(x) = \frac{1}{n}(s_1(x) + s_2(x) + \cdots + s_n(x))$$
をつくるとき $-\pi \leq x \leq \pi$ で区分的連続で全域では $f(x) = f(x+2\pi)$ なる函数 $f(x)$ に対し $S_n(x)$ は $\frac{1}{2}\{f(x+0) + f(x-0)\}$ に収束する.[1] そして,その区間に含まれる $f(x)$ の連続な閉区間では $S_n(x)$ は $f(x)$ に一様収束する.

証明.
$$s_n(x) = \frac{a_0}{2} + \sum_{j=1}^{n-1}(a_j \cos jx + b_j \sin jx)$$
$$= \frac{1}{\pi}\int_{-\pi}^{\pi} f(t)\left\{\frac{1}{2} + \sum_{j=1}^{n-1}(\cos jt \cos jx + \sin jt \sin jx)\right\}dt$$
$$= \frac{1}{\pi}\int_{-\pi}^{\pi} f(t)\left\{\frac{1}{2} + \sum_{j=1}^{n-1} \cos j(t-x)\right\}dt.$$

$f(x)$ は $-\pi \leq x \leq \pi$ の外では $f(x) = f(x+2\pi)$ であるから $t-x=s$ とおけば
$$s_n(x) = \frac{1}{\pi}\int_{-\pi-x}^{\pi-x} f(x+s)\left\{\frac{1}{2} + \sum_{j=1}^{n-1} \cos js\right\}ds$$

は $f(x)$ の周期性から(また s を t と書きなおすと)
$$s_n(x) = \frac{1}{\pi}\int_{-\pi}^{\pi} f(x+t)\left\{\frac{1}{2} + \sum_{j=1}^{n-1} \cos jt\right\}dt.$$

ところが
$$\frac{1}{2} + \sum_{j=1}^{n-1} \cos jt = \frac{1}{2}\frac{\sin\left(n-\frac{1}{2}\right)t}{\sin\frac{t}{2}} = \frac{1}{2}\frac{\cos(n-1)t - \cos nt}{1-\cos t}$$

であるから

(2.1) $$s_n(x) = \frac{1}{2\pi}\int_{-\pi}^{\pi} f(x+t)\frac{\sin\left(n-\frac{1}{2}\right)t}{\sin\frac{t}{2}}dt$$

---

[1] $f(x)$ への仮定からすべての点で $\frac{1}{2}\{f(x+0) + f(x-0)\}$ は存在するが $f(x)$ の連続な点ではその値は明らかに $f(x)$ の値と一致する.一様収束するという記号を $S_n(x) \rightrightarrows f(x)$ と表わすこともある.$f(-\pi-0)$ や $f(\pi+0)$ は必ずしも $f(-\pi)$ や $f(\pi)$ に等しいとは限らない.

$$= \frac{1}{2\pi}\int_{-\pi}^{\pi} f(x+t)\frac{\cos(n-1)t-\cos nt}{1-\cos t}\,dt.$$

よって

$$S_n(x) = \frac{1}{n}\{s_1(x)+s_2(x)+\cdots+s_n(x)\}$$

(2.2)
$$= \frac{1}{2\pi n}\int_{-\pi}^{\pi} f(x+t)\frac{1-\cos nt}{1-\cos t}\,dt$$

$$= \frac{1}{2\pi n}\int_{-\pi}^{\pi} f(x+t)\left(\frac{\sin\dfrac{nt}{2}}{\sin\dfrac{t}{2}}\right)^{2} dt.$$

特別の場合として $f(x)\equiv 1$, のとき $f(x)$ のフーリエ係数は $a_0=2, a_j=b_j=0$ ($j=1,2,\cdots$) であるから $s_n(x)=1$, したがって $S_n(x)=1$. よって (2.2) は

$$1 = \frac{1}{2\pi n}\int_{-\pi}^{\pi}\left(\frac{\sin\dfrac{nt}{2}}{\sin\dfrac{t}{2}}\right)^{2} dt.$$

この式の両辺に $f(x)$ を掛けて (2.2) から辺々引けば

$$S_n(x)-f(x) = \frac{1}{2\pi n}\int_{-\pi}^{\pi}\{f(x+t)-f(x)\}\left(\frac{\sin\dfrac{nt}{2}}{\sin\dfrac{t}{2}}\right)^{2} dt.$$

さて

$$\frac{1}{2n}\left(\frac{\sin\dfrac{nt}{2}}{\sin\dfrac{t}{2}}\right)^{2} \equiv F_n(t)$$

とおき

$$\varphi_x(t) = f(x+t)+f(x-t)-2f(x)$$

とおけば

$$\frac{1}{\pi}\int_{-\pi}^{0}\{f(x+t)-f(x)\}F_n(t)\,dt+\frac{1}{\pi}\int_{0}^{\pi}\{f(x+t)-f(x)\}F_n(t)\,dt^{1)}$$

---

1) $\int_{-\pi}^{0}$ は $t=-s$ とおき $\int_{\pi}^{0}\{f(x-s)-f(x)\}F_n(s)(-ds)$. ここで s を t と書きなおせばこの式は右辺(次頁第一行)の形に表わせることがわかる.

§2. 連続函数とフーリエ級数

$$= \frac{1}{\pi}\int_0^\pi \{f(x-t)-f(x)\}F_n(t)\,dt + \frac{1}{\pi}\int_0^\pi \{f(x+t)-f(x)\}F_n(t)\,dt.$$

よって

$$S_n(x)-f(x) = \frac{1}{\pi}\int_0^\pi \{f(x+t)+f(x-t)-2f(x)\}F_n(t)\,dt$$

$$= \frac{1}{\pi}\int_0^\pi \varphi_x(t)F_n(t)\,dt.$$

ところが $f(x)$ が連続な点では

$$\lim_{t\to 0}\frac{f(x+t)+f(x-t)}{2} = f(x).$$

$f(x)$ の不連続な点でもその点における $f(x)$ の値を上式の左辺でおきかえたとすれば $t\to 0$ のとき $\varphi_x(t)\to 0$. [1)] よって任意に与えられた正数 $\varepsilon>0$ に対して δ がきまって $0\leq t\leq \delta$ ならば $|\varphi_x(t)|<\varepsilon$ となる.よって

$$|S_n(x)-f(x)| \leq \frac{1}{\pi}\int_0^\pi |\varphi_x(t)|F_n(t)\,dt$$

$$= \frac{1}{\pi}\int_0^\delta |\varphi_x(t)|F_n(t)\,dt + \frac{1}{\pi}\int_\delta^\pi |\varphi_x(t)|F_n(t)\,dt.$$

上のような δ をきめたとすれば[2)]

$$\frac{1}{\pi}\int_0^\delta |\varphi_x(t)|F_n(t)\,dt < \frac{\varepsilon}{\pi}\int_0^\pi F_n(t)\,dt \leq \frac{\varepsilon}{\pi}\int_{-\pi}^\pi F_n(t)\,dt = \varepsilon. \text{ [3)]}$$

また $f(x)$ は $-\pi\leq x\leq \pi$ で有界であるから $|f(x)|<M$ なる正数 M があるはずである.よって

$$\int_\delta^\pi |\varphi_x(t)|F_n(t)\,dt \leq 4M\frac{1}{2n\sin^2\dfrac{\delta}{2}}.$$

最後の式において n を十分大きくとれば

$$\frac{1}{\pi}\int_\delta^M |\varphi_x(t)|F_n(t)\,dt < \varepsilon.$$

---

1) x が $-\pi$ または π であっても $f(x)$ がそこで不連続ならば $S_n(x)$ は $\{f(x+0)+f(x-0)\}/2$ に収束することは上の証明のうちで明らかである.
2) この δ は x に従属して変わり得る.
3) $\int_{-\pi}^\pi F_n(t)\,dt = \pi$ であるから.

よって任意に与えられた正数 $\varepsilon>0$ に対して N を十分大きくとれば $n>N$ なるすべての n に対して

$$|S_n(x)-f(x)|<2\varepsilon.$$

すなわち $S_n(x)\to f(x)$ が証明された．ただし $f(x)$ はその不連続点では $\frac{1}{2}\{f(x+0)+f(x-0)\}$ で表わされるものとする．

なお $f(x)$ の $-\pi\leqq x\leqq\pi$ に含まれる連続な閉区間では $\varepsilon>0$ に対してその区間の x には無関係な δ が定められ（連続の一様性からの結果である），そのような δ に対して $0\leqq t\leqq\delta$ ならば $|\varphi_x(t)|<\varepsilon$ であるから

$$|S_n(x)-f(x)|<2\varepsilon$$

がその閉区間で一様に成立する．すなわち $S_n(x)$ は $f(x)$ に一様収束をする[1]．

さて $f(x)$ が $-\pi\leqq x\leqq\pi$ で連続なときは $-\pi\leqq x\leqq\pi$ で $S_n(x)$ は $f(x)$ に一様収束をするから，よく知られるように $n\to\infty$ のとき，

$$\int_{-\pi}^{\pi}|f(x)-S_n(x)|^2dx\to 0.$$

$f(x)$ が $-\pi\leqq x\leqq\pi$ で区分的連続であっても不連続点は有限個であるから同様の関係式が成立する．

ところが $S_n(x)$ も $s_n(x)$ と同じく $\cos(n-1)x,\ \sin(n-1)x$ までを含む三角函数級数の一つには違いないから定理 1.1 により

$$\int_{-\pi}^{\pi}|f(x)-S_n(x)|^2dx\geqq\int_{-\pi}^{\pi}|f(x)-s_n(x)|^2dx.$$

左辺が $n\to\infty$ のとき零に収束するから

$$\lim_{n\to\infty}\int_{-\pi}^{\pi}|f(x)-s_n(x)|^2dx=0.$$

よって $f(x)$ が $-\pi\leqq x\leqq\pi$ で区分的連続な函数のときは $|f(x)|^2$ の積分と

---

1) 以上の証明で $f(x)$ は区分的連続と仮定してあるから，不連続点も有限個あることもあるが，そこでは仮定からコーシーの特異積分が存在する．よって以上の積分の評価に際しても不連続点の両側で積分を分けて考えて，その両側の幅を 0 にやる極限を考えれば上の評価に零に収束する不連続点の数だけの量が付け加わるだけであるから全く同様に証明される．$S_n(x)$ の収束は考える点 x の十分近傍の性質で，そこで連続とか，$f(x+0)$, $f(x-0)$ の存在する不連続性とかによるもので x より遠い点の $f(x)$ の性質は直接にはきいていないことに注意．

そのフーリエ係数との間にパーセバルの等式

$$\int_{-\pi}^{\pi}|f(x)|^2dx=\frac{a_0}{2}+\sum_{j=1}^{\infty}(a_j{}^2+b_j{}^2)$$

が成立する．

　また $-\pi\leqq x\leqq\pi$ で区分的連続な函数 $f(x)$ が与えられればそのフーリエ係数 a_n,b_n がきまることは (1.2) から明らかであるが，逆に (1.2) により与えられるフーリエ係数 a_n,b_n がすべて与えられれば区分的連続函数 $f(x)$ は有限個の不連続点の値をのぞいて定まってしまう．いいかえれば二つの異なる連続函数は同一のフーリエ級数を与えることはない．

　なぜかといえば今 $f_1(x),f_2(x)$ が $-\pi\leqq x\leqq\pi$ で区分的連続でしかも同じフーリエ係数を与えるとすれば $f_1(x)-f_2(x)\equiv F(x)$ のフーリエ係数 a_n,b_n はすべて零であるはずである．$F(x)$ も区分的連続函数となり区分的連続函数に関してはパーセバルの等式が成立するから

$$\int_{-\pi}^{\pi}|F(x)|^2dx=0.$$

$|F(x)|^2$ は負となるはずがなくその積分が零であるから，区分的連続ならば有限個の不連続点の値をのぞいて $F(x)\equiv 0$ であるよりほかにはあり得ない．[1])
よって有限個の不連続点をのぞいて $f_1(x)\equiv f_2(x)$ となる．

§3. フーリエ級数展開

　$f(x)$ を $-\pi\leqq x\leqq\pi$ で定義された区分的連続な函数で，そこで極大値および極小値をとる点が有限個[2]) である函数とし全域では $f(x)=f(x+2\pi)$ を満足する函数とする．

　そのとき変域を有限個に分けて考えればそのおのおのの区域で単調であるから，以下では区分的連続で単調な函数について考える．

---

　1) 証明は帰謬法で簡単にできる．$F(x)\equiv 0$ でないとするとどこかに $|F(x)|^2>0$ なる点があり，$F(x)$ が連続なことからその点の十分近くでは $|F(x)|^2>0$ なる区間がある．よって積分は決して零にはなり得ないから $F(x)\equiv 0$ でなければならない．
　2) 函数値が $-\pi\leqq x\leqq\pi$ にぞくする点で部分的に定数となるような点は極大，極小値をとる点とはいわぬことにする．したがって部分的に定数となる部分があってもよい．

定理 3.1. $-\pi \leqq x \leqq \pi$ で区分的連続で極大,極小値をとる点が有限個である函数で全域では $f(x)=f(x+2\pi)$ なる函数 $f(x)$ のフーリエ級数の部分和を $s_n(x)$ とするとき

(3.1) $$\lim_{n\to\infty} s_n(x) = \frac{f(x+0)+f(x-0)}{2}.$$

特に $-\pi \leqq x \leqq \pi$ に含まれる $f(x)$ が連続な閉区間では $s_n(x)$ は $f(x)$ に一様収束する.

この定理を証明するために次の補助的な定理を証明する.

定理 3.2. $-\pi \leqq x \leqq \pi$ で区分的連続で単調な函数 $f(x)$ について

(3.2) $$\lim_{\mu\to\infty} \int_0^a f(x) \frac{\sin \mu x}{x} dx = \frac{\pi}{2} f(+0) \quad (0<a),$$

(3.3) $$\lim_{\mu\to\infty} \int_a^b f(x) \frac{\sin \mu x}{x} dx = 0 \quad (0<a<b).$$

これを証明するために微積分学で知っていることをここに再録してみよう.
まず

$$\int_0^a \frac{\sin \mu x}{x} dx, \quad \int_a^b \frac{\sin \mu x}{x} dx$$

は $\mu x = y$ とおくことによりそれぞれ

$$\int_0^{\mu a} \frac{\sin y}{y} dy, \quad \int_{\mu a}^{\mu b} \frac{\sin y}{y} dy$$

となる.ところが μ が増大して $\mu \to \infty$ となると

$$\int_0^{\mu a} \frac{\sin y}{y} dy \to \int_0^\infty \frac{\sin y}{y} dy = \frac{1}{2}\pi.$$

ところが $\int_{\mu a}^{\mu b} \frac{\sin y}{y} dy$ は収束する積分 $\int_0^\infty \frac{\sin y}{y} dy$ の十分先の方にあたる.すなわち $\int_0^\infty$ が収束するということは任意に小さな正数 ε に対して μ を十分大にすれば $\left|\int_{\mu a}^c \right| < \varepsilon$, $\mu a < c$ ということであるから μ が十分大となれば $\int_{\mu a}^{\mu b} \frac{\sin y}{y} dy$ はいくらでも零に近づく.よって

$$\lim_{\mu\to\infty} \int_{\mu a}^{\mu b} \frac{\sin y}{y} dy = 0.$$

したがって，まず
$$\lim_{\mu\to\infty}\int_0^a \frac{\sin\mu x}{x}dx = \frac{1}{2}\pi, \quad \lim_{\mu\to\infty}\int_a^b \frac{\sin\mu x}{x}dx = 0.$$

さて (3.2), (3.3) を証明するために積分学における第二平均値の定理をつかうと $f(x)$ は単調函数であるから

(3.4) $\quad \displaystyle\int_a^b f(x)\frac{\sin\mu x}{x}dx = f(a+0)\int_a^\xi \frac{\sin\mu x}{x}dx + f(b-0)\int_\xi^b \frac{\sin\mu x}{x}dx.$

ここで ξ は $a<\xi<b$ なるある適当な値とする．$0<a<\xi<b$ であるとすれば右辺の二つの積分は上のことから $\mu\to\infty$ で零に収束する．[1] よって
$$\lim_{\mu\to\infty}\int_a^b f(x)\frac{\sin\mu x}{x}dx = 0.$$

(3.2) を証明するには $f(x)=\phi(x)+f(+0)$ とおくと $\phi(+0)=0$ となる．よって
$$\int_0^a f(x)\frac{\sin\mu x}{x}dx = f(+0)\int_0^a \frac{\sin\mu x}{x}dx + \int_0^a \phi(x)\frac{\sin\mu x}{x}dx.$$

右辺の第一項は $\mu\to\infty$ に対し $\dfrac{\pi}{2}f(+0)$ に収束するから第二項が零に収束することを示そう．そのため $0<a$ の間に十分小さな c をとり $|\phi(c-0)|$ を任意に与えられた小さな正数 $\dfrac{\varepsilon}{2\pi}$ より小となるようにする．それは $\phi(+0)=0$ であるから必ずできる．

さて任意に与えられた正数 ε に対し，まず c を上のように適当に小さく定める．そのとき
$$\int_0^a \phi(x)\frac{\sin\mu x}{x}dx = \int_0^c \phi(x)\frac{\sin\mu x}{x}dx + \int_c^a \phi(x)\frac{\sin\mu x}{x}dx$$

と分けて考えるとふたたび積分の第二平均値定理から

(3.5) $\quad \displaystyle\int_0^c \phi(x)\frac{\sin\mu x}{x}dx = \phi(+0)\int_0^\xi \frac{\sin\mu x}{x}dx + \phi(c-0)\int_\xi^c \frac{\sin\mu x}{x}dx.$

右辺の第一項は明らかに零，第二項を評価すると次のようになる．

---

[1] (3.3) を証明するのに (3.4) をそのままつかうわけにはいかない．それは ξ が μ を変えると変化するから上の式で $\mu\xi$ は $\mu\to\infty$ となっても $\mu\xi\to\infty$ となるかどうかわからないからである．a が定まっていることが大切なのである．

$y = \dfrac{\sin x}{x}$ は $x>0$ に対して 0 と π の間で正, π と 2π の間で負, 2π と 3π の間で正というように交互に正, 負となるが, x が漸次大となるから

$$\left|\int_{m\pi}^{(m+1)\pi} \frac{\sin x}{x} dx\right| > \left|\int_{(m+1)\pi}^{(m+2)\pi} \frac{\sin x}{x} dx\right|.$$

よって

$$\int_0^z \frac{\sin x}{x} dx \leq \int_0^\pi \frac{\sin x}{x} dx < \pi.$$

そして

$$\int_p^q \frac{\sin x}{x} dx = \int_0^q \frac{\sin x}{x} dx - \int_0^p \frac{\sin x}{x} dx, \quad 0 \leq p < q$$

において右辺の二項は上のことから二項とも正であってともに π より小である. よって

$$\left|\int_p^q \frac{\sin x}{x} dx\right| < \pi, \quad 0 \leq p < q.$$

したがって (3.5) の右辺の第二項は

$$\left|\phi(c-0)\int_\xi^c \frac{\sin \mu x}{x} dx\right| < \frac{\varepsilon}{2\pi}\pi = \frac{\varepsilon}{2}.$$

この右辺は μ に無関係である.[1]

ところが (3.3) は証明されているから, μ を十分大にすると

$$\left|\int_c^a \phi(x) \frac{\sin \mu x}{x} dx\right| < \frac{\varepsilon}{2}.$$

したがって, 任意に与えられた正数 ε に対し μ_0 を十分大きくとれば $\mu \geq \mu_0$ なるすべての μ に対して

$$\left|\int_0^a \phi(x) \frac{\sin \mu x}{x} dx\right| \leq \left|\int_0^c \phi(x) \frac{\sin \mu x}{x} dx\right| + \left|\int_c^a \phi(x) \frac{\sin \mu x}{x} dx\right|$$

$$< \frac{\varepsilon}{2} + \frac{\varepsilon}{2} = \varepsilon.$$

よって

$$\lim_{\mu \to \infty} \int_0^a f(x) \frac{\sin \mu x}{x} dx = \frac{\pi}{2} f(+0).$$

---

1) ここで c は ε だけによってきまり μ に無関係であることに注意.

§3. フーリエ級数展開

これで準備ができたが，定理 3.1 では $f(x)$ は有限個の小区間に分かれて各小区間で単調である．定理 3.2 を各小区間で適用すれば（それらの小区間を $0 < a_1 < a_2 < \cdots < a_{n-1} < a$ とする）

$$\int_0^a f(x) \frac{\sin \mu x}{x} dx = \sum_{j=1}^n \int_{a_{j-1}}^{a_j} f(x) \frac{\sin \mu x}{x} dx$$

（ただし $a_n = a$, $a_0 = 0$）から $\mu \to \infty$ のとき右辺の第一項は $\frac{\pi}{2} f(+0)$ に，第二項以下は零に収束する．よって定理 3.2 の結果は定理 3.1 の仮定の函数 $f(x)$ についても成立する．

次に定理 3.1 の証明を簡単にするために次の定理を証明しよう．

定理 3.3. 定理 3.1 の仮定の函数 $f(x)$ について

(3.6) $\quad \lim_{\mu \to \infty} \int_0^a f(x) \frac{\sin \mu x}{\sin x} dx = \frac{\pi}{2} f(+0) \quad (0 < a < b < \pi)$,

(3.7) $\quad \lim_{\mu \to \infty} \int_a^b f(x) \frac{\sin \mu x}{\sin x} dx = 0$.

証明． 定理 3.2 の $f(x)$ の代りに $\phi(x) = f(x) \frac{x}{\sin x}$ をとると $\phi(x)$ が単調という性質をもっているならば (3.6), (3.7) は全く同様に証明される．ところが $\frac{x}{\sin x}$ は $0 < x < \pi$ で x の正で単調増加函数である[1]から $f(x)$ が正で単調増加函数ならば定理 3.2 から (3.6), (3.7) は明らかである．

もし $f(x)$ は単調増加でも正と限らなければ c を十分大きな正の定数とすれば $g(x) = c + f(x)$ は正の単調増加となる．

よって

$$\int f(x) \frac{\sin \mu x}{x} dx = \int g(x) \frac{\sin \mu x}{x} dx - c \int \frac{\sin \mu x}{x} dx$$

であり定理 3.2 から

$$\lim_{\mu \to \infty} \int_0^a g(x) \frac{\sin \mu x}{x} dx = g(+0) \frac{\pi}{2},$$

---

[1] $\frac{x}{\sin x}$ を $0 < x < \pi$ で微分してみれば単調増加であることがわかる．また $\lim_{x \to 0} \frac{x}{\sin x} = 1$ も明らかである．

$$\lim_{\mu\to\infty}\int_a^b g(x)\frac{\sin\mu x}{x}dx=0$$

であるからこの場合も (3.6),(3.7) は証明される.

もし $f(x)$ が単調減少であるならば c を十分大きな正の定数とすれば $g(x)=c-f(x)$ は正の単調増加となる.

よって上と同様にして

$$\lim_{\mu\to\infty}\int_0^a f(x)\frac{\sin\mu x}{x}dx=\frac{\pi}{2}c-\frac{\pi}{2}g(+0)=\frac{\pi}{2}f(+0),$$

$$\lim_{\mu\to\infty}\int_a^b f(x)\frac{\sin\mu x}{x}dx=0.$$

したがって $f(x)$ が $0<a<b<\pi$ で有限個の回数だけ単調増加,減少になりそれらの単調の小区間を前のように $a_0=0<a_1<a_2<\cdots<a_{n-1}<a_n=a$ とすれば

$$\int_0^a f(x)\frac{\sin\mu x}{\sin x}dx=\sum_{j=1}^n\int_{a_{j-1}}^{a_j}f(x)\frac{\sin\mu x}{\sin x}dx$$

であり $\mu\to\infty$ のとき右辺の第一項は $\frac{\pi}{2}f(+0)$ に,第二項以下は零に収束する.

よって定理 3.3 は証明された.

これで定理 3.1 の証明の準備ができたから次に定理 3.1 の証明をしよう.

定理 3.1 の 証明. まず定理 2.1 の証明のはじめの部分と全く同じにして (2.1) すなわち

$$s_n(x)=\frac{1}{2\pi}\int_{-\pi}^{\pi}f(x+t)\frac{\sin\left(n-\frac{1}{2}\right)t}{\sin\frac{t}{2}}dt$$

$$=\frac{1}{2\pi}\int_{-\pi}^{0}f(x+t)\frac{\sin\left(n-\frac{1}{2}\right)t}{\sin\frac{t}{2}}dt+\frac{1}{2\pi}\int_{0}^{\pi}f(x+t)\frac{\sin\left(n-\frac{1}{2}\right)t}{\sin\frac{t}{2}}dt.$$

$t=-s$ とおいて右辺の第一項の積分を書きかえれば

§3. フーリエ級数展開

$$= \frac{1}{2\pi}\int_0^\pi f(x-s)\frac{\sin\left(n-\frac{1}{2}\right)s}{\sin\frac{s}{2}}ds + \frac{1}{2\pi}\int_0^\pi f(x+t)\frac{\sin\left(n-\frac{1}{2}\right)t}{\sin\frac{t}{2}}dt$$

右辺の積分のうち第一項の積分変数 s を t におきかえて，次に定理 3.3 をつかうため右辺の二つの積分で $t=2s$ とおけば

(3.8)
$$s_n(x) = \frac{1}{\pi}\int_0^{\pi/2} f(x-2s)\frac{\sin(2n-1)s}{\sin s}ds$$
$$+ \frac{1}{\pi}\int_0^{\pi/2} f(x+2s)\frac{\sin(2n-1)s}{\sin s}ds.$$

$f(x)$ は定理 3.3 の仮定を満たしているから $2n-1=\mu$ とおけばわかるように

$$\lim_{n\to\infty} s_n(x) = \frac{1}{\pi}\left\{\frac{\pi}{2}f(x-0)+\frac{\pi}{2}f(x+0)\right\} = \frac{1}{2}\{f(x-0)+f(x+0)\}.$$

これで定理 3.1 の前半は証明されたが特に $-\pi \leqq x \leqq \pi$ に含まれる $f(x)$ が連続な閉区間で $s_n(x)$ が $f(x)$ に一様収束なることを示すには定理 3.2，定理 3.3 をみればよい．(3.8) で積分変数 s の変わり得る範囲は $0 \leqq s \leqq \pi/2$ であるから定理 3.2，定理 3.3 において x の範囲 $0<a<b$ は $0<a<b<\pi/2$ を考えればよい．そのとき $\frac{x}{\sin x}$ は $x=0$ で 1 とおけば $0 \leqq x \leqq \pi/2$ で連続となる．また仮定より $f(x)$ は $x-\delta \leqq x \leqq x+\delta$ (δ は閉区間の幅) で連続であるから $f(x-0)=f(x+0)=f(x)$. ところが $f(a+0)$, $f(b-0)$ が関係するだけであるから，$f(x)$ が有界ならば，定理 3.2 の証明をみれば，明らかなように

$$\lim_{\mu\to\infty}\int_a^b f(x)\frac{\sin\mu x}{x}dx = 0$$

は任意に与えられた正数 ε に対して，a, b が定まるならば $\mu\to\infty$ に対して $-\pi \leqq x \leqq \pi$ で一様に零に収束している．すなわち $\mu \geqq \mu_0$ なる μ に対し

$$\left|\int_a^b f(x)\frac{\sin\mu x}{x}dx\right| < \frac{\varepsilon}{2}, \quad 0<a<b<\frac{\pi}{2}.$$

$0<a<b<\frac{\pi}{2}$ なる制限は定理 3.3 で $\phi(x)=f(x)\frac{x}{\sin x}$ を考えるために使われる．

次に
$$\lim_{\mu\to\infty}\int_0^a f(z\pm x)\frac{\sin\mu x}{x}dx = \frac{\pi}{2}f(z\pm 0)$$
をみると，$f(z)$ が $-\delta\leq z\leq\delta$ で連続ならば $f(z)-f(+0)=\phi(z)$ なる $\phi(x)$ も連続となり，一様連続なことから十分小さな η をとれば $-\delta\leq z\leq\delta$ に属する任意の点 z を中心として両側に $|\phi(z+c-0)|$ も $|\phi(z-c+0)|$ も ε より小なるように $|c|<\eta$ がとれる．よって $-\delta\leq z\leq\delta$ で一様収束なることは同じくある μ_0 に対し $\mu\geq\mu_0$ なる μ に対しすべての $-\delta\leq z\leq\delta$ に関して
$$\left|\int_0^a f(z\pm x)\frac{\sin\mu x}{x}dx - \frac{\pi}{2}f(z\pm 0)\right|<\varepsilon$$
がそこで示されていることからわかる．

$f(x)$ が単調と限らぬ場合にも積分区間を有限個に分割しておのおのについて考えることにより同じく一様収束であることがいえる．

定理 3.3 において $f(x)$ に $\dfrac{x}{\sin x}$ を掛けても $0<a<b<\dfrac{\pi}{2}$ なる範囲では全く同様に $f(x)$ の連続な閉区間で一様収束なることがいえる．

よって (3.8) の右辺にある二つの積分はそれぞれ $\dfrac{1}{2}f(x+0)=\dfrac{1}{2}f(x-0)=\dfrac{1}{2}f(x)$ に $f(x)$ の連続な閉区間で一様収束することがわかる．

$f(x)$ のフーリエ級数展開があるとき $f'(x)$ に次のような仮定があれば $f'(x)$ はその級数を項別微分することによって得られる．それについては次の定理 3.4 がある．

定理 3.4. $-\pi\leq x\leq\pi$ において $f'(x)$ が存在して $f'(x)$ が連続で極大，極小値をとる点が有限個である函数で，全域では $f(x)=f(x+2\pi)$ なる函数 $f(x)$ に対し
$$f(x)=\frac{1}{2}a_0+\sum_{n=1}^{\infty}(a_n\cos nx + b_n\sin nx)\quad (-\pi\leq x\leq\pi).$$
ここに
$$a_n=\frac{1}{\pi}\int_{-\pi}^{\pi}f(x)\cos nx\,dx,\quad b_n=\frac{1}{\pi}\int_{-\pi}^{\pi}f(x)\sin nx\,dx$$
とすれば $f'(x)$ の連続な点では

$$f'(x)=\sum_{n=1}^{\infty} n(-a_n \sin nx + b_n \cos nx) \quad (-\pi < x < \pi).$$

証明. 定理 3.1 によって $f'(x)$ はフーリエ級数に展開されるから，その展開を

$$f'(x)=\frac{1}{2}a'_0+\sum_{n=1}^{\infty}(a'_n\cos nx+b'_n\sin nx).$$

ここで

$$a'_n=\frac{1}{\pi}\int_{-\pi}^{\pi}f'(x)\cos nx\,dx, \quad b'_n=\frac{1}{\pi}\int_{-\pi}^{\pi}f'(x)\sin nx\,dx$$

とする．a'_n を部分積分法によって計算すれば

$$a'_n=\frac{1}{\pi}[f(x)\cos nx]_{-\pi}^{\pi}+\frac{n}{\pi}\int_{-\pi}^{\pi}f(x)\sin nx\,dx$$

$$=\frac{\cos n\pi}{\pi}[f(\pi)-f(-\pi)]+nb_n.$$

ところが $f(\pi)=f(-\pi)$ であるから

$$a'_n=nb_n, \quad a'_0=0.$$

同様にして

$$b'_n=\frac{1}{\pi}[f(x)\sin nx]_{-\pi}^{\pi}-\frac{n}{\pi}\int_{-\pi}^{\pi}f(x)\cos nx\,dx=-na_n.$$

これを $f'(x)$ の右辺に代入すると

$$f'(x)=\sum_{n=1}^{\infty}(nb_n\cos nx-na_n\sin nx).$$

$f'(x)$ の極大極小値をとる点が有限個であるから $f(x)$ もそうである．なぜならば $f(x)$ がそれらの点を無限にとれば $f'(x)$ が存在するから $f'(x)$ も無限に振動する．

§4. フーリエ級数の実例

$f(x)$ が偶函数すなわち $f(x)=f(-x)$ ならば $-\pi \leq x \leq \pi$ で $f(x)$ は cosine のみの級数で展開される．

この場合は

$$a_n = \frac{1}{\pi}\int_{-\pi}^{\pi} f(x)\cos nx\,dx = \frac{2}{\pi}\int_0^{\pi} f(x)\cos nx\,dx,$$

$$b_n = \frac{1}{\pi}\int_{-\pi}^{\pi} f(x)\sin nx\,dx = 0.$$

$f(x)$ が奇函数すなわち $f(x) = -f(-x)$ ならば $-\pi \leq x \leq \pi$ で $f(x)$ は sine のみの級数に展開される．この場合は

$$a_n = \frac{1}{\pi}\int_{-\pi}^{\pi} f(x)\cos nx\,dx = 0,$$

$$b_n = \frac{1}{\pi}\int_{-\pi}^{\pi} f(x)\sin nx\,dx = \frac{2}{\pi}\int_0^{\pi} f(x)\sin nx\,dx.$$

例 1. $-\pi < x < \pi$ で $f(x) = x$ のフーリエ級数展開．

$f(x)$ は奇函数であるから

$$a_n = 0 \quad (n = 0, 1, 2 \cdots),$$

$$b_n = \frac{2}{\pi}\int_0^{\pi} x\sin nx\,dx = \frac{2}{\pi}\left[-\frac{x\cos nx}{n}\right]_0^{\pi} + \frac{2}{\pi}\int_0^{\pi}\frac{\cos nx}{n}dx = (-1)^{n-1}\frac{2}{n}.$$

よって

$$x = 2\left(\sin x - \frac{\sin 2x}{2} + \frac{\sin 3x}{3} - \cdots\right) \quad (-\pi < x < \pi).$$

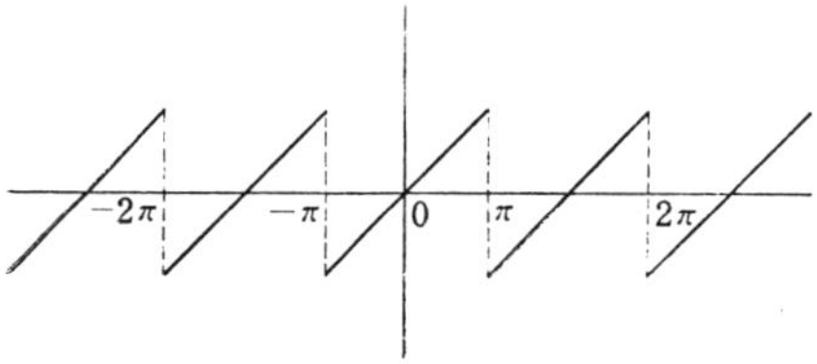

図 1

例 2. $-\pi < x < \pi$ で $f(x) = |x|$ のフーリエ級数展開．

$f(x)$ は偶函数であるから

$$b_n = 0 \quad (n = 1, 2, \cdots),$$

$$a_0 = \frac{2}{\pi}\int_0^{\pi} x\,dx = \pi,$$

$$a_n = \frac{2}{\pi}\int_0^{\pi} x\cos nx\,dx = \frac{2}{\pi}\left[\frac{x\sin nx}{n} + \frac{\cos nx}{n^2}\right]_0^{\pi}$$

$$= \begin{cases} 0 & (n\text{ 偶数のとき}), \\ \dfrac{-4}{n^2\pi} & (n\text{ 奇数のとき}). \end{cases}$$

よって

$$|x| = \frac{\pi}{2} - \frac{4}{\pi}\left(\cos x + \frac{\cos 3x}{3^2} + \frac{\cos 5x}{5^2} + \cdots\right) \quad (-\pi < x < \pi).$$

§4. フーリエ級数の実例

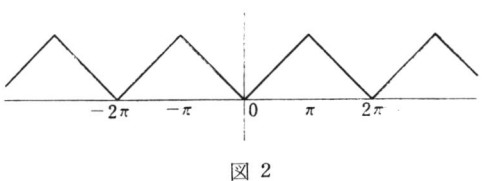

図 2

例 3. ギッブスは
$$f(x) = x \quad (-\pi < x < \pi)$$
の例についてそのフーリエ級数
$$2\left\{\sin x - \frac{\sin 2x}{2} + \frac{\sin 3x}{3} - \cdots\right\}$$
は $n=1,2,3,\cdots$ の曲線として $f(x)=x$ に近づかずに図3の曲線に近づくことを注意した．これを**ギッブス現象**という．この現象は級数が $-\pi+\delta \leqq x \leqq \pi-\delta$ では一様収束するが，$x=-\pi, \pi$ の近傍では一様収束しないためおこり，

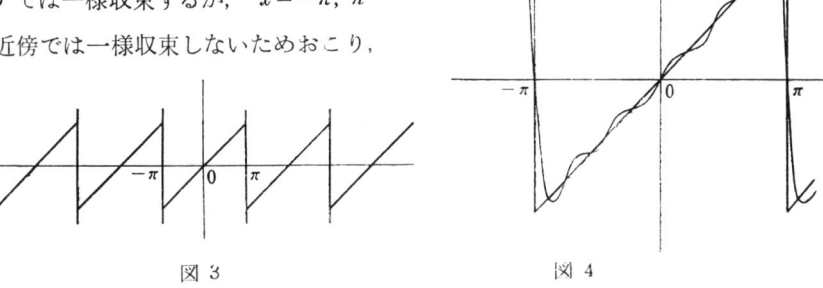

図 3　　　　　図 4

収束しても一様収束しない級数には普通にみられる現象で珍らしいものではない．しかしギッブスが発見した1899年頃には一様収束しない級数が収束するときの様子がよく知られていなかったので珍らしがられて後につづいて種々な研究がなされた．

一般のフーリエ級数については $f(a+0) > f(a-0)$ なる点 $x=a$ で曲線は
$$f(a-0) + \frac{f(a+0)-f(a-0)}{\pi}\int_\pi^\infty \frac{\sin x}{x}dx,$$
$$f(a+0) - \frac{f(a+0)-f(a-0)}{\pi}\int_\pi^\infty \frac{\sin x}{x}dx$$
なる高さに近づくことが示されている．ただし

$$\int_\pi^\infty \frac{\sin x}{x}\,dx = -0.2811\cdots.{}^{1)}$$

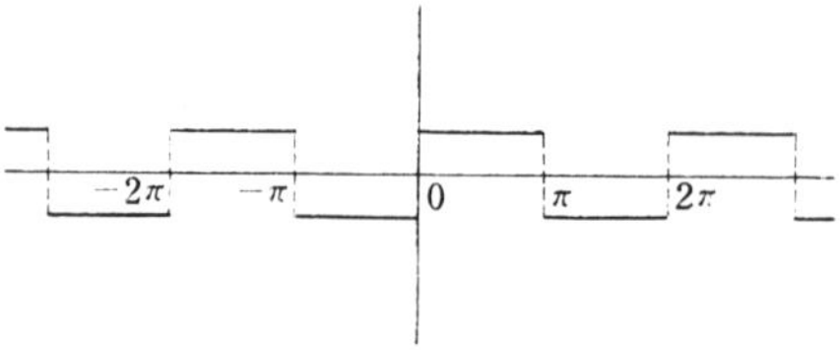

例 4.
$$f(x) = \begin{cases} -1 & (-\pi < x < 0), \\ 1 & (0 < x < \pi). \end{cases}$$

$$a_n = 0, \quad b_n = \begin{cases} 0 & (n \text{ 偶数}), \\ \dfrac{4}{n\pi} & (n \text{ 奇数}), \end{cases}$$

図 5

$$f(x) = \frac{4}{\pi}\left\{\frac{\sin x}{1} + \frac{\sin 3x}{3} + \frac{\sin 5x}{5} + \cdots\right\} \quad (-\pi < x < \pi).$$

例 5. $f(x) = \cos \lambda x$ $(-\pi \leq x \leq \pi)$; λ は整数でない実数とする.

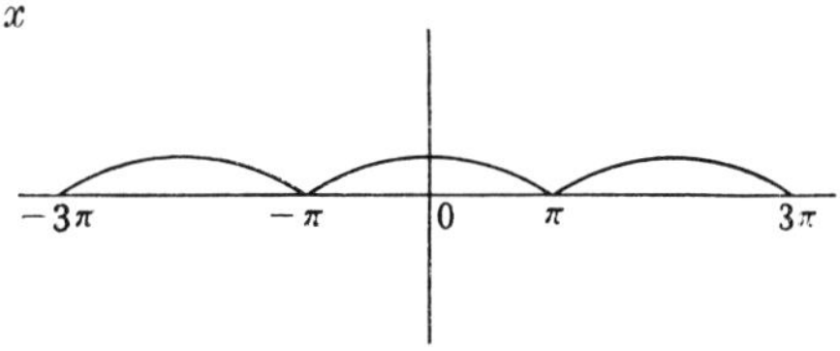

$$a_n = (-1)^n \frac{2\lambda \sin \lambda \pi}{\pi(\lambda^2 - n^2)},$$
$$b_n = 0.$$

図 6

$$\cos \lambda x = \frac{2\lambda \sin \lambda \pi}{\pi}\left\{\frac{1}{2\lambda^2} - \frac{\cos x}{\lambda^2 - 1} + \frac{\cos 2x}{\lambda^2 - 2^2} - \frac{\cos 3x}{\lambda^2 - 3^2} + \cdots\right\} \quad (-\pi \leq x \leq \pi).$$

問 1. $-\pi \leq x \leq \pi$ で $f(x) = x^2$ のフーリエ級数展開は
$$x^2 = \frac{\pi^2}{3} - 4\left\{\frac{\cos x}{1^2} - \frac{\cos 2x}{2^2} + \frac{\cos 3x}{3^2} - \cdots\right\} \quad (-\pi \leq x \leq \pi)$$
となることを示せ.

問 2. λ を整数でない実数とし $f(x) = \sin \lambda x$ を $-\pi < x < \pi$ で級数展開すると
$$\sin \lambda x = -\frac{2\sin \lambda \pi}{\pi}\left\{\frac{\sin x}{\lambda^2 - 1^2} - \frac{2\sin 2x}{\lambda^2 - 2^2} + \frac{3\sin 3x}{\lambda^2 - 3^2} - \cdots\right\} \quad (-\pi < x < \pi)$$
となることを示せ.

§5. 区間で定義された函数のフーリエ展開

定理 2.1, 定理 3.1 においてフーリエ級数展開に関する函数 $f(x)$ は $f(x) = f(x + 2\pi)$ を満たす. すなわち, 周期 2π の周期函数であるとしたが, $-\pi \leq x < \pi$ または $-\pi < x \leq \pi$ または $-\pi < x < \pi$ だけで定義されている函数

---

1) Carslaw, Fourier's Series and Integrals.* 参照.
ただし * 印を付けた文献は巻末の参考書にも掲げてある.

$f(x)$ としてもフーリエ級数に展開されることは全く同じ論法でいく. しかしフーリエ級数は sine, cosine の項をもつ級数であるから 2π を周期とした函数となる. したがって函数 $f(x)$ は $f(-\pi)=f(\pi)$ でなければならない.[1]

今 $f(x)$ を $-\pi$ と π との間だけで定義された函数と考えれば $f(-\pi-0)$ や $f(\pi+0)$ は考えられないはずであるからフーリエ級数は $x=-\pi, =\pi$ においてどのような値を表わすかが問題となる. 一方フーリエ級数は x のすべての点で収束しているからその極限函数を $s(x)$ とすれば $s(-\pi-0)$ と $s(\pi-0)$ とは等しく, $s(\pi+0)$ と $s(-\pi+0)$ とは等しい.

よってフーリエ級数 $s(x)$ は $x=\pi, -\pi$ ではそれぞれ

$$\lim_{n\to\infty} s_n(\pi) = \frac{f(\pi-0)+f(-\pi+0)}{2}, \quad \lim_{n\to\infty} s_n(-\pi) = \frac{f(-\pi+0)+f(\pi-0)}{2}$$

となる. よって定理 2.1, 定理 3.1 のように $f(x)$ を周期 2π の周期函数と考えたときと全く同じ結果となる.

フーリエ級数は 2π を周期とした周期的の性質をもっているが実は展開される函数の方は任意の有限区間で定義されていてもその区間でフーリエ級数に展開されるのである.

a, b を任意の実数 ($a<b$) とするとき $a<x<b$, $a\leqq x<b$, $a<x\leqq b$ または $a\leqq x\leqq b$ (最後の区間のときは $f(a)=f(b)$ なることが必要) で定義された函数 $f(x)$ がその定義域を閉区間と考えたとき区分的連続でかつ有限個の極大, 極小値をもつならば

$$x = \frac{b-a}{2\pi} t + \frac{b+a}{2}$$

で変数を変換すれば (a, b) は $(-\pi, \pi)$ に移る.

よって

$$f(x) = f\left(\frac{b-a}{2\pi} t + \frac{b+a}{2}\right) = g(t)$$

---

1) $-\pi \leqq x \leqq \pi$ で定義されているとするとフーリエ級数の方は 2π を周期とするから $f(-\pi)=f(\pi)$ でなければならず, そうでなければフーリエ級数では $-\pi$ と π のところで表わされないはずである. $-\pi < x < \pi$ の x に対しては定理 2.1, 定理 3.1 の示すような値を表わすことは明らかである.

とすれば $g(t)$ は $-\pi$ と π との間で定義された函数となる.（特に $a=-b$ のときは $x=\dfrac{b}{\pi}t$).

$g(t)$ は $-\pi<x<\pi$ でフーリエ級数展開されて,

$$\frac{a_0}{2}+\sum_{j=1}^{\infty}a_j\cos jt+\sum_{j=1}^{\infty}b_j\sin jt$$

で表わされるから $f(x)$ は $a<x<b$ で

$$\frac{a^*_0}{2}+\sum_{j=1}^{\infty}a^*_j\cos j\frac{\pi\{2x-(b+a)\}}{b-a}+\sum_{j=1}^{\infty}b^*_j\sin j\frac{\pi\{2x-(b+a)\}}{b-a}$$

で表わされる.

ここに

$$a^*_j=\frac{1}{\pi}\int_{-\pi}^{\pi}f\left(\frac{b-a}{2\pi}t+\frac{a+b}{2}\right)\cos jt\,dt$$

$$=\frac{2}{b-a}\int_a^b f(x)\cos j\frac{\pi\{2x-(b+a)\}}{b-a}dx,$$

$$b^*_j=\frac{1}{\pi}\int_{-\pi}^{\pi}f\left(\frac{b-a}{2\pi}t+\frac{a+b}{2}\right)\sin jt\,dt$$

$$=\frac{2}{b-a}\int_a^b f(x)\sin j\frac{\pi\{2x-(b+a)\}}{b-a}dx.$$

例 1.

$$f(x)=\begin{cases}1 & \left(0<x<\dfrac{b}{2}\right),\\ -1 & \left(\dfrac{b}{2}<x<b\right),\end{cases}\quad f(x)=f(-x)\quad(-b<x<0)$$

のフーリエ級数展開.

$f(x)$ は $-b<x<b$ で偶函数であるから

$$b_n=0,$$

$$a_0=\frac{2}{b}\int_0^{b/2}dx+\frac{2}{b}\int_{b/2}^b(-1)dx=0,$$

$$a_n=\frac{2}{b}\int_0^{b/2}\cos\frac{n\pi x}{b}dx+\frac{2}{b}\int_{b/2}^b(-1)\cos\frac{n\pi x}{b}dx$$

§5. 区間で定義された函数のフーリエ展開

$$=\left[\frac{2}{n\pi}\sin\frac{n\pi x}{b}\right]_0^{b/2}-\left[\frac{2}{n\pi}\sin\frac{n\pi x}{b}\right]_{b/2}^b=\frac{4}{n\pi}\sin\frac{n\pi}{2}.$$

よって

$$f(x)=\frac{4}{\pi}\left(\cos\frac{\pi x}{b}-\frac{1}{3}\cos\frac{3\pi x}{b}+\frac{1}{5}\cos\frac{5\pi x}{b}-\cdots\right) \quad (-b<x<b).$$

例 2.

$$f(x)=\begin{cases} 1 & \left(0<x<\dfrac{b}{2}\right), \\ -1 & \left(\dfrac{b}{2}<x<b\right), \end{cases} \qquad f(x)=-f(-x) \quad (-b<x<0)$$

のフーリエ級数展開.

$f(x)$ は $-b<x<b$ で奇函数であるから

$$a_n=0,$$

$$b_n=\frac{2}{b}\int_0^{b/2}\sin\frac{n\pi x}{b}dx+\frac{2}{b}\int_{b/2}^b(-1)\sin\frac{n\pi x}{b}dx$$

$$=\left[-\frac{2}{n\pi}\cos\frac{n\pi x}{b}\right]_0^{b/2}-\left[-\frac{2}{n\pi}\cos\frac{n\pi x}{b}\right]_{b/2}^b$$

$$=\begin{cases} \dfrac{4}{(2m+1)\pi} & (n=4m+2), \\ 0 & (n=4m,\ 4m+1,\ 4m+3). \end{cases}$$

よって

$$f(x)=\frac{4}{\pi}\left(\sin\frac{2\pi x}{b}+\frac{1}{3}\sin\frac{6\pi x}{b}+\frac{1}{5}\sin\frac{10\pi x}{b}+\cdots\right) \quad (-b<x<b).$$

例 3.

$$f(x)=\begin{cases} 1 & \left(0<x<\dfrac{b}{2}\right) \\ -1 & \left(\dfrac{b}{2}<x<b\right) \end{cases}$$

を $x=\dfrac{b}{2\pi}t+\dfrac{b}{2}$ によって $-\pi<t<\pi$ に変換すれば $f(x)=-f(-x)$ となるから

$$a_n=0,$$

$$b_n = \frac{2}{b}\int_0^{b/2} \sin\frac{n\pi}{b}(2x-b)\,dx + \frac{2}{b}\int_{b/2}^{b}(-1)\sin\frac{n\pi}{b}(2x-b)\,dx$$

$$= \left[-\frac{1}{n\pi}\cos\frac{n\pi}{b}(2x-b)\right]_0^{b/2} - \left[-\frac{1}{n\pi}\cos\frac{n\pi}{b}(2x-b)\right]_{b/2}^{b}$$

$$= \begin{cases} \dfrac{-4}{(2m+1)\pi} & (n=2m+1), \\ 0 & (n=2m) \end{cases}$$

となり前例と同じ展開となる．

以上の二例の示すように $0 < x < b$ で定義された函数 $f(x)$ はその外を適当に定義することにより，どのような周期函数とするかによって $f(x)$ を表わすフーリエ級数展開は異なったものとなる．

問 1. $\dfrac{ca}{b} + \dfrac{2c}{\pi}\left\{\sin\dfrac{\pi a}{b}\cos\dfrac{\pi x}{b} + \dfrac{1}{2}\sin\dfrac{2\pi a}{b}\cos\dfrac{2\pi x}{b} + \cdots\right\}$ は $0 < x < a$ で c，$a < x < b$ で零に等しいことを示せ．

問 2. $0 < x < \dfrac{b}{2}$ で $f(x) = \dfrac{b}{4} - x$，$\dfrac{b}{2} < x < b$ で $f(x) = x - \dfrac{3}{4}b$ なる $f(x)$ のフーリエ級数展開は

$$f(x) = \frac{2b}{\pi^2}\left\{\cos\frac{2\pi x}{b} + \frac{1}{9}\cos\frac{6\pi x}{b} + \frac{1}{25}\cos\frac{10\pi x}{b} + \cdots\right\}$$

となることを示せ．

問 3. $f(x)$ が $0 \leq x \leq \pi$ で次のように定義されるとき，すなわち

$$f(x) = \frac{3}{2}x \quad \left(0 \leq x \leq \frac{\pi}{3}\right), \quad f(x) = \frac{1}{2}\pi \quad \left(\frac{\pi}{3} < x < \frac{2}{3}\pi\right),$$

$$f(x) = \frac{3}{2}(\pi - x) \quad \left(\frac{2}{3}\pi \leq x \leq \pi\right)$$

のとき

$$f(x) = \frac{6}{\pi}\sum_{n=1}^{\infty}\frac{\sin\frac{1}{3}(2n-1)\pi \sin(2n-1)x}{(2n-1)^2} \quad (0 \leq x \leq \pi)$$

となることを示せ．

§6. フーリエ積分，フーリエ変換

§3 の (3.2) を証明するときに，$f(x) = \phi(x) + f(+0)$ とおくかわりに $f(z+x) = \phi(z+x) + f(z+0)$ とおけば $\phi(z+0) = 0$．そして

$$\int_0^a f(z+x)\frac{\sin\mu x}{x}dx = f(z+0)\int_0^a \frac{\sin\mu x}{x}dx + \int_0^a \phi(z+x)\frac{\sin\mu x}{x}dx$$

において右辺第一項は $\mu\to\infty$ に対し $\frac{\pi}{2}f(z+0)$, 第二項はそのときの証明と全く同様で零に収束する．ここで z を x, x を t, μ を n とおけば $0 < x < 2a$ において区分的連続で有限個の極大，極小値をもつ函数 $f(x)$ に対し

$$\lim_{n\to\infty}\int_0^a f(x+t)\frac{\sin nt}{t}dt = \frac{\pi}{2}f(x+0).$$

同様に $-2a' < x < 0$ において上の性質をもつ函数 $f(x)$ に対し

$$\lim_{n\to\infty}\int_{-a'}^0 f(x+t)\frac{\sin nt}{t}dt = \frac{\pi}{2}f(x-0).$$

よって

(6.1) $$\lim_{n\to\infty}\int_{-a'}^a f(x+t)\frac{\sin nt}{t}dt = \frac{\pi}{2}[f(x+0)+f(x-0)].$$

さて

$$\int_0^n \cos\lambda\,d\lambda = \frac{\sin nt}{t}$$

であるから

$$\int_{-a'}^a f(x+t)\frac{\sin nt}{t}dt = \int_{-a'}^a dt\int_0^n f(x+t)\cos\lambda t\,d\lambda.$$

$f(x)$ が区分的連続であるから二重積分の順序が変更されて，

(6.2) $$\int_{-a'}^a dt\int_0^n f(x+t)\cos\lambda t\,d\lambda = \int_0^n d\lambda\int_{-a'}^a f(x+t)\cos\lambda t\,dt.$$

もし $\int_{-\infty}^\infty |f(x)|dx$ が存在すると仮定すれば (6.2) において $a, -a'$ は任意にとれるから $a\to\infty$, $-a'\to-\infty$ とした積分が存在する[1].

よって

---

1) $\int_{-\infty}^\infty$ は $\lim_{\substack{a\to\infty \\ b\to-\infty}}\int_b^a$ とした積分で a,b を任意の仕方で ∞ と $-\infty$ とにしたときの特異積分を表わす．それに対し $\lim_{a\to\infty}\int_{-a}^a$ は $a, -a$ の両側に同じ速さで $\infty, -\infty$ にしたときの積分の存在することを示すものでコーシーの主値積分という．$\int_{-\infty}^\infty$ が存在すればコーシーの主値積分は存在するが逆は必ずしも真ではない．

26   第1章 フーリエ級数

(6.3) $\displaystyle\lim_{n\to\infty}\int_{-\infty}^{\infty}f(x+t)\frac{\sin nt}{t}dt=\frac{\pi}{2}[f(x+0)+f(x-0)].$

一方

(6.4) $\displaystyle\int_{-\infty}^{\infty}f(x+t)\frac{\sin nt}{t}dt=\int_{-\infty}^{\infty}dt\int_{0}^{n}f(x+t)\cos\lambda t\,d\lambda$

$$=\lim_{\substack{a\to\infty\\-a'\to-\infty}}\int_{0}^{n}d\lambda\int_{-a'}^{a}f(x+t)\cos\lambda t\,dt.$$

最後の積分は $\displaystyle\int_{-\infty}^{\infty}|f(x)|dx$ が存在してしかも

$$\left|\int_{a}^{\infty}f(x+t)\cos\lambda t\,dt\right|\leq\int_{a}^{\infty}|f(x)|dx$$

であるから

$$\int_{a}^{\infty}f(x+t)\cos\lambda t\,dt\to 0\quad(a\to\infty).$$

同様に

$$\int_{-\infty}^{-a'}f(x+t)\cos\lambda t\,dt\to 0\quad(-a'\to-\infty).$$

よって (6.4) の積分において $a\to\infty,\ -a'\to-\infty$ の極限は存在して,

$$\int_{-\infty}^{\infty}dt\int_{0}^{n}f(x+t)\cos\lambda t\,d\lambda=\int_{0}^{n}d\lambda\int_{-\infty}^{\infty}f(x+t)\cos\lambda t\,dt.$$

ゆえに

$$\lim_{n\to\infty}\int_{-\infty}^{\infty}f(x+t)\frac{\sin nt}{t}dt=\lim_{n\to\infty}\int_{0}^{n}d\lambda\int_{-\infty}^{\infty}f(x+t)\cos\lambda t\,dt.$$

よって

定理 6.1. $f(x)$ が任意の正数 a に対して区間 $-a\leq x\leq a$ において区分的連続で極大, 極小値が有限個のとき, もし $\displaystyle\int_{-\infty}^{\infty}|f(x)|dx$ が有限の値ならば

(6.5) $\displaystyle\frac{1}{\pi}\int_{0}^{\infty}d\lambda\int_{-\infty}^{\infty}f(x+t)\cos\lambda t\,dt=\frac{f(x+0)+f(x-0)}{2},$

(6.6) $\displaystyle\lim_{n\to\infty}\frac{1}{\pi}\int_{-\infty}^{\infty}f(x+t)\frac{\sin nt}{t}dt=\frac{f(x+0)+f(x-0)}{2}.$

これを**フーリエの積分定理**という.

特に $f(x)$ が連続な点では

$$\frac{1}{\pi}\int_0^\infty d\lambda \int_{-\infty}^\infty f(x+t)\cos\lambda t\,dt = f(x),$$

$$\lim_{n\to\infty}\frac{1}{\pi}\int_{-\infty}^\infty f(x+t)\frac{\sin nt}{t}\,dt = f(x).$$

(6.5) において $x+t=v$ とおけば

$$\frac{\pi}{2}[f(x+0)+f(x-0)] = \int_0^\infty d\lambda \int_{-\infty}^\infty f(v)\cos[\lambda(v-x)]dv.$$

以下簡単のために $f(x)$ の連続な点のみを考えることにすると, v を t とおいて,

$$f(x) = \lim_{u\to\infty}\int_0^u \{C(\lambda)\cos\lambda x + S(\lambda)\sin\lambda x\}d\lambda.$$

ここで

$$C(\lambda) = \frac{1}{\pi}\int_{-\infty}^\infty f(t)\cos\lambda t\,dt, \quad S(\lambda) = \frac{1}{\pi}\int_{-\infty}^\infty f(t)\sin\lambda t\,dt.$$

特に $f(x)$ が $-\infty < x < \infty$ において偶函数すなわち $f(x) = f(-x)$ のとき

$$S(\lambda) = 0, \quad \int_{-\infty}^\infty f(t)\cos\lambda t\,dt = 2\int_0^\infty f(t)\cos\lambda t\,dt$$

であるから

$$f(x) = \frac{2}{\pi}\lim_{u\to\infty}\int_0^u \cos\lambda x\,d\lambda \int_0^\infty f(t)\cos\lambda t\,dt.$$

よって

(6.7) $$g(\lambda) = \sqrt{\frac{2}{\pi}}\int_0^\infty f(t)\cos\lambda t\,dt$$

とすると

(6.8) $$f(x) = \sqrt{\frac{2}{\pi}}\int_0^\infty g(\lambda)\cos\lambda x\,d\lambda.$$

(6.7) を $f(x)$ の **cosine 変換**という.

(6.8) を $f(x)$ の cosine 変換に対する**反転公式**という.

同様に $f(x)$ が $-\infty < x < \infty$ において奇函数すなわち $f(x) = -f(-x)$ のとき

$$C(\lambda)=0, \quad \int_{-\infty}^{\infty} f(t)\sin\lambda t\,dt = 2\int_{0}^{\infty} f(t)\sin\lambda t\,dt$$

であるから

$$f(x) = \frac{2}{\pi}\lim_{u\to\infty}\int_{0}^{u}\sin\lambda x\,d\lambda \int_{0}^{\infty} f(t)\sin\lambda t\,dt.$$

よって

(6.9) $$h(\lambda) = \sqrt{\frac{2}{\pi}}\int_{0}^{\infty} f(t)\sin\lambda t\,dt$$

とすると

(6.10) $$f(x) = \sqrt{\frac{2}{\pi}}\int_{0}^{\infty} h(\lambda)\sin\lambda x\,d\lambda.$$

(6.9) を $f(x)$ の **sine 変換**という.

(6.10) を $f(x)$ の sine 変換に対する**反転公式**という.

$f(x)$ が $-\infty < x < \infty$ において定理 6.1 の仮定を満足し連続な函数とすると,

$$F(\lambda) = \sqrt{\frac{\pi}{2}}(C(\lambda) - iS(\lambda))\,[1)]$$

とおくとき

$$F(\lambda) = \frac{1}{\sqrt{2\pi}}\int_{-\infty}^{\infty} f(t)e^{-i\lambda t}dt.$$

また

$$\frac{1}{\sqrt{2\pi}}\int_{-u}^{u} F(\lambda)e^{ix\lambda}d\lambda = \frac{1}{\sqrt{2\pi}}\int_{0}^{u} F(\lambda)e^{ix\lambda}d\lambda + \frac{1}{\sqrt{2\pi}}\int_{0}^{u} F(-\lambda)e^{-ix\lambda}d\lambda.$$

右辺へ $F(\lambda)$ の式を代入すると,

$$= \frac{1}{2\pi}\int_{0}^{u} d\lambda \int_{-\infty}^{\infty} f(t)\{e^{i(x-t)\lambda} + e^{-i(x-t)\lambda}\}dt$$

$$= \frac{1}{\pi}\int_{0}^{u} d\lambda \int_{-\infty}^{\infty} f(t)\cos\{(x-t)\lambda\}dt.$$

よって (6.5) から

---

1) $\sin\theta = \dfrac{e^{i\theta}-e^{-i\theta}}{2i}$, $\cos\theta = \dfrac{e^{i\theta}+e^{-i\theta}}{2}$ であるから.

$$f(x) = \frac{1}{\sqrt{2\pi}} \lim_{u \to \infty} \int_{-u}^{u} F(\lambda) e^{i\lambda x} d\lambda.$$

よって

定理 6.2. $f(x)$ が任意の正数 a に対して区間 $-a \leq x \leq a$ において区分的連続で極大,極小値が有限個のとき,もし $\int_{-\infty}^{\infty} |f(x)| dx$ が有限の値ならば

(6.11) $$F(\lambda) = \frac{1}{\sqrt{2\pi}} \int_{-\infty}^{\infty} f(t) e^{-i\lambda t} dt$$

とおくとき $f(x)$ の連続な点で

(6.12) $$f(x) = \frac{1}{\sqrt{2\pi}} \lim_{u \to \infty} \int_{-u}^{u} F(\lambda) e^{i\lambda x} d\lambda.$$

(6.11) を $f(x)$ の**フーリエ変換**といい (6.12) をその**反転公式**という.[1]

(6.11) の右辺の積分 $\int_{-\infty}^{\infty}$ は定理の仮定から絶対収束する積分であるが,(6.12)の右辺の積分はコーシーの主値積分である.フーリエ変換とその反転公式を平等な積分の形とするにはルベックの積分を考え収束も平均収束という概念をもっておきかえなければ得られない.

(6.11),(6.12) は適当な仮定を満足する函数 $f(t)$ $(-\infty < t < \infty)$ を $e^{-i\lambda t}$ を掛けて積分すると λ の函数 $F(\lambda)$ が得られ,$F(\lambda)$ に $e^{i\lambda x}$ を掛けて積分すると元の函数 $f(t)$ にもどることを示している.すなわち $f(t)$ に対し $F(\lambda)$ が対応するもので (6.11) の式は函数同志の変換を表わしている.

さらに注意すべきことはフーリエ級数は任意の区間(有限区間)で定義された函数(もちろん適当な条件のもとで)を級数展開で表わすことができるけれども $-\infty < x < \infty$ (無限区間)で定義された函数は一般には表わすことはできない.なぜならフーリエ級数は周期函数であるからである.

もし $-\infty < x < \infty$ または $0 < x < \infty$ 等で定義された函数があれば,それは適当な条件を満たせばフーリエ積分で表わすことができることを知ったわけ

---

[1] (6.11) の積分 $\int_{-\infty}^{\infty}$ は特異積分であるが (6.12) の積分はコーシーの主値積分である.これは上の証明をみれば $\int_{-u}^{u} F(\lambda) e^{ix\lambda} d\lambda$ とおいて計算をしていることからわかる.(6.12) の積分は $\int_{-\infty}^{\infty}$ はあるか否かはわからないのである.

である．これらの事情は次章で偏微分方程式を境界条件のもとに解くとき重要となる．

$f_1(x), f_2(x)$ を任意の正数 a に対し $-a \leq x \leq a$ で区分的連続であって有限個の極大，極小をもつ函数とし $\int_{-\infty}^{\infty}|f_1(x)|dx, \int_{-\infty}^{\infty}|f_2(x)|dx$ がともに存在するものとする．

$$g(x, y) = f_1(y) f_2(x-y)$$

とおくと

$$\int_{-\infty}^{\infty} dy \int_{-\infty}^{\infty} |g(x, y)| dx = \int_{-\infty}^{\infty} |f_1(y)| dy \int_{-\infty}^{\infty} |f_2(x-y)| dx$$

$$= \int_{-\infty}^{\infty} |f_1(y)| dy \int_{-\infty}^{\infty} |f_2(x)| dx$$

であるから左辺の積分は変数交換ができて[1]

$$\int_{-\infty}^{\infty} dy \int_{-\infty}^{\infty} |g(x, y)| dx = \int_{-\infty}^{\infty} dx \int_{-\infty}^{\infty} |g(x, y)| dy.$$

右辺も存在して等しい．

よって

$$h(x) = \int_{-\infty}^{\infty} f_1(y) f_2(x-y) dy = \int_{-\infty}^{\infty} g(x, y) dy.$$

右辺は必ず存在するからこれにより $h(x)$ を定義することができてかつ

$$\int_{-\infty}^{\infty} |h(x)| dx < \infty.$$

すなわち $h(x)$ も $-\infty$ から ∞ まで絶対値が積分可能であることがわかる．

さて $h(x)$ を $f_1(x), f_2(x)$ の合成函数 (convolution) といい,

$$h(x) \equiv f_1 * f_2(x) \equiv f_1 * f_2$$

と表わす．

$x - y = z$ とおけば

$$h(x) = \int_{-\infty}^{\infty} f_1(y) f_2(x-y) dy = \int_{-\infty}^{\infty} f_1(x-z) f_2(z) dz.$$

よって

---

[1] これらの証明は例えば Carslaw, Fourier's Series and Integrals*, p.190 参照．

$$f_1 * f_2 = f_2 * f_1.$$

同様にして

$$(f_1 * f_2) * f_3 = f_1 * (f_2 * f_3)$$

も示される.

さて $f_1 * f_2$ のフーリエ変換は

$$\frac{1}{\sqrt{2\pi}} \int_{-\infty}^{\infty} e^{-i\lambda x} dx \int_{-\infty}^{\infty} f_1(y) f_2(x-y) dy$$

$$= \frac{1}{\sqrt{2\pi}} \int_{-\infty}^{\infty} f_1(y) dy \int_{-\infty}^{\infty} e^{-i\lambda x} f_2(x-y) dx$$

$$= \frac{1}{\sqrt{2\pi}} \int_{-\infty}^{\infty} f_1(y) e^{-i\lambda y} dy \int_{-\infty}^{\infty} e^{-i\lambda(x-y)} f_2(x-y) dx$$

$$= \sqrt{2\pi} F_1(\lambda) F_2(\lambda).$$

よって

定理 6.3. $f_1(x), f_2(x)$ を任意の正数 a に対し $-a \leq x \leq a$ において区分的に連続で極大,極小が有限個であるとき $\int_{-\infty}^{\infty} |f_1(x)| dx, \int_{-\infty}^{\infty} |f_2(x)| dx$ がともに存在するならば, $f_1(x), f_2(x)$ のフーリエ変換をそれぞれ $F_1(\lambda), F_2(\lambda)$ とするとき, $f_1 * f_2(x)$ のフーリエ変換は $\sqrt{2\pi} F_1(\lambda) F_2(\lambda)$ に等しい.

注意. フーリエ級数論,フーリエ積分論はルベック積分により数学的に美しい理論がつくられているが本書は程度を高くせず,直接的な応用に使われる範囲を考慮したため,それらの数学的な概念は導入せず微分積分学につづく範囲で述べることをした.扱う函数も応用上ふつうに現われる範囲にとどめたが,それで十分役立つものと思う.しかし証明ならびに定理の適用の限界は明瞭に詳しく述べてあり,証明もていねいすぎるくらい詳述してある.

本章では高木貞治,解析概論*; Carslaw, Fourier's Series and Integrals* などを参考としている.

本章で理解に困難な点は一様収束という概念である.これは微分積分学,函数論などで詳しく説明されているから,それらを参照されたい.

なお本章に限らず本書全体にわたって練習問題の数は比較的少ないが,初等代数学,微分積分学などのような基礎的な部分と異なり本論の理解だけにも相当な努力が要ることと思われる.本論が十分理解されればそれぞれの専門的方面に応用することができるはずであるという理由による.

問　題　1

1. $f(x)$ が $-\infty < x < \infty$ において $f'(x)$ が連続であり $\int_{-\infty}^{\infty} |f(x)| dx$ が有限である函数なるとき

$$\mu \to \infty \text{ に対し } \int_{-\infty}^{\infty} f(x) \cos \mu x \, dx \to 0, \quad \int_{-\infty}^{\infty} f(x) \sin \mu x \, dx \to 0$$

となることを証明せよ.

2.
$$f(x) = \begin{cases} 1 & (|x| < 1), \\ \dfrac{1}{2} & (|x| = 1), \\ 0 & (|x| > 1) \end{cases}$$

ならば

$$f(x) = \frac{2}{\pi} \int_0^{\infty} \frac{\sin \lambda \cos \lambda x}{\lambda} d\lambda$$

となることを示せ.

3. $f(x) = e^{-|x|}$ にフーリエ積分公式を適用して

$$\int_0^{\infty} \frac{\cos \alpha x}{1+x^2} dx = \frac{\pi}{2} e^{-\alpha}$$

を示せ.

4.
$$f(x) = \begin{cases} 0 & (x < 0), \\ \dfrac{1}{2} & (x = 0), \\ e^{-x} & (x > 0) \end{cases}$$

ならば

$$f(x) = \frac{1}{\pi} \int_0^{\infty} \frac{\cos \alpha x + \alpha \sin \alpha x}{1+\alpha^2} d\alpha$$

となることを示せ.

5. $f(x) = 0 \ (-1 < x < 0)$, $f(x) = \cos \pi x \ (0 < x < 1)$, $f(0) = \dfrac{1}{2}$, $f(1) = -\dfrac{1}{2}$ かつ $f(x+2) = f(x)$ ならば

$$f(x) = \frac{1}{2} \cos \pi x + \frac{4}{\pi} \sum_{n=1}^{\infty} \frac{n}{4n^2-1} \sin 2n\pi x \quad (-\infty < x < \infty)$$

となることを示せ.

6. $f(x) = \dfrac{c}{4} - x \ \left(0 \leqq x \leqq \dfrac{c}{2}\right)$, $f(x) = x - \dfrac{3}{4} c \ \left(\dfrac{c}{2} \leqq x \leqq c\right)$ ならば

$$f(x) = \frac{2c}{\pi^2} \sum_{n=1}^{\infty} \frac{1}{(2n-1)^2} \cos \frac{(4n-2)\pi x}{c} \quad (0 \leqq x \leqq c)$$

となることを示せ.

第2章 応用偏微分方程式

応用偏微分方程式を一般に論ずることは多数の頁を要するのでここでは代表的のものを二三論ずる．応用上，偏微分方程式の規準的のものは二階偏微分方程式で線型のものである．それは双曲型，放物型，楕円型の三つに分類されるがここではそれぞれのうちもっとも簡単な場合

$$\frac{\partial^2 u}{\partial t^2} = a^2 \frac{\partial^2 u}{\partial x^2},$$

$$\frac{\partial u}{\partial t} = k \frac{\partial^2 u}{\partial x^2},$$

$$\frac{\partial^2 u}{\partial x^2} + \frac{\partial^2 u}{\partial y^2} = 0$$

の三つについて論ずる．これらをしらべる方法も種々あるがここではフーリエ級数，フーリエ積分の応用として，ある種の境界条件，初期条件のもとに解を論ずる．[1]

§7. 絃の振動の微分方程式

絃の振動の微分方程式

(7.1) $$\frac{\partial^2 u}{\partial t^2} = a^2 \frac{\partial^2 u}{\partial x^2}$$

ここで $T/\delta = a^2$，T は絃の張力，δ は線密度とする．長さ l の絃の両端が $x=0$，$x=l$ で固定され，絃に最初 $f(x)$ なる変位が与えられ，静止の状態から放たれた場合の自由振動を考えることは境界条件

(7.2) $\qquad u(0, t) = 0, \ u(l, t) = 0 \quad (t \geqq 0),$

初期条件

(7.3) $\qquad u(x, 0) = f(x), \ \dfrac{\partial u(x, 0)}{\partial t} = 0 \quad (0 \leqq x \leqq l)$

---

[1] 本章は Churchill, Fourier Series and Boundary Value Problem* によっている．

を満足する (7.1) の解を求めることになる.

まず
(7.4) $$u(x,t)=X(x)T(t)$$
と仮定して (7.1) の特解を求める.

(7.4) を (7.1) に代入すると,[1]
$$XT''=a^2X''T,$$
$$\frac{X''}{X}=\frac{T''}{a^2T}.$$

左辺は x のみの函数,右辺は t のみの函数だからそれが等しいためには両辺は定数でなければならない. その定数を k とおけば

(7.5) $$X''-kX=0,$$
(7.6) $$T''-ka^2T=0.$$
(7.2) から $$X(0)=X(l)=0.$$
(7.3) から $$T'(0)=0.$$

常微分方程式 (7.5) の一般解は
$$X=C_1e^{x\sqrt{k}}+C_2e^{-x\sqrt{k}}.$$

しかし,もし $k>0$ ならば $X(0)=X(l)=0$ となるような C_1, C_2 は存在しない. よって $k<0$ として $k=-\beta^2$ とおくと
$$X=A\sin\beta x+B\cos\beta x$$
となる. $X(0)=0$ から $B=0$. また $X(l)=0$ なるためには $A \neq 0$ とすると $\sin\beta l=0$, すなわち
$$\beta=\frac{n\pi}{l} \quad (n=1,2,\cdots)$$
ならばよい.

よって
$$X=A\sin\frac{n\pi x}{l}$$
は (7.5) の一つの解である.

---

[1] T'' は t に関する二階の微係数, X'' は x に関する二階の微係数を表わす.

§7. 絃の振動の微分方程式

(7.6) の一般解は同様にして $k=-\dfrac{n^2\pi^2}{l^2}$ であるから

$$T = D\sin\frac{n\pi a}{l}t + C\cos\frac{n\pi a}{l}t.$$

これが $T'(0)=0$ なるためには

$$T = C\cos\frac{n\pi a}{l}t \quad (n=1,2,\cdots)$$

ならばよい．

よって

$$A_n \sin\frac{n\pi x}{l}\cos\frac{n\pi at}{l}$$

は $n=1,2,\cdots$ に対しすべて (7.1) の特解であって，$A_1, A_2, \cdots$ が定数ならば (7.2) と (7.3) の第二条件とを満足している．

(7.1) は u について線型方程式だから特解の一次式

(7.7)
$$u = \sum_{n=1}^{\infty} A_n \sin\frac{n\pi x}{l}\cos\frac{n\pi at}{l}$$

は (7.3) の第一条件を除いて，ほかの条件をすべて満足する (7.1) の解であることがわかる．

もし (7.7) の A_n が

(7.8)
$$f(x) = \sum_{n=1}^{\infty} A_n \sin\frac{n\pi x}{l}$$

を満足するならば (7.3) の第一条件も満足される．よって

(7.9)
$$A_n = \frac{2}{l}\int_0^l f(x)\sin\frac{n\pi x}{l}dx$$

なるようにえらぶならば (7.7) は (7.1) の解ですべての条件を満足することになる．

しかし解 (7.7) の A_n は (7.9) を満足するとしても上の解の求め方は必要条件を求めたのでも十分条件を求めたのでもないから，真に解であるか否かはわかったわけでない．(7.9) のもとに (7.7) が真の解であることを示すためにはまず (7.7) が収束して，その u から $\dfrac{\partial^2 u}{\partial t^2}$, $\dfrac{\partial^2 u}{\partial x^2}$ を求めそれが条件 (7.2),

(7.3) を満足してかつ (7.1) を満足することを示さねばならない．加えるにもし絃の振動が与えられた境界条件と初期条件のもとに解 (7.7) のような振動をすることを主張できるためには与えられた条件のもとでは解はほかにはあり得ないこと，すなわち解の一意性を証明しなければならない．

まず定理 3.1 がつかえるために $f(x)$ の満足すべき条件は $f(x)$ は $0 \leq x \leq l$ において連続でそこで極大，極小が有限個である．次に $f(0)=f(l)=0$. そのとき (7.7) なるフーリエ級数は $t=0$ のとき収束して $f(x)$ に収束する．

$u(x,t)$ は方程式 (7.1) を $t>0, 0<x<l$ で満足し境界，初期両条件を満足しなければならないから，そこで連続で第二階の偏微分係数まで存在しなければならない．次にそれらを示そう．まず

$$2\sin\frac{n\pi x}{l}\cos\frac{n\pi at}{l}=\sin\left\{\frac{n\pi}{l}(x-at)\right\}+\sin\left\{\frac{n\pi}{l}(x+at)\right\}$$

であるから (7.7) は次のように書ける：

$$(7.10) \quad u(x,t)=\frac{1}{2}\sum_{n=1}^{\infty}A_n\sin\left\{\frac{n\pi}{l}(x-at)\right\}+\frac{1}{2}\sum_{n=1}^{\infty}A_n\sin\left\{\frac{n\pi}{l}(x+at)\right\}.$$

(7.10) の二つの級数は $f(x)$ を表わすフーリエ級数で変数 x の代りにそれぞれ $x-at, x+at$ を代入したものである．(7.8) から $f(x)$ は正弦函数の級数であるから奇函数としなければならない．よって $f(x)$ を奇函数で周期 $2l$ の周期函数となるように $0 \leq x \leq l$ の外に拡張する．すなわちそのためには $g(x)$ を

$$0\leq x\leq l,\ g(x)=f(x),\ g(-x)=-g(x).$$

またすべての x に対し $g(x+2l)=g(x)$ が成立するように $g(x)$ をすべての x に対して定義してつくればよい．(7.10) の二つの級数はそれぞれ任意閉区間で定理 3.1 から一様収束する級数となる．そしてその和 (7.10) も収束する．そして (7.10) は

$$(7.11) \quad u(x,t)=\frac{1}{2}\{g(x-at)+g(x+at)\}$$

と表わされる．$f(x)$ は $0 \leq x \leq l$ で連続で $f(0)=f(l)$ であるから $g(x)$ はすべての x で連続となる．そして (7.7)，(7.10) および (7.11) で表わされ

る函数は全く同一のものであることがわかった．(7.11) から $u(x,t)$ は x および t の連続函数であることもわかる．(7.11) を微分することにより $g''(x)$ が存在すれば $u(x,t)$ は方程式 (7.1) を満足する．

$g'(x)$, $g''(x)$ は一つは偶函数，一つは奇函数であることから，もし $f''(x)$ が $0<x<l$ で存在し，$x=0, =l$ で一方側の二階微係数が存在し $f_+''(0)=f_-''(l)=0$ であるならば $g(x)$ はすべての x につき第二階の微係数まで存在することがわかる．

$u(x,t)$ はさらに (7.7) または (7.11) からすべての境界条件，初期条件を満足することがわかるからたしかに解であることがわかる．

次に $u(x,t)$ の一意性を証明するために仮りに同じ条件を満足する二つの解 $u_1(x,t)$, $u_2(x,t)$ があったとすれば $v(x,t)=u_1(x,t)-u_2(x,t)$ は

$$\frac{\partial^2 v}{\partial t^2}=a^2\frac{\partial^2 v}{\partial x^2}$$

を満足し

$$t\geq 0 \text{ で } v(0,t)=v(l,t)=0,\quad 0\leq x\leq l \text{ で } v(x,0)=\frac{\partial v(x,0)}{\partial t}=0$$

となるはずである．

さらに $f''(x)$ は x の連続函数としよう．そうすると (7.7) と (7.8) とから $v(x,t)$ は $\dfrac{\partial^2 v}{\partial x^2}, \dfrac{\partial^2 v}{\partial t^2}$ まで存在してそれらが x および y の連続函数となる．

よって $t>0$, $0<x<l$ に属する任意の一点を (x_1,t_1) とするとき $v(x_1,t_1)=0$ が成立することをいえば，$v(x,t)\equiv 0$ なることがわかり $u(x,t)$ の一意性が示されたことになる．

そのため (x_1,t_1) を含む長方形領域 $D: 0\leq x\leq l, 0\leq t\leq t_1$ を考えその境界の四つの線分を p_1, p_2, p_3, p_4 とする．p_1 は $0\leq x\leq l, t=0$, p_2 は $0\leq x\leq l, t=t_1$, p_3 は $0\leq t\leq t_1, x=0$, p_4 は $0\leq t\leq t_1, x=l$.

さて微分学からわかるように

$$2\frac{\partial v}{\partial t}\left(\frac{\partial^2 v}{\partial t^2}-a^2\frac{\partial^2 v}{\partial x^2}\right)=\frac{\partial}{\partial t}\left\{\left(\frac{\partial v}{\partial t}\right)^2+a^2\left(\frac{\partial v}{\partial x}\right)^2\right\}-2a^2\frac{\partial}{\partial x}\left(\frac{\partial v}{\partial t}\frac{\partial v}{\partial x}\right).$$

両辺を上の長方形領域全体について積分すると

$$\iint_D 2\frac{\partial v}{\partial t}\left(\frac{\partial^2 v}{\partial t^2}-a^2\frac{\partial^2 v}{\partial x^2}\right)dt\,dx$$
$$=\iint_D\left[\frac{\partial}{\partial t}\left\{\left(\frac{\partial v}{\partial t}\right)^2+a^2\left(\frac{\partial v}{\partial x}\right)^2\right\}-2a^2\frac{\partial}{\partial x}\left(\frac{\partial v}{\partial t}\frac{\partial v}{\partial x}\right)\right]dt\,dx.$$

ところが二変数の積分でよく知られているガウスの定理から[1]，右辺の二重積分は

$$=\int_p\left[\left\{\left(\frac{\partial v}{\partial t}\right)^2+a^2\left(\frac{\partial v}{\partial x}\right)^2\right\}\cos(n,t)-2a^2\frac{\partial v}{\partial t}\frac{\partial v}{\partial x}\cos(n,x)\right]ds.$$

ここでこの積分は長方形領域の周 p にそった線積分で，長方形内部を左側にみるように積分したものである．また $\cos(n,t)$, $\cos(n,x)$ はそれぞれ周 p 上の点で長方形の周にそって外側に向いた法線が t の正軸，x の正軸となす角の余弦を表わす．よって p_1, p_2 上では $\cos(n,x)=0$, $\cos(n,t)=\pm 1$, p_3, p_4 上では $\cos(n,x)=\mp 1$, $\cos(n,t)=0$.

よって

$$-\int_{p_1}\left\{\left(\frac{\partial v}{\partial t}\right)^2+a^2\left(\frac{\partial v}{\partial x}\right)^2\right\}ds+\int_{p_4}2a^2\frac{\partial v}{\partial t}\frac{\partial v}{\partial x}ds$$
$$+\int_{p_2}\left\{\left(\frac{\partial v}{\partial t}\right)^2+a^2\left(\frac{\partial v}{\partial x}\right)^2\right\}ds-\int_{p_3}2a^2\frac{\partial v}{\partial t}\frac{\partial v}{\partial x}ds.$$

しかるに p_1 上では $v(x,0)=\dfrac{\partial v(x,0)}{\partial t}=0$ であるから $\dfrac{\partial v(x,0)}{\partial t}$ はもちろん $\dfrac{\partial v(x,0)}{\partial x}$ も零である．また p_3, p_4 上では $v(0,t)=v(l,t)=0$ であるから $\dfrac{\partial v(0,t)}{\partial t}=\dfrac{\partial v(l,t)}{\partial t}=0$.

よって上の積分は

$$\int_{p_2}\left\{\left(\frac{\partial v}{\partial t}\right)^2+a^2\left(\frac{\partial v}{\partial x}\right)^2\right\}ds.$$

しかるに v は方程式の解であるから

$$\iint_D 2\frac{\partial v}{\partial t}\left(\frac{\partial^2 v}{\partial t^2}-a^2\frac{\partial^2 v}{\partial x^2}\right)dt\,dx=0.$$

よって

---

[1] 高木貞治，解析概論*，p. 438.

$$\int_{p_2}\left\{\left(\frac{\partial v}{\partial t}\right)^2+a^2\left(\frac{\partial v}{\partial x}\right)^2\right\}ds=0.$$

$\dfrac{\partial v}{\partial t}$, $\dfrac{\partial v}{\partial x}$ は仮定から連続函数であるからこのことから p_2 上で $\dfrac{\partial v}{\partial t}\equiv 0$, $\dfrac{\partial v}{\partial x}\equiv 0$ でなければならない. すなわち $v(x,t)$ は p_2 上で定数でなければならない. ところが $v(x,0)=0$ であるから $v(x,t)\equiv 0$. t_1 は $t>0$ なる任意の値であったから解の一意性が示された.

よって初期条件 $f(x)$ が次の条件すなわち $f(x)$ は $0\leq x\leq l$ で第二階の微係数まで存在して連続, ただし $x=0$, $x=l$ では一方側第二階微係数 $f_+''(0)=f_-''(l)=0$ を満足すれば (7.1) の解は一意であることがわかった.

もし $f'(x)$, $f''(x)$ が区分的連続であったり $f_+''(0)=f_-''(l)\neq 0$ であったりすれば有限個の点を除いて $u(x,t)$ の第二階微分係数がないことになりそれらの点を除いて $u(x,t)$ は方程式 (7.1) を満足する.

振動方程式 (7.1) の条件

$$u(0,t)=0,\ u(l,t)=0,$$

(7.12) $$u(x,0)=0,\ \frac{\partial u(x,0)}{\partial t}=h(x)$$

のもとでの解.

このときは絃の初期変位は 0 で,初速度が $0\leq x\leq l$ に対し $h(x)$ である. $u(x,t)=X(t)T(t)$ とおけば

$$u(x,t)=\sum_{n=1}^{\infty}A_n\sin\frac{n\pi x}{l}\sin\frac{n\pi at}{l}$$

となり (7.12) の第二条件を除いてほかの条件を満足している. (7.12) の第二条件より $t=0$ のとき $\dfrac{\partial u}{\partial t}=h(x)$ であるから $n\pi aA_n/l$ が $h(x)$ のフーリエ正弦級数の係数となるべきことがわかる. ゆえに

$$u(x,t)=\frac{2}{\pi a}\sum_{n=1}^{\infty}\frac{1}{n}\sin\frac{n\pi x}{l}\sin\frac{n\pi at}{l}\int_0^l h(x)\sin\frac{n\pi x}{l}dx.$$

また $k(x)=h(x)$ $(0\leq x\leq l)$, $k(-x)=-k(x)$, $k(x+2l)=k(x)$ なる奇函数の周期函数 $k(x)$ を考えると

$$\frac{\partial u}{\partial t}=\frac{1}{2}[k(x-at)+k(x+at)]$$

と書けるから

$$(7.13) \quad u(x,t) = \frac{1}{2}\int_0^t [k(x-at)+k(x+at)]dt = \frac{1}{2a}\int_{x-at}^{x+at} k(y)dy.$$

(7.13) は条件 (7.2), (7.12) を満足する (7.1) の解である.

この解 (7.13) についても厳密には前節と同じく (7.1) を満足することと一意性の証明がいるが同様であるから省略する.

振動方程式 (7.1) の条件

$$u(0,t)=0, \quad u(l,t)=0$$

$$(7.14) \quad u(x,0)=f(x), \quad \frac{\partial u(x,0)}{\partial t}=h(x)$$

のもとでの解.

(7.11), (7.13) なる二つの解を加えると条件 (7.2), (7.14) を満足する (7.1) の解であることがわかる.

よって条件 (7.2), (7.14) のもとに (7.1) の解は

$$u(x,t) = \frac{1}{2}[g(x-at)+g(x+at)] + \frac{1}{2a}\int_{x-at}^{x+at} k(y)dy.$$

§8. 熱伝導の微分方程式

熱伝導の微分方程式

$$(8.1) \quad \frac{\partial u}{\partial t} = k\frac{\partial^2 u}{\partial x^2} \quad (0<x<\pi, \ t>0).$$

ここで $k=K/c\rho$, K は熱伝導率, ρ は密度, c は比熱で k を熱拡散率という. 等質の大きい厚板があってその両面を $x=0$, $x=\pi$ とする. 最初の温度 u は両面からの距離だけに従属して $f(x)$ であるとする. 板の両面の温度を 0 に保つとき一次元的熱伝導の問題となるがそのとき u は x と t のみの関数となり方程式 (8.1) を満足し, 境界条件

$$(8.2) \quad u(+0,t)=0, \ u(\pi-0,t)=0 \quad (t>0),$$

初期条件

$$(8.3) \quad u(x,+0)=f(x) \quad (0<x<\pi)$$

を満足する解を求めることになる.

§8. 熱伝導の微分方程式

(8.1) の特解を求めるために $u=X(x)T(t)$ とおき (8.1) に代入すると

$$XT'=kTX'' \quad \text{または} \quad \frac{X''}{X}=\frac{T'}{kT}$$

となる.

左辺は x だけの函数,右辺は t だけの函数でそれが常に等しいためには両辺とも定数でなければならないから

(8.4) $\qquad\qquad X''-\alpha X=0,$

(8.5) $\qquad\qquad T'-\alpha kT=0.$

XT は条件 (8.2) を満足するためにもし $X(x)$ が連続函数ならば

$$X(0)=0, \quad X(\pi)=0.$$

(8.4) の一般解は

$$X=C_1\sinh x\sqrt{\alpha}+C_2\cosh x\sqrt{\alpha}.$$

$X(0)=0$ となることから $C_2=0$. また $X(\pi)=0$ なることから $\sinh\pi\sqrt{\alpha}=0$. ゆえに $\pi\sqrt{\alpha}=n\pi i$, すなわち

$$\alpha=-n^2 \quad (n=1,2,\cdots).$$

よって

$$X=C_1\sin nx.$$

一方 (8.5) の解は $\alpha=-n^2$ であるから

$$T=C_3 e^{-n^2 kt}.$$

よって (8.2) を満足する (8.1) の特解は

$$u=XT=b_n e^{-n^2 kt}\sin nx \quad (n=1,2,\cdots).$$

b_n はここでは定数とする.

条件 (8.3) をも満足する解は

(8.6) $\qquad u(x,t)=\sum_{n=1}^{\infty}b_n e^{-n^2 kt}\sin nx$

とおくことによって得られる.

$u(x,t)$ が $t=0$ のとき $0<x<\pi$ で $f(x)$ になるためには

$$b_n=\frac{2}{\pi}\int_0^{\pi}f(x)\sin nx\,dx \quad (n=1,2,\cdots).$$

もし $f(x)$ が $0 \leq x \leq \pi$ で区分的連続で極大極小が有限個であれば定理 3.1 から

$$u(x,0) = \sum_{n=1}^{\infty} b_n \sin nx = \frac{1}{2}[f(x+0)+f(x-0)], \quad 0 < x < \pi$$

であって，もし $f(x)$ の値を常に $\frac{1}{2}[f(x+0)+f(x-0)]$ とおきかえれば，$0 < x < \pi$ のすべての x に対し

$$u(x,0) = f(x).$$

そして (8.1) の条件 (8.2), (8.3) を満足する解は

(8.7) $$u(x,t) = \frac{2}{\pi} \sum_{n=1}^{\infty} e^{-n^2 kt} \sin nx \int_0^{\pi} f(x) \sin nx\, dx.$$

§7 と同じく (8.7) が真に方程式 (8.1) を満足し条件 (8.2), (8.3) を満足する解はただ一つしかないことを証明するには次のようにする．

$f(x)$ は $0 \leq x \leq \pi$ で区分的連続であるからそこで有界である．よって

$$|b_n| = \frac{2}{\pi}\left|\int_0^{\pi} f(x) \sin nx\, dx\right| \leq \frac{2}{\pi}\int_0^{\pi}|f(x)|dx < M$$

なる M があって n には無関係である．

よって $t_0 > 0$ なる任意の t_0 に対し $t \geq t_0$ ならば

$$|b_n e^{-n^2 kt} \sin nx| < M e^{-n^2 k t_0}.$$

ところが定数項 $e^{-n^2 k t_0}$ の級数 $\sum_{n=1}^{\infty} e^{-n^2 k t_0}$ は収束するから (8.6) は $t \geq t_0$, $0 \leq x \leq \pi$ で x,t に関し一様収束である．よってその和 $u(x,t)$ はその項が連続函数であるから x,t に関し連続函数となる．

ゆえに $t > 0$ なる t につき

$$u(+0,t) = u(0,t) = 0, \quad u(\pi-0,t) = u(\pi,t) = 0.$$

(8.6) の右辺の各項を t につき微分すると $t_0 > 0$ なる任意の t_0 につき

$$|-kb_n n^2 e^{-n^2 kt} \sin nx| < kMn^2 e^{-n^2 k t_0}, \quad t \geq t_0.$$

しかも $\sum_{n=1}^{\infty} n^2 e^{-n^2 k t_0}$ も収束するから $-kb_n n^2 e^{-n^2 kt} \sin nx$ を一般項とする級数は $t \geq t_0$ なる t につき一様収束である．

よって (8.6) の右辺は項別微分することができて

§8. 熱伝導の微分方程式

$$\frac{\partial u}{\partial t} = \sum_{n=1}^{\infty} \frac{\partial}{\partial t}(b_n e^{-n^2 kt} \sin nx) \quad (t>0).$$

全く同様にして (8.6) の右辺の級数は $t>0$ に対し x に関し二回微分することができ $\frac{\partial^2 u}{\partial x^2}$ が得られる．(8.6) の各項は方程式 (8.1) を満足するから $u(x,t)$ も $t>0$ に対し (8.1) を満足する．

次には条件 (8.3) を満足することを示さねばならない．$0<x<\pi$ なる x を一つ定めて考えれば $\sum_{n=1}^{\infty} b_n \sin nx$ は $f(x)$ に収束する．一方，$1 \geqq e^{-n^2 kt} \geqq e^{-(n+1)^2 kt}$ であるから $\sum_{n=1}^{\infty} b_n e^{-n^2 kt} \sin nx$ は t に関して一様収束であることがわかる．よって (8.6) は $0<x<\pi$ なる定めた x に対して $0 \leqq t \leqq t_1$ において t に関し一様収束である．[1]（t_1 は任意の正数にとれる．）(8.6) の各項は t の連続函数であるから $u(x,t)$ は $t \geqq 0$ に対し t につき[2] 連続函数である．[3] よって $u(x,+0) = u(x,0)$, ところが $u(x,0) = f(x)$ $(0<x<\pi)$ であるから条件 (8.3) も満足されることがわかった．

次に解の一意性を証明するために，$f(x)$ にさらに条件をつけ加える．$f(x)$ は $0 \leqq x \leqq \pi$ で連続かつ $f(0) = f(\pi) = 0$. そして $f'(x)$ が区分的連続とする．

もし条件 (8.2), (8.3) を満足する (8.1) の解が二つ $u_1(x,t), u_2(x,t)$ があったとすれば $v(x,t) = u_1(x,t) - u_2(x,t)$ は (8.1) の解であり

(8.8) $\qquad v(x,0) = 0 \quad (0 \leqq x \leqq \pi),$

(8.9) $\qquad v(0,t) = 0, \ v(\pi,t) = 0 \quad (t>0)$

---

1) $\sum_{1}^{\infty} X_n(x) T_n(t)$ が x を定めれば $X_n(x)$ は定数となるが，そのとき $\sum_{1}^{\infty} X_n(x)$ が収束し，かつ $T_n(t)$ が $a \leqq t \leqq b$ で一様有界で n につき単調（すなわち $T_n(t) \geqq T_{n+1}(t)$ または $T_n(t) \leqq T_{n+1}(t)$）なるとき $\sum X_n(x) T_n(t)$ は $a \leqq t \leqq b$ で t に関し一様収束する（アーベルの定理）による．$\sum X_n(x)$ が $a' \leqq x \leqq b'$ で一様収束ならば $\sum X_n(x) T_n(t)$ は $a \leqq t \leqq b$, $a' \leqq x \leqq b'$ で x,t に関し一様収束．

2) u は t に関しては $t>0$ で連続なことしかわかっていないから $u(x,+0) = u(x,0)$ とはすぐにはいえない．

3) アーベルの定理から $u(x,t)$ は $\sum b_n \sin nx$ が $0 \leqq x \leqq \pi$ で一様収束するから $t \geqq 0$, $0 \leqq x \leqq \pi$ で x,t の函数として連続となる．また同様にして級数の一様収束から $t>0$ ならば $\frac{\partial u}{\partial t}$ が連続であることも証明される．

を満足する.

さて $v(x,t)$ は $0 \leq x \leq \pi$ で連続であるから $J(t) = \dfrac{1}{2}\int_0^\pi v^2 dx$ は $t \geq 0$ で t の連続函数である.

(8.8) から $J(0)=0$, $t>0$ で $\dfrac{\partial v}{\partial t}$ は連続であるから

$$J'(t) = \int_0^\pi v\frac{\partial v}{\partial t} dx = k\int_0^\pi v\frac{\partial^2 v}{\partial x^2} dx$$

$$= k\left[v\frac{\partial v}{\partial x}\right]_0^\pi - \int_0^\pi \left(\frac{\partial v}{\partial x}\right)^2 dx \quad (t>0).$$

条件 (8.9) から $\left[v\dfrac{\partial v}{\partial x}\right]_0^\pi = 0$. よって $J'(t) \leq 0$. 平均値の定理から $J(t) - J(0) = tJ'(t_1)$ $(0 < t_1 < t)$, $J(0) = 0$ であるから $J(t) \leq 0$. しかるに $J(t)$ は v^2 の積分であるから $J(t) \geq 0$ $(t \geq 0)$, よって $J(t) \equiv 0$ $(t \geq 0)$. $v(x,t)$ は連続函数であるから $v(x,t) \equiv 0$.

一意性の証明はまた次のようにしても得られる. $0 \leq x \leq \pi$ において (x,t) 平面を考え $x=0$, $x=\pi$ で囲まれた領域 D のうち $t>0$ の部分を考える. さらに $t=t_1$ $(t_1>0)$ なる直線で区切られる長方形の領域を H と表わそう. まず $u(x,t)$ が D の内部で (8.1) を満足し D の境界まで含めて連続であるとすれば $u(x,t)$ は D の境界(それを S と表わそう)上で最大値と最小値とをとることを示そう. そうすれば S 上で $u(x,t)$ が零であれば領域 D で恒等的に零なることがわかり, 一意性の証明がえられたことになる.

証明は全く同様であるから最大値の方だけを証明しよう. $u(x,t)$ の最大値が S 上になく D の内部の点 (x_1, t_1) でとられその値を M とし, 上の H なる長方形の領域を考える. そして

$$w(x,t) = u(x,t) - p(t-t_1)$$

をつくる. p は正の定数で後で定める. このとき長方形 H では

$$u(x,t) \leq w(x,t) \leq u(x,t) + pt_1$$

が成り立つから p の値を十分小さくえらべば $w(x,t)$ の S 上での最大値が点 (x_1, t_1) における $w(x,t)$ の値(それは同時に $u(x,t)$ の最大値である)よりも小さくなるようにすることができる.

よって $w(x,t)$ はそのとき H における最大値を S 上でなく H の内部か辺 $t=t_1$ 上でとる.

まず $w(x,t)$ が最大値を H の内部の点 (x_2, t_2) でとるとすれば，そこで極大になっているから

$$\frac{\partial w}{\partial t}=0, \quad \frac{\partial^2 w}{\partial x^2}\leqq 0.$$

よって

$$\frac{\partial w}{\partial t}-k\frac{\partial^2 w}{\partial x^2}\geqq 0.$$

よって

$$\frac{\partial u}{\partial t}-k\frac{\partial^2 u}{\partial x^2}-p\geqq 0.$$

一方 $u(x,t)$ は H の内部で (8.1) を満足するから $-p\geqq 0$ となりこれは矛盾である．次に $w(x,t)$ が D の内部にある $t=t_1$ 上の点 (x_3, t_3) で最大値になったとする．そのときその点で t 軸に平行な方向の点を考えることにより $\frac{\partial v}{\partial t}\geqq 0$ が (x_3, t_3) で成り立つ．

同様に $t=t_1$ 上の点を考えることにより (x_3, t_3) で $\frac{\partial^2 w}{\partial x^2}\leqq 0$.

よって (x_3, t_3) で $\frac{\partial w}{\partial t}-k\frac{\partial^2 w}{\partial x^2}\geqq 0$.

前と同様にして矛盾に達する．

よって $u(x,t)$ はその最大値を必ず S 上でとる．同様に最小値も S 上でとる．

熱伝導の方程式 (8.1) において板の両面が $x=0$ の面で温度 0, $x=\pi$ の面で一定温度 A に保たれるときは境界条件は

$$u(+0,t)=0, \quad u(\pi-0,t)=A.$$

初期条件は

$$u(x, +0)=f(x)$$

となる．

このときの解は

(8.10)
$$v(x,t)=u(x,t)-\frac{A}{\pi}x$$

とおくと
$$\frac{\partial v}{\partial t} = k\frac{\partial^2 v}{\partial x^2} \quad (0 < x < \pi, \ t > 0),$$
$$v(+0, t) = 0, \ v(\pi-0, t) = 0,$$
$$v(x, +0) = f(x) - \frac{A}{\pi}x.$$

よって前と同様の論法で
$$v(x, t) = \frac{2}{\pi}\sum_{n=1}^{\infty} e^{-n^2 kt}\sin nx \int_0^{\pi}\left\{f(x) - \frac{Ax}{\pi}\right\}\sin nx\,dx.$$

よって
$$u(x, t) = \frac{A}{\pi}x + \frac{2}{\pi}\sum_{n=1}^{\infty} e^{-n^2 kt}\sin nx\left[(-1)^n\frac{A}{n} + \int_0^{\pi} f(x)\sin nx\,dx\right].$$

また板の両面 $x=0$, $x=\pi$ で熱的に絶縁されているときは $\dfrac{\partial u}{\partial x}$ が零であるはずだから

境界条件は

(8.11) $\qquad \dfrac{\partial u(+0, t)}{\partial x} = 0, \ \dfrac{\partial u(\pi-0, t)}{\partial x} = 0 \quad (t > 0).$

初期条件は
$$u(x, +0) = f(x) \quad (0 < x < \pi).$$

この場合にも $u = X(x)T(t)$ とおいて
$$a_n e^{-n^2 kt}\cos nx \quad (n=0, 1, 2, \cdots)$$
が (8.1) および (8.11) を満足することがわかる.

よって a_n を $f(x)$ のフーリエ cosine 級数に対応するものとして無限級数を考えれば $f(x)$ に適当な条件のもとに
$$u(x, t) = \frac{1}{\pi}\int_0^{\pi} f(x)\,dx + \frac{2}{\pi}\sum_{n=1}^{\infty} e^{-n^2 kt}\cos nx \int_0^{\pi} f(x)\cos nx\,dx$$
が解であることがわかる.

§9. ポテンシャルの微分方程式

長方形板における熱の定常状態の微分方程式

§9. ポテンシャルの微分方程式

(9.1) $$\frac{\partial^2 u}{\partial x^2}+\frac{\partial^2 u}{\partial y^2}=0 \quad (0<x<a,\ 0<y<b).$$

$u(x,y)$ を熱的絶縁された縁をもつ長方形の板の各点における熱の定常状態の温度を表わすとすれば上の方程式で表わされる．そのとき四周の縁を $x=0$, $x=a$, $y=0$, $y=b$ とする．これらの三つの縁では温度 0 に保たれ第四の縁だけ $f(x)$ なる温度分布をするものとすれば次の境界条件

(9.2) $\quad u(+0,y)=0,\ u(a-0,y)=0 \quad (0<y<b),$

(9.3) $\quad u(x,b-0)=0,\ u(x,+0)=f(x) \quad (0<x<a)$

を満足するものとして表わされる．

前と同様に $u=X(x)Y(y)$ とおき条件 (9.2) を満足する (9.1) の特解として

$$\sin\frac{n\pi x}{a}\sinh\left[\frac{n\pi}{a}(y-C)\right] \quad (n=1,2,\cdots)$$

がえられる．特に $C=b$ とおけば条件 (9.3) の第一条件も満足される．そして

$$u(x,y)=\sum_{n=1}^{\infty} A_n\sin\frac{n\pi x}{a}\sinh\left[\frac{n\pi}{a}(y-b)\right]$$

はもし

$$f(x)=-\sum_{n=1}^{\infty} A_n\sinh\frac{n\pi b}{a}\sin\frac{n\pi x}{a} \quad (0<x<a)$$

が成立すれば条件 (9.3) もすべて満足する．

$f(x)$ が適当な条件を満足すれば A_n を次のように決めればよいことがわかる：

$$-A_n\sinh\frac{n\pi b}{a}=\frac{2}{a}\int_0^a f(x)\sin\frac{n\pi x}{a}dx.$$

よって形式的な解として

(9.4) $$u(x,y)=\frac{2}{a}\sum_{n=1}^{\infty}\frac{\sinh\dfrac{n\pi}{a}(b-y)}{\sinh\dfrac{n\pi b}{a}}\sin\frac{n\pi x}{a}\int_0^a f(x)\sin\frac{n\pi x}{a}dx$$

が得られる．

上の形式的な解が (9.1) を満足し, 条件 (9.2), (9.3) をも満足するために $f(x)$ に条件を考えよう. 境界 $0 \leq x \leq a$, $y=0$; $0 \leq x \leq a$, $y=b$; $0 \leq y \leq b$, $x=0$; $0 \leq y \leq b$, $x=a$ の内部および境界を含めて $u(x,y)$ が連続で, 内部で (9.1) を満足する(そのような函数を調和函数という)ことを示すため $f(x)$ は $0 \leq x \leq a$ で連続で $f(0)=f(a)=0$ とする. さらに $f'(x)$ および $f''(x)$ も存在し $f'(x)$ は連続, $f''(x)$ は連続で極大極小が有限個であるとする. そうすると A_n はフーリエの係数として上記のように表わされる.

以下の証明において全く同様だから簡単のため $a=b=\pi$ として証明しよう.

定理 3.1 から $f(x)$ に対する正弦級数

(9.5) $$\sum_{n=1}^{\infty} b_n \sin nx \quad \left(b_n = \frac{2}{\pi} \int_0^{\pi} f(x) \sin nx\, dx\right)$$

は一様収束する. そして $f(x)$ への仮定から定理 3.4 によりそれを項別微分して得られる

(9.6) $$\sum n b_n \cos nx$$

は $f'(x)$ に一様収束する.

さらに $f''(x)$ への仮定から定理 3.4 をこれにつかうと

$$-\sum_{n=1}^{\infty} n^2 b_n \sin nx$$

は $f''(x)$ に一様収束する.

$f''(x)$ に定理 1.1 の証明をつかうと

$$\int_{-\pi}^{\pi} |f''(x)|^2 dx \geq \pi \left(\sum_{j=1}^{\infty} j^4 a_j^2 + \sum_{j=1}^{\infty} j^4 b_j^2\right)$$

左辺は有限であるから右辺も収束する.

シュワルツの不等式をつかって[1]

$$\sqrt{j^2 a_j^2 + j^2 b_j^2} = \frac{1}{j}\sqrt{j^4 a_j^2 + j^4 b_j^2}$$

---

1) シュワルツの不等式とは
$$\left(\sum_{1}^{m} A_n B_n\right)^2 \leq \sum_{1}^{m} A_n^2 \sum_{1}^{m} B_n^2.$$
高木貞治, 解析概論*参照.

であるから

$$\sum \sqrt{j^2 a_j{}^2 + j^2 b_j{}^2} \leqq \left[\sum \frac{1}{j^2} \sum \{j^4 a_j{}^2 + j^4 b_j{}^2\}\right]^{1/2}.$$

右辺は収束する級数の積であるから左辺も収束する．$a_n = 0$ であるから今の場合は

$$\sum_{n=1}^{\infty} |nb_n|$$

が収束する．

よって

(9.6) $$\sum_{n=1}^{\infty} nb_n \sin nx$$

は絶対収束するとともに任意の x に対し一様収束することがわかる．

さて (9.4) は $a = b = \pi$ としたから

(9.7) $$\sum_{n=1}^{\infty} b_n \frac{\sinh n(\pi-y)}{\sinh n\pi} \sin nx$$

となるがこれについては次のことがわかる．

まず

$$\frac{\sinh n(\pi-y)}{\sinh n\pi} \leqq \frac{\sinh(n-1)(\pi-y)}{\sinh(n-1)\pi} \quad 0 \leqq y \leqq \pi.$$

なぜならば，$y=0$, $y=\pi$ のときは明らかであるが $0 < y < \pi$ のとき $T(t) = \dfrac{\sinh \beta t}{\sinh \alpha t}$ は t が増加するとき減少する．ただし $t > 0$, $\alpha > \beta > 0$.

それは $T'(t)$ を求めてみればすぐわかる．

$$2T'(t)\sinh^2 \alpha t = 2\beta \sinh \alpha t \cosh \beta t - 2\alpha \sinh \beta t \cosh \alpha t$$
$$= -(\alpha-\beta)\sinh(\alpha+\beta)t + (\alpha+\beta)\sinh(\alpha-\beta)t$$
$$= -(\alpha^2-\beta^2)\left[\frac{\sinh(\alpha+\beta)t}{\alpha+\beta} - \frac{\sinh(\alpha-\beta)t}{\alpha-\beta}\right]$$
$$= -(\alpha^2-\beta^2)\sum_{n=0}^{\infty}[(\alpha+\beta)^{2n} - (\alpha-\beta)^{2n}]\frac{t^{2n+1}}{(2n+1)!}.$$

この級数の各項は正であるから $T'(t) < 0$.

よって n が増加するとき決して増加しないことがわかった．

同様に

$$\frac{\cosh n(\pi-y)}{\sinh n\pi} \quad (0 \leq y \leq \pi)$$

も n が増加するとき決して増加しない．なぜならば

$$\left(\frac{\cosh n(\pi-y)}{\sinh n\pi}\right)^2 = \frac{1}{\sinh^2 n\pi} + \frac{\sinh^2 n(\pi-y)}{\sinh^2 n\pi}$$

でこの右辺は二項とも n が増加すると減少するからである．

そして $\dfrac{\sinh n(\pi-y)}{\sinh n\pi}$ も $\dfrac{\cosh n(\pi-y)}{\sinh n\pi}$ もともにすべての y, n の値に対し絶対値においてある正数より小さい．

よって一様収束級数に関するアーベルの定理から次のことが示される．

$0 \leq x \leq \pi$ で (9.4), (9.5), (9.6) が一様収束するからその定理をつかって (9.7) が $0 \leq x \leq \pi$, $0 \leq y \leq \pi$ で x, y につき一様収束することが証明される．

さらに (9.7) を x に関し項別微分した級数

$$\sum_{n=1}^{\infty} n b_n \frac{\sinh n(\pi-y)}{\sinh n\pi} \cos nx$$

もまた (9.7) を y に関して項別微分した級数

$$-\sum_{n=1}^{\infty} n b_n \frac{\cosh n(\pi-y)}{\sinh n\pi} \sin nx$$

もそこで一様収束することが証明される．

よって (9.7) は $0 \leq x \leq \pi$, $0 \leq y \leq \pi$ において連続で，かつ第一階の偏微分係数までそこで連続な函数 $\psi(x, y)$ に収束する．

$\psi(x, y)$ は明らかに境界条件 (9.2), (9.3) を満足している．

(9.7) を x または y で二回微分することによって得られる級数の項は絶対値において $0 \leq x \leq \pi$, $y_0 \leq y \leq \pi$ なるすべての x, y について，

$$(9.8) \qquad n^2 |b_n| \frac{\sinh n(\pi-y_0)}{\sinh \pi n}$$

より大にはならない (y_0 は $0 < y_0 < \pi$ なるある数とする)．

定数項 (9.8) をもつ級数は収束（絶対収束）するから (9.7) の各項を二回微分した級数も上の閉領域で一様収束する．

よって (9.7) は $0 < y < \pi$ で項別に二回微分できて，$\dfrac{\partial^2 u}{\partial x^2}$ も $\dfrac{\partial^2 u}{\partial y^2}$ もともに $0 \leq x \leq \pi$, $0 < y \leq \pi$ で連続となる．

§9. ポテンシャルの微分方程式

記述を簡単にするために与えられた境界(周囲)を S で表わしその内部を R で表わそう.

次に $u(x,y)$ が (9.1) を R において満足することは (9.7) の各項が方程式 (9.1) を満足しかつ (9.7) は x または y について二回項別微分できることから明らかである.

これにより (9.4) がたしかに条件 (9.2), (9.3) を満足する (9.1) の解なることがわかった.

次に一意性を証明するために $v(x,y)$ およびその第一階偏微分係数が $R+S$ で連続で第二階偏微分係数が R で連続ならば, ガウスの公式から[1]

$$(9.9) \quad \int_S v \frac{\partial v}{\partial n} ds = \iint_R v\left(\frac{\partial^2 v}{\partial x^2} + \frac{\partial^2 v}{\partial y^2}\right) dx\,dy + \iint_R \left\{\left(\frac{\partial v}{\partial x}\right)^2 + \left(\frac{\partial v}{\partial y}\right)^2\right\} dx\,dy.$$

$v(x,y)$ は R において (9.1) を満足するから

$$(9.10) \quad \int_S v \frac{\partial v}{\partial n} ds = \iint_R \left\{\left(\frac{\partial v}{\partial x}\right)^2 + \left(\frac{\partial v}{\partial y}\right)^2\right\} dx\,dy.$$

ここの場合は R で $\frac{\partial^2 v}{\partial x^2} + \frac{\partial^2 v}{\partial y^2} = 0$ が成立しているから $\frac{\partial^2 v}{\partial x^2}$, $\frac{\partial^2 v}{\partial y^2}$ は R で連続であれば (9.10) が得られる. その理由はガウス公式をつくるとき S に含まれる任意の領域の積分も 0 となるからその極限として (9.9) の右辺の第一項の積分は存在して零である.

さて S 上で $v(x,y) = 0$ であるから (9.10) の左辺の積分の値は零, よって

$$\iint_R \left\{\left(\frac{\partial v}{\partial x}\right)^2 + \left(\frac{\partial v}{\partial y}\right)^2\right\} dx\,dy = 0.$$

$\frac{\partial v}{\partial x}$, $\frac{\partial v}{\partial y}$ は連続であって二乗の和の積分が零であるから, それから R で $v(x,y)$ は定数であることがわかる.

S 上で $v(x,y) = 0$ であるから内部でも $v(x,y) \equiv 0$ なることがわかった.

上の証明では境界条件 $u(x,y) = 0$ が S 上で要求される代りに $\frac{\partial u}{\partial n} = 0$ が S 上で要求されても全く同様であって $v(x,y) \equiv 0$ なることがわかる.

もっとも境界上ですべて $v(x,y) = 0$ が満足されれば $v(x,y)$ は $R+S$ で連

---

[1] $\frac{\partial v}{\partial n}$ は $v(x,y)$ の境界 S の外側の方向を正とする法線方向への微分係数を表わす.

続だけで $\left(R\ \text{で}\ \dfrac{\partial^2 v}{\partial x^2}+\dfrac{\partial^2 v}{\partial y^2}=0\right.$ が成立しそこで第一第二階偏微係数が連続とする$\Big)$調和函数の理論からすぐに $v(x,y)\equiv 0$ が成立することがわかる．

なお $\dfrac{\partial^2 u}{\partial x^2}+\dfrac{\partial^2 u}{\partial y^2}=0$ $(x>0,\ 0<y<b)$ なる場合，境界条件 $u=f(x)$ $(y=0,\ 0<x<\infty)$, $u=0$ $(y=b,\ 0<x<\infty)$, $u=0$ $(x=0,\ 0<y<b)$ で解は求められるが一意にはきまらない．例えば $K\sin\dfrac{\pi y}{b}\sinh\dfrac{\pi x}{b}$ は上の三境界で零となり，方程式は満足される．このような函数を除かなければ解は一意にはきまらない．

§10. 熱伝導の微分方程式（2）

x 方向に無限に長い棒があって側面が熱的に絶縁されている場合 $-\infty<x<\infty$ に対して最初の温度が $f(x)$ ならば熱伝導の方程式は

(10.1) $$\frac{\partial u}{\partial t}=k\frac{\partial^2 u}{\partial x^2}\quad(-\infty<x<\infty,\ t>0),$$

境界条件は

(10.2) $$u(x,+0)=f(x)\quad(-\infty<x<\infty)$$

となる．

前と全く同様な方法で x,t に対し (10.1) の特解を求めると

(10.3) $$e^{-\alpha^2 kt}\cos[\alpha(x+C)].$$

ただし α,C は任意定数である．α が一定数の倍数であるときこのような解のどのような級数をつくっても $t=0$ のときに x の周期函数となる．しかし $f(x)$ は $-\infty<x<\infty$ で定義され一般に周期函数ではないからフーリエ級数になおして論ずるわけにはいかない．有限区間の函数ならば §5 のような変換をしてフーリエ級数で表わせるが，この場合はそういかないからフーリエ積分をつかう．もちろん $f(x)$ には強い制限がつくが問題の性質上それらはやむを得ない．

(10.3) は (10.1) の特解であるから y,α を x,t に無関係なパラメーターとして

§10. 熱伝導の微分方程式(2)

$$\frac{1}{\pi}f(y)e^{-\alpha^2 kt}\cos[\alpha(y-x)]$$

は (10.1) の解である.

これらのパラメーターに関する積分

(10.4) $\quad u(x,t)=\dfrac{1}{\pi}\displaystyle\int_0^\infty d\alpha \int_{-\infty}^\infty f(y)e^{-\alpha^2 kt}\cos[\alpha(y-x)]dy$

が x につき 2 回, t につき 1 回微分可能ならば (10.1) の解となるはずである.

$t=0$ のとき (10.4) の右辺は $f(x)$ のフーリエ積分であるから $f(x)$ がフーリエ積分で表わされるための条件を満足し, (10.4) の $u(x,t)$ が $u(x,0)=u(x,+0)$ であるならば

$$u(x,+0)=\frac{1}{2}[f(x+0)+f(x-0)]$$

であり $f(x)$ が連続ならばこれは条件 (10.2) である. よって (10.4) は (10.1) の形式的な解を表わしている.

$f(x)$ は $-\infty<x<\infty$ において連続で, 任意に正数 M を与えたとき $-M\leqq x\leqq M$ において極大極小値が有限個であるとする. また $\displaystyle\int_{-\infty}^\infty |f(x)|dx$ が存在するという仮定をおけば

$$u(x,t)=\frac{1}{\pi}\int_0^\infty d\alpha \int_{-\infty}^\infty f(y)\cos[\alpha(y-x)]dy$$

と書けるが, $\displaystyle\int_{-\infty}^\infty |f(x)|dx$ の有限という仮定から定理 6.1 の証明におけると同様にして積分の順序をかえることができる.

$$\int_0^\infty d\alpha \int_{-\infty}^\infty f(y)e^{-\alpha^2 kt}\cos[\alpha(y-x)]dy$$
$$=\int_{-\infty}^\infty f(y)dy\int_0^\infty e^{-\alpha^2 kt}\cos[\alpha(y-x)]d\alpha.$$

さて定積分の公式

$$\int_0^\infty e^{-d\lambda^2}\cos f\lambda\, d\lambda=\frac{\sqrt{\pi}}{\sqrt{4d}}e^{-f^2/4d}$$

から

$$\int_0^\infty e^{-\alpha^2 kt}\cos[\alpha(y-x)]d\alpha=\frac{\sqrt{\pi}}{2\sqrt{kt}}\exp\left[-\frac{(x-y)^2}{4kt}\right],\ t>0,$$

である．よって

(10.5) $\quad u(x,t) = \displaystyle\int_{-\infty}^{\infty} f(y) \dfrac{1}{2\sqrt{k\pi t}} \exp\left[-\dfrac{(x-y)^2}{4kt}\right] dy, \ t > 0.$

ところが

$$\dfrac{1}{2\sqrt{k\pi t}} \exp\left[-\dfrac{(x-y)^2}{4kt}\right]$$

は x, t の函数と考えて方程式 (10.1) を満足する．このことは直接微分してみればすぐわかる．

一方 (10.5) の右辺は $f(x)$ が $-\infty < x < \infty$ で連続かつ $\int_{-\infty}^{\infty} |f(x)| dx$ が存在すればその積分が x, t に関して一様収束する．そして t についてと x について積分の内を微分したものも同じく積分は一様収束する．

よって (10.5) の右辺は t に関し1回，x に関し2回微分することができることがわかる．その微分した函数は (10.1) を満足するから (10.5) で表わされた函数 $u(x,t)$ は (10.1) を満足することがわかる．

次に初期条件 (10.2) を満足するかをみるために

$$\xi = \dfrac{y-x}{\sqrt{4kt}}$$

とおくと

(10.6) $\quad u(x,t) = \dfrac{1}{\sqrt{\pi}} \displaystyle\int_{-\infty}^{\infty} f(x + 2\sqrt{kt}\,\xi) e^{-\xi^2} d\xi.$

一方，定積分の公式から

$$1 = \dfrac{1}{\sqrt{\pi}} \int_{-\infty}^{\infty} e^{-\xi^2} d\xi$$

であるからこの式の両辺に $f(x)$ を掛けて (10.6) から辺々引くと

$$u(x,t) - f(x) = \dfrac{1}{\sqrt{\pi}} \int_{-\infty}^{\infty} [f(x + 2\sqrt{kt}\,\xi) - f(x)] e^{-\xi^2} d\xi.$$

よって

$$|u(x,t) - f(x)| \leq \dfrac{1}{\sqrt{\pi}} \int_{-\infty}^{\infty} |f(x + 2\sqrt{kt}\,\xi) - f(x)| e^{-\xi^2} d\xi.$$

$f(x)$ の連続性と $\int_{-\infty}^{\infty} |f(x)| dx$ の存在とのほかに $f(x)$ が有界すなわち

§10. 熱伝導の微分方程式(2)

$|f(x)|<K$ なる K が存在するとすれば $|f(x+2\sqrt{kt}\xi)-f(x)|<2K$.

一方 ε を任意に与えた正数とすれば正数 N を十分大きくとって

$$\frac{2K}{\sqrt{\pi}}\int_{-\infty}^{-N}e^{-\xi^2}d\xi \leq \frac{\varepsilon}{3}, \quad \frac{2K}{\sqrt{\pi}}\int_{N}^{\infty}e^{-\xi^2}d\xi \leq \frac{\varepsilon}{3}$$

とすることができる.

よって

$$|u(x,t)-f(x)| \leq \frac{2}{3}\varepsilon + \frac{1}{\sqrt{\pi}}\int_{-N}^{N}|f(x+2\sqrt{kt}\xi)-f(x)|e^{-\xi^2}d\xi.$$

$f(x)$ の連続性から 0 に十分近いすべての t と, $|\xi| \leq N$ とに対し

$$|f(x+2\sqrt{kt}\xi)-f(x)| \leq \frac{1}{3}\varepsilon.$$

したがって上の不等式から

$$|u(x,t)-f(x)| \leq \frac{2}{3}\varepsilon + \frac{\varepsilon}{3\sqrt{\pi}}\int_{-N}^{N}e^{-\xi^2}d\xi.$$

よって $0<t$ なる t が十分 0 に近ければ

$$|u(x,t)-f(x)| \leq \varepsilon.$$

ε は任意であったから

$$\lim_{t\to 0}u(x,t)=f(x).$$

解の一意性の証明は次のように得られる.

境界条件として与えられた $f(x)$ が連続で, ある一つの区間 $-l \leq x \leq l$ の外部で 0 に等しいと仮定すれば

$$u(x,t)=\frac{1}{2\sqrt{\pi kt}}\int_{-l}^{l}f(y)\exp\left[-\frac{(y-x)^2}{4kt}\right]dy$$

となる. この公式を用いれば $x \to +\infty$ または $x \to -\infty$ のとき t に関して一様に $u(x,t) \to 0$ が成り立つことがすぐわかる. すなわち任意の正数 ε に対し正の数 N が存在して $|x| \geq N$ なる x および任意の t に対して $|u(x,t)| \leq \varepsilon$ が成り立つ. このような性質をもつ (10.1) の解は初期条件 (10.2) を満たす限りただ一つしか存在しないことを示そう.

それには $u(x,t)$ がその最大値と最小値を x 軸上でとることを示せば十分である. なぜならば二つの条件を満足する函数 $u_1(x,t)$, $u_2(x,t)$ が解となるな

らば $v(x,t)=u_1(x,t)-u_2(x,t)$ は x 軸上で 0 となるから, $-\infty<x<\infty$, $0<t$ において $v(x,t)\equiv 0$ なることがわかる.

証明は §8 のときと全く同様にできる. いま仮りに (10.1) を満足する $u(x,t)$ が最大値(最小値も全く同様)M を点 (x_1,t_1) でとったとしよう $(t_1>0)$. そうすれば $-\infty<x<\infty$ で $|f(x)|<M$. $f(x)$ は $-l\leq x\leq l$ の外部では 0 に等しいから $M>0$, 今二直線 $x=d, x=-d$ をひき d を十分大きくとればこれらの二直線上で $|u(x,t)|<M$ が成り立つようにできる. 次にこれらの二直線と, x 軸および x 軸に平行で点 (x_1,t_1) をとおる直線とにより長方形 H をつくる. そのとき $u(x,t)$ は $t=0, x=d, x=-d$ を除いた長方形の第四辺 (それは (x_1,t_1) をとおる辺)上で最大値 M をとることになるから §8 のときと全く同様に

$$w(x,t)=u(x,t)-p(t-t_1)$$

をつくると $w(x,t)$ は上の第四辺上または H の内部で最大値をとることになり, いずれにしても矛盾に到達する. よって $u(x,t)$ は $t>0$ の部分で最大値も最小値もとることができないことがわかる.

すなわち一意なことが示される.

以上において $x\to\infty$ または $x\to-\infty$ のとき t に関し一様に $u(x,t)\to 0$ という仮定をして一意の証明をしたが, この仮定がないと一意とはいえなくなる. 例えば $xt^{-\frac{3}{2}}e^{-\frac{1}{4}\frac{x^2}{t}}$ は明らかに (11.1) を満足し $t\to 0$ で零に収束する. よって求める解は一意ではなくなる. なおこの函数は $t\to 0$ のとき $x=\sqrt{t}$ とおいてみればわかるように $x=0$ において有界ではない.

§11. 絃の振動の微分方程式(2)

振動の方程式

(11.1) $$\frac{\partial^2 u}{\partial t^2}=a^2\frac{\partial^2 u}{\partial x^2}$$

を半無限領域 $x\geq 0$ に対し境界条件

(11.2) $$u(0,t)=0,$$

初期条件

(11.3) $$u(x,0)=f(x), \quad \frac{\partial u(x,0)}{\partial t}=0$$

のもとで解こう．

§7のときと同様にしてまず条件 (11.2) のみを考えてフーリエの方法を適用すれば

$$u(x,t)=A\cos\alpha at\sin\alpha x+B\sin\alpha at\sin\alpha x$$

という特解がえられる．

今の場合は (11.2) の条件は一つであるから α は任意のパラメーターとなり，$f(x)$ はこの場合には周期函数になおすわけにいかないからフーリエ積分の方法による．上の特解は x の奇函数であるから $f(x)$ を $-\infty<x<0$ の方へ $F(x)=f(x)$, $0\leqq x<\infty$, $F(-x)=-F(x)$ として奇函数となるように定義をつけ加える．A,B を α の函数とみなし

$$u(x,t)=\int_{-\infty}^{\infty}\{A(\alpha)\cos\alpha at\sin\alpha x+B(\alpha)\sin\alpha at\sin\alpha x\}d\alpha.$$

$A(\alpha)$, $B(\alpha)$ を条件 (11.3) を満足するように決める：

$$f(x)=\int_{-\infty}^{\infty}A(\alpha)\sin\alpha x\,d\alpha, \quad 0=\int_{-\infty}^{\infty}\alpha aB(\alpha)\sin\alpha x\,d\alpha.$$

この関係式を奇函数に関するフーリエ積分の式

$$\varphi(x)=\frac{1}{\pi}\int_{-\infty}^{\infty}\left[\int_{0}^{\infty}\varphi(y)\sin\alpha y\,dy\right]\sin\alpha x\,d\alpha$$

と比較すれば

$$A(\alpha)=\frac{1}{\pi}\int_{0}^{\infty}f(y)\sin\alpha y\,dy, \quad B(\alpha)=0.$$

よって条件 (11.2), (11.3) を満足する (11.1) の形式的な解として

(11.4) $$u(x,t)=\frac{1}{\pi}\int_{-\infty}^{\infty}\int_{0}^{\infty}f(y)\sin\alpha y\,dy\cos\alpha at\sin\alpha x\,d\alpha.$$

(11.4) が真に方程式および条件を満足する解なることを証明するには §7 と同様な方法による．

まず

$$u(x,t)=\frac{1}{2}\int_{-\infty}^{\infty}\{A(\alpha)\sin\alpha(x-at)+A(\alpha)\sin\alpha(x+at)\}d\alpha$$

に変形すれば，

$$\int_{-\infty}^{\infty} A(\alpha)\sin\alpha(x-at)\,d\alpha, \quad \int_{-\infty}^{\infty} A(\alpha)\sin\alpha(x+at)\,d\alpha$$

の二つの積分はそれぞれ定理 6.2 から函数 $F(x-at), F(x+at)$ に収束する．

よって

(11.5) $$u(x,t) = \frac{1}{2}\{F(x-at)+F(x+at)\}.$$

$f(0)=0$ とすれば $F(x)$ は連続な函数となり，$f''(x)$ の存在を仮定すれば $u(x,t)$ は t に関しても x に関しても二階偏微分ができて，その上 (11.1) を満足することがわかる．

さらに $x=0$ とおけば (11.5) から

$$u(0,t) = \frac{1}{2}\{F(-at)+F(at)\} = 0.$$

よって条件 (11.2) をも満足することがわかる．条件 (11.3) を満足することも明らかである．

この論法は $t>0$ なるすべての点についていえるから $u(x,t)\equiv 0$ が証明された．

次に一意性の証明は $-\infty<x<0$ の方へ $f(x)$ を奇函数となるように拡張したとすれば，初期条件 $u(x,0)=F(x)$ $(-\infty<x<\infty)$ のもとに (11.1) の解を求めることであるから，前に述べたと同様にして $-\infty<x<\infty$ で $u(x,0)\equiv 0$ なるとき (11.1) を満足する $u(x,t)$ が一意にきまることを示せばよい．

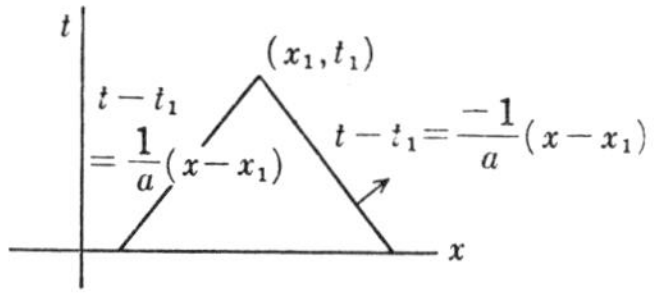

そのために $t_1>0$ なる任意の点 (x_1,t_1) をとおる

$l_1: x-x_1=a(t-t_1),$
$l_2: x-x_1=-a(t-t_1)$

図 7

なる二直線 l_1, l_2 と $t=0$ とでつくられる三角形の領域を考え，まず $t=t_0$ なる直線と l_1, l_2 および $t=0$ なる直線とでつくられる台形 D を考える．台形の底辺を l_0，斜辺を l_1, l_2，上底辺を l_3 とする．§7 と全く同様にして

§11. 絃の振動の微分方程式(2)

$$\iint_D 2\frac{\partial u}{\partial t}\left(\frac{\partial^2 u}{\partial t^2}-a^2\frac{\partial^2 u}{\partial x^2}\right)dx\,dt$$
$$=\int_{l_0+l_1+l_2+l_3}\left[\left\{\left(\frac{\partial u}{\partial t}\right)^2+a^2\left(\frac{\partial u}{\partial x}\right)^2\right\}\cos(n,t)-2a^2\frac{\partial u}{\partial t}\frac{\partial u}{\partial x}\cos(n,x)\right]ds.$$

S_0 上では初期条件から u も $\dfrac{\partial u}{\partial t}$, $\dfrac{\partial u}{\partial x}$ も零であり二重積分は u が (11.1) を満足することから零であるから

$$0=\int_{l_1+l_2+l_3}\left[\left\{\left(\frac{\partial u}{\partial t}\right)^2+a^2\left(\frac{\partial u}{\partial x}\right)^2\right\}\cos(n,t)-2a^2\frac{\partial u}{\partial t}\frac{\partial u}{\partial x}\cos(n,x)\right]ds.$$

この右辺の積分を J で表わせば, l_1, l_2 上では法線の方向余弦は

$$\cos^2(n,t)-a^2\cos^2(n,x)=0.$$

また l_3 上では $\cos(n,x)=0$, $\cos(n,t)=1$.

よって

$$J=\int_{l_1+l_2}\frac{a^2}{\cos(n,t)}\left\{\frac{\partial u}{\partial x}\cos(n,t)-\frac{\partial u}{\partial t}\cos(n,x)\right\}^2 ds$$
$$+\int_{l_3}\left\{\left(\frac{\partial u}{\partial t}\right)^2+a^2\left(\frac{\partial u}{\partial x}\right)^2\right\}ds.$$

l_1, l_2 上では $\cos(n,t)>0$ であり $J=0$ なることから

$$\int_{l_3}\left\{\left(\frac{\partial u}{\partial t}\right)^2+a^2\left(\frac{\partial u}{\partial x}\right)^2\right\}ds=0.$$

よって点 (x_0,t_0) で $\dfrac{\partial u}{\partial t}=\dfrac{\partial u}{\partial x}=0$, すなわち上の三角領域内で $u(x,t)$ は定数であることがわかった. l_0 上で $u(x,0)=0$ であるから $u(x,t)\equiv 0$.

注意. 本章はフーリエ級数, フーリエ積分の応用として偏微分方程式の解法を述べてある.

初等的な書物, 技術書などでは解を形式的に導くことによって終っているものが多いが, 形式的な解はそれが無限級数等で与えられたときはその収束性と, 同時に与えられた初期条件, 境界条件を満足することを証明しなければ真に解であるか否かはわからない. さらにそれらの条件のもとに解に示されたような現象が真に起ることを論理的に主張できるためには, それらの条件下で解が一意に定まることが示されなければならない. 本章はそれらの詳しい証明を載せてある. もっともさらに一般な方程式となると上のような要求を証明することはきわめて困難なこととなるので実験科学的には現象が方程式と条件とで規定せられると仮定した場合, 解のような現象が起ればそれで足りるとする場合も少なくはない.

本章は主として Churchill, Fourier Series and Boundary Value Problems* によっている．しかし一意性や十分性の証明については補充した部分も少なくない．

本章は練習問題は少ないが，これらの練習問題は相当複雑であるので，多くを載せることはあまり意味がないものと思う．また問題の解答も形式解を求める程度に止めたのは，それ以上は一般には困難が多いからである．

問題 2

1.
$$\frac{\partial^2 u}{\partial t^2} = a^2 \frac{\partial^2 u}{\partial x^2} \quad (t>0,\ 0<x<2).$$
$$u(0,t)=0,\ u(2,t)=0 \quad (t\geqq 0),$$
$$u(x,0)=f(x),\ \frac{\partial u(x,0)}{\partial t}=0 \quad (0\leqq x\leqq 2)\ \text{かつ}\ f(x)=hx\ (0\leqq x\leqq 1),$$
$f(x)=-hx+2h\ (1\leqq x\leqq 2)$ なる条件のもとで解くと，形式解は
$$u(x,t)=\frac{8h}{\pi^2}\left(\sin\frac{\pi x}{2}\cos\frac{\pi at}{2}-\frac{1}{9}\sin\frac{3\pi x}{2}\cos\frac{3\pi at}{2}+\frac{1}{25}\sin\frac{5\pi x}{2}\cos\frac{5\pi at}{2}-\cdots\right)$$
となることを示せ．

2.
$$\frac{\partial u}{\partial t}=k\frac{\partial^2 u}{\partial x^2} \quad (0<x<l,\ t>0).$$
$$u(+0,t)=0,\ u(\pi-0,t)=0 \quad (t>0),$$
$$u(x,+0)=f(x) \quad (0<x<l)$$
なる条件のもとで解くと，形式解は
$$u(x,t)=\frac{2}{l}\sum_1^\infty \exp\left(-\frac{n^2\pi^2 kt}{l^2}\right)\sin\frac{n\pi x}{l}\int_0^l f(y)\sin ny\,dy$$
となることを示せ．

3.
$$\frac{\partial^2 u}{\partial x^2}+\frac{\partial^2 u}{\partial y^2}=0 \quad (0\leqq x\leqq l,\ y\geqq 0).$$
$$u(0,y)=0,\ u(l,y)=0 \quad (0\leqq y),$$
$$u(x,0)=f(x),\ u(x,y)\ \text{は}\ y\ \text{の大きなところで有界}$$
なる条件のもとで解くと，形式解は
$$u(x,y)=\frac{2}{l}\sum_1^\infty e^{-n\pi y/l}\sin\frac{n\pi x}{l}\int_0^l f(y)\sin\frac{n\pi y}{l}dy$$
となることを示せ．

4. 問 3 において $f(x)\equiv 1$ なるとき
$$u(x,y)=\frac{4}{\pi}\left(e^{-y}\sin x+\frac{1}{3}e^{-3y}\sin 3x+\frac{1}{5}e^{-5y}\sin 5x+\cdots\right)$$
となることを示せ．

5.
$$\frac{\partial u}{\partial t}=k\frac{\partial^2 u}{\partial x^2} \quad (-\infty<x<\infty,\ t>0).$$

$$u(x, +0) = f(x) \quad (-\infty < x < \infty)$$

において $f(x)$ が周期 2π の周期函数であるとするとき，それらの条件のもとで解くと形式解は

$$u(x,t) = \frac{1}{2\pi}\int_{-\pi}^{\pi} f(y)\,dy + \frac{1}{\pi}\sum_{1}^{\infty} e^{-n^2 kt}\int_{-\pi}^{\pi} f(y)\cos[n(y-x)]\,dy$$

となることを示せ．

6. 問 5 において $f(x)$ が $x<0$ で $f(x)=0$, $x>0$ で $f(x)=1$ なるとき $t>0$ における形式解は

$$u(x,t) = \frac{1}{\sqrt{\pi}}\int_{-x/2\sqrt{kt}}^{\infty} e^{-\xi^2}d\xi = \frac{1}{2} + \frac{1}{\sqrt{\pi}}\left\{\frac{x}{2\sqrt{kt}} - \frac{x^3}{3(2\sqrt{kt})^3} + \frac{x^5}{5\cdot 2!(2\sqrt{kt})^5} - \cdots\right\}$$

となることを示せ．

第3章 ラプラス変換

§12. ラプラス積分の収束域

$f(t)$ を $0<t<\infty$ で定義され,任意の有限区間で有界積分可能な函数で

$$\lim_{\varepsilon \to 0}\int_{\varepsilon}^{t}|f(t)|dt=\int_{0}^{t}|f(t)|dt$$

が存在するものとする.本章では変数 t も函数値 $f(t)$ も実数とする.(函数値は複素数としても以下では同様である.)

s を複素数変数 $s=\sigma+i\tau$ と表わし,σ を実数部分,τ を虚数部分という.それらをそれぞれ $\Re s, \Im s$ で表わす.

上の条件を満足する $f(t)$ に対し無限積分

$$\lim_{\substack{T\to\infty\\\varepsilon\to 0}}\int_{\varepsilon}^{T}e^{-st}f(t)\,dt=\int_{0}^{\infty}e^{-st}f(t)\,dt \quad (T>0)$$

が存在するならば[1] これを $f(t)$ の**ラプラス積分**または**ラプラス変換**という.この積分は s を変数とする函数であるから $F(s)$ と書けば

$$F(s)=\int_{0}^{\infty}e^{-st}f(t)\,dt.$$

これは $f(t)$ に積分演算を施して函数 $F(s)$ を対応させるものと考えて $f(t)$ のラプラス変換という.[2] また $F(s)\equiv L\{f,s\}\equiv L\{f\}$ などの記号で表わす.

例 1. $0\leqq t<\infty$ において $f(t)=1$ なるとき

$$F(s)=\int_{0}^{\infty}e^{-st}dt=\left[\frac{e^{-st}}{-s}\right]_{0}^{\infty}.$$

---

1) $\lim_{\varepsilon\to 0}\int_{\varepsilon}^{T}$ が存在して $\int_{0}^{T}$ と書けることは $f(t)$ への仮定から明らかであるが,$\lim_{T\to\infty}\int_{0}^{T}$ が存在するためには $f(t)$ にさらに制限が必要となる.

2) $0\leqq t<\infty$ で連続な函数 $f(t)$ が十分大きな T に対し $T<t$ のとき $|f(t)|<e^{at}M$ $(a>0, M>0; a, M$ は定数$)$ を満足するときは

$$\int_{0}^{\infty}e^{-st}f(t)\,dt\leqq\int_{0}^{\infty}|e^{-st}f(t)|dt\leqq M\int_{0}^{\infty}e^{-(\sigma-a)t}dt$$

であるから $\sigma>a$ ならば $f(t)$ のラプラス積分は存在する.

§12. ラプラス積分の収束域

$s=\sigma+i\tau$ とおくと $\sigma>0$ ならば $e^{-st}=e^{-\sigma t-i\tau t}$. よって $|e^{-st}|=e^{-\sigma t}$ であるから

$$\left[\frac{e^{-st}}{-s}\right]_0^\infty = \frac{1}{s}.$$

よって上の積分は $\sigma=\Re s>0$ で意味をもつ積分を表わす.このようにラプラス積分は存在する範囲(収束する範囲)がいつも問題となる.

例 2. $0 \leq t < \infty$ において $f(t)$ が有界で任意区間で積分可能なとき $F(s)$ は $\Re s > 0$ で存在する. $s = \sigma + i\tau$, $\sigma > 0$ のとき $\int_0^\infty e^{-\sigma t} dt$ は存在するから T を十分大きくすれば $\int_T^\infty e^{-\sigma t} dt < \frac{\varepsilon}{M}$ にすることができる. ε は任意の正数, $|f(t)| < M$. $\sigma > 0$ のとき

$$\left|\int_T^{T'} e^{-st} f(t) dt\right| < M \int_T^{T'} e^{-\sigma t} dt < M \int_T^\infty e^{-\sigma t} dt < \varepsilon \quad (T < T').$$

よって $\int_0^\infty e^{-st} f(t) dt$ は $\sigma > 0$ ならば収束する.

ラプラス積分は収束しなくては意味がないから,どこで収束するかを考えよう.そのためまず次の定理を証明しよう.

定理 12.1. $L\{f\}$ が $s=s_0$ で収束すれば $\Re s > \Re s_0$ なる s で $L\{f\}$ は収束する.

証明.
$$\Phi(t) = \int_\varepsilon^t e^{-s_0 u} f(u) du$$

とおくとき ($\Phi(\varepsilon)$ は $\varepsilon > \varepsilon' > 0$ に対し ε' から ε までの積分を表わす)

$\lim_{\varepsilon \to 0} \Phi(\varepsilon) = 0$ とし,$\Phi(t)$ は t の函数として $0 < t < \infty$ において連続かつ

$$\Phi(t) \to L\{f, s_0\} \quad (\varepsilon \to 0,\ t \to \infty).$$

よって $\Phi(t)$ は $0 < t < \infty$ で有界,部分積分法により

$$\int_\varepsilon^T e^{-st} f(t) dt = \int_\varepsilon^T e^{-(s-s_0)t} e^{-s_0 t} f(t) dt$$

$$= \left[e^{-(s-s_0)t} \Phi(t)\right]_\varepsilon^T + (s-s_0) \int_\varepsilon^T e^{-(s-s_0)t} \Phi(t) dt$$

$$= e^{-(s-s_0)T} \Phi(T) - e^{-(s-s_0)\varepsilon} \Phi(\varepsilon) + (s-s_0) \int_\varepsilon^T e^{-(s-s_0)t} \Phi(t) dt.$$

ここで $\varepsilon\to 0$ ならしめると右辺の第二項 $\to 0$. また $\Re(s-s_0)>0$ であるから $T\to\infty$ のとき右辺の第一項も零に収束し，第三項も $\Phi(t)$ が有界であるから $\varepsilon\to 0$, $T\to\infty$ に対し収束する．

よって $\lim\limits_{\substack{T\to\infty\\\varepsilon\to 0}}\int_\varepsilon^T e^{-st}f(t)\,dt$ は収束する．

以上からわかるように $\lim\limits_{\varepsilon\to 0}\int_\varepsilon^T$ すなわち積分の下限の方の極限はラプラス積分としては本質的なものではなく $\lim\limits_{T\to\infty}\int_0^T$ すなわち積分の上限の方の極限が重要なのである．

しかし $f(t)=\dfrac{1}{\sqrt{t}}$, $0<t<\infty$ のようなときは $t=0$ のところは上記のような特異積分を考えねばならない．例えば

$\lim\limits_{\substack{T\to\infty\\\varepsilon\to 0}}\int_\varepsilon^T e^{-st}\dfrac{1}{\sqrt{t}}\,dt$ を求めるため $x=st$ とおくと

$$\int_\varepsilon^T e^{-st}\frac{1}{\sqrt{t}}\,dt=\frac{1}{s^{1/2}}\int_\varepsilon^T e^{-x}x^{-1/2}\,dx.$$

右辺は $\varepsilon\to 0$ も $T\to\infty$ も収束するので

$$\lim_{\substack{T\to\infty\\\varepsilon\to 0}}\int_\varepsilon^T e^{-st}\frac{1}{\sqrt{t}}\,dt=\frac{\Gamma\left(\dfrac{1}{2}\right)}{\sqrt{s}}.{}^{1)}$$

もちろん上のような例もあるけれども以下では $f(t)$ は $0\leqq t<\infty$ で定義されて，任意の有限区間で有界で積分可能な函数としよう．こうすれば

$$\int_0^t e^{-st}f(t)\,dt=\Phi(t)$$

は存在する．そして $\Phi(0)=0$ である．$f(t)$ がこのような条件を満足していると定理 12.1 の証明のようなときに部分積分法をつかうと

$$\int_0^T e^{-(s-s_0)t}e^{-s_0 t}f(t)\,dt=\left[e^{-(s-s_0)t}\Phi(t)\right]_0^T+(s-s_0)\int_0^T e^{-(s-s_0)t}\Phi(t)\,dt$$

となる．重要なのは $\lim\limits_{T\to\infty}$ の方であるので，この方が見やすい．また以下ではしばしば部分積分法がつかわれるので $t=0$ を特異積分として考えねばならぬ

---

1) ここで $\lim\limits_{\substack{T\to\infty\\\varepsilon\to 0}}\int_\varepsilon^T e^{-x}x^k\,dx=\Gamma(1+k)$, $k+1>0$ で Γ はガンマ函数と呼ばれる．

§12. ラプラス積分の収束域

ならば，そのたびごとにいつも定理 12.1 の証明のように

$$\int_\varepsilon^T = \Big[\quad\Big]_\varepsilon^T + (s-s_0)\int_\varepsilon^T$$

として $T\to\infty$ とともに $\varepsilon\to 0$ を考えねばならない．しかもラプラス積分を考えるときは，$t=0$ は特異積分であっても存在するものばかり考えるから必要ならば上のようにして $\varepsilon\to 0$ を考えれば複雑になるだけで困難はおこらない．

しかもラプラス積分で $t=0$ が特異積分となるものは簡単な例では $f(t)=t^\alpha$ ($\alpha>-1$) や $f(t)=\log t$ のときぐらいのものでほかの例では 0 の近傍で有界積分可能なものがほとんどである．

よって以下では，特別な考慮を払わなければならないときをのぞいて 0 の近傍で $f(t)$ が有界積分可能として定理の証明をする．

定理 12.1 から $L\{f\}$ は s_0 で収束すれば $\Re s > \Re s_0$ において収束するから s を複素数平面上で考えると s_0 で収束すれば s_0 より右の半平面で $L\{f\}$ が収束するということになる．

今 $\Re s > a$ (a はある実数) で収束するとき，そのような a の下限を α とすれば $L\{f\}$ は $\Re s > \alpha$ で収束する．よって α は $\Re s > a$ で収束する a の最小数である．この α をその $L\{f\}$ の**収束座標**という．$\Re s > \alpha$ なる半平面を**収束域**という．[1]

すべてのラプラス積分には収束座標があり収束域が定まる．ただし $\alpha = \infty$ の場合もある．このときはラプラス積分は収束しない．$\alpha = -\infty$ のときは全有限平面で収束する．

例 3. $\quad f(t)=e^{-t^2}, \quad \int_0^T e^{-t^2}e^{-st}dt = \int_0^T e^{-(t^2+st)}dt.$

t が十分大きくなれば s は定まっているから $t > \Re s$ となる．よって

$$|e^{-(t^2+st)}| < e^{-t}.$$

よっていかなる s に対しても $\int_0^\infty e^{-t^2}e^{-st}dt$ は収束するから $\alpha = -\infty$．

---

[1] $L\{f,s\}$ は $\Re s < \alpha$ なる s では決して収束しない．なぜならばそのような一点 s_1 で $L\{f,s\}$ が収束すれば $\Re s > s_1$ で収束し α が収束座標なることに矛盾するからである．

例 4. $f(t)\equiv 1$. 例 1 から $\alpha=0$.

例 5. $f(t)=e^{t^2}$, $\int_0^T e^{t^2}e^{-st}dt=\int_0^T e^{t^2-st}dt$.

t が十分大きくなれば $t>\Re s$. よって $|e^{t^2-st}|>e^t$. よっていかなる s についても $\int_0^\infty e^{t^2}e^{-st}dt$ は収束しない. $\alpha=\infty$.

$\lim_{T\to\infty}\int_0^T |e^{-st}f(t)dt|=\int_0^\infty |e^{-st}f(t)|dt$ が存在すれば $L\{f\}$ は s で**絶対収束**するという.

定理 12.2. $L\{f\}$ が s_0 で絶対収束すれば $\Re s\geqq \Re s_0$ で $L\{f\}$ は絶対収束する.

証明. $\Re s\geqq\Re s_0$ ならば

$$\int_0^T |e^{-st}f(t)|dt=\int_0^T |e^{-(s-s_0)t}e^{-s_0 t}f(t)|dt\leqq \int_0^T |e^{-s_0 t}f(t)|dt.$$

$T\to\infty$ のとき右辺は収束するから第一項も収束する.

定理 12.2 から $L\{f\}$ は s_0 で絶対収束すれば $\Re s\geqq\Re s_0$ で絶対収束するから s_0 を含んだ右半面で $L\{f\}$ が絶対収束する.

今 $\Re s\geqq b$ で絶対収束するとき b の下限を β とすれば $\Re s>\beta$ で絶対収束する. その β をその $L\{f\}$ の**絶対収束座標**といい, $\Re s>\beta$ なる半平面を**絶対収束域**という.[1)]

定理 12.3. $L\{f\}$ について $\alpha\leqq\beta$.

絶対収束すれば収束することから明らかである.

定理 12.1, 定理 12.2 とから $\Re s<\alpha$ なる点 s では $L\{f\}$ は決して収束しないし $\Re s<\beta$ なる点では $L\{f\}$ は決して絶対収束しないことがわかる.

例 6. $f(t)=e^{-t^2}$, 例 3 から $\beta=-\infty$.

例 7. $f(t)\equiv 1$, 例 1 から $\alpha=0$.

例 8. $f(t)=e^{t^2}$, 例 5 から $\beta=\infty$.

例 9. $0\leqq t<\infty$ において $t=\log n$ ($n=1,2,3,\cdots$) から $t=\log(n+1)$ までで交互に e^t と $-e^t$ とをとる函数 $f(t)$, すなわち

---

1) この場合も $\Re s<\beta$ なる点 s では決して絶対収束しない.

$$f(t) = \begin{cases} e^t & (0 \leq t < \log 2, \ \log 3 \leq t < \log 4, \cdots), \\ -e^t & (\log 2 \leq t < \log 3, \ \log 4 \leq t < \log 5, \cdots). \end{cases}$$

まず $|f(t)|=e^t$ であるから $\int_0^\infty e^{-st}|f(t)|dt$ において被積分函数は $e^{-st}e^t$ $=e^{(1-s)t}$. よってこの積分は $\Re s<1$ では収束せず, $\Re s>1$ ならば収束するから $\beta=1$.

$\int_0^\infty e^{-st}f(t)dt$ は明らかに $\Re s<0$ で収束せず, また $s=0$ のとき $\int_0^\infty f(t)dt$ となるがこれは $\log n$ なる区切の各区間で交互に正, 負となる $f(t)$ の積分となる. そして $\log 1, \log 2, \log 3, \cdots$ で $f(t)$ はそれぞれ $1, -2, +3, -4, \cdots$. よって, $\log n$ までの $f(t)$ の積分の和は絶対値において $(n-1)\{\log n - \log(n-1)\}$ より小さい. この値は $\log\left(1+\dfrac{1}{n-1}\right)^{n-1}$ であるから $n\to\infty$ とともに収束する. よって $\alpha=0$ である.

§13. ラプラス変換の一意性

定理 13.1. $L\{f,s\}$ が $s=s_0$ で収束し, ある正数 $\sigma>0$ に対して $L\{f,s_0+n\sigma\}=0$ $(n=1,2,3,\cdots)$ が成立するならば $L\{f,s\}\equiv 0$ である. そして任意正数 t に対し $\int_0^t f(u)du=0$. したがってもし $f(t)$ が $0\leq t<\infty$ で連続ならば $f(t)\equiv 0$ である.

ラプラス積分は $s_0, s_0+\sigma, s_0+2\sigma, \cdots$ なる無限に多くの点で零となることがわかれば実は恒等的に零であるというのである.

また $\int_0^t g(t)dt=0$ がすべての t に対して成り立つような函数 $g(t)$ を**零函数**という. 零函数はもしそれが連続なときには恒等的零という定数である.

なぜならばもし $g(t)$ が連続で零函数でしかも恒等的に零でなかったとしたら一点 t_0 で $g(t_0)\neq 0$. 正, 負の場合があるが論法は同じであるから $g(t_0)>0$ と仮定しよう. そのとき t_0 に十分近く $t_0-\delta\leq t\leq t_0+\delta$ ($\delta>0$ で十分小さな数) で $g(t)>0$ である. $t_0-\delta\leq t\leq t_0+\delta$ で $g(t)>0$ であるからその間の積分 $\int_{t_0-\delta}^{t_0+\delta} g(t)dt>0$. ところが $\int_{t_0-\delta}^{t_0+\delta} g(t)dt = \int_0^{t_0+\delta} g(t)dt - \int_0^{t_0-\delta} g(t)dt$. この右辺は $g(t)$ が零函数だから零となり矛盾に達する. よって $g(t)\equiv 0$. [1]

---

1) 零函数の一例は $t=1,2,3,\cdots$ を除いたすべての点で $g(t)=0$, $t=1,2,3,\cdots$ で $g(t)=1$.

定理 13.1 を証明するために次の補助定理を証明する.

補助定理. $g(t)$ が $0\leq t\leq 1$ で連続で $n=0,1,2,\cdots$ に対して $\int_0^1 g(t)t^n dt=0$ が成立するならば $0\leq t\leq 1$ で $g(t)\equiv 0$ である.

証明. 連続な函数は多項式で一様収束させることができる.[1] すなわち,1 より小さな正数 ε が与えられたとき $g(t)$ に対しある多項式 $p(t)$ をえらぶと
$$|g(t)-p(t)|<\varepsilon.$$
よって $g(t)=p(t)+\varepsilon\theta(t)$ と表わせる.ここで $\theta(t)$ は $|\theta(t)|\leq 1$ なる函数,$p(t)$ は多項式.

よって
$$\int_0^1 g(t)^2 dt=\int_0^1 g(t)(p(t)+\varepsilon\theta(t))\,dt=\int_0^1 g(t)p(t)dt+\varepsilon\int_0^1 g(t)\theta(t)dt.$$
仮定から $\int_0^1 g(t)p(t)\,dt=0$ であるから
$$0\leq\int_0^1 g(t)^2 dt\leq\varepsilon\int_0^1 |g(t)|dt.$$
$g(t)$ は $0\leq t\leq 1$ で連続であるから有界で $|g(t)|\leq M$.任意に小さな ε を与えてもそのたびに多項式 $p(t)$ を適当にえらべば
$$0\leq\int_0^1 g(t)^2 dt\leq\varepsilon M$$
となるから $\int_0^1 g(t)^2 dt=0$ でなければならない.

$\int_0^1 g(t)^2 dt=0$ ならば $g(t)$ が連続であるとすれば $g(t)\equiv 0$ ($0\leq t\leq 1$) である.なぜならば $g(t)$ が恒等的に零でないとすると $g(t_0)^2>0$ なる点 t_0 がある.前と同様 t_0 の十分近くでは $g(t)^2>0$.

よって
$$0<\int_{t_0-\delta}^{t_0+\delta} g(t)^2 dt\leq\int_0^1 g(t)^2 dt.$$
となって矛盾に達するからである.

この補助定理をつかって定理 13.1 の証明をする.

---

1) 高木貞治,解析概論*.

証明. $\Phi(t)=\int_0^t e^{-s_0 u}f(u)\,du$ とおけば $\Phi(t)$ は連続 $(0\leq t<\infty)$ で有界,また

$$\int_0^T e^{-st}f(t)\,dt = e^{-(s-s_0)T}\Phi(T)+(s-s_0)\int_0^T e^{-(s-s_0)t}\Phi(t)\,dt.$$

ここで $T\to\infty$ とすれば $s=s_0+n\sigma$ ならば $\Re s>\Re s_0$ であるから $e^{-(s-s_0)T}\cdot\Phi(T)\to 0$.

よって

$$L\{f,s\}=(s-s_0)\int_0^\infty e^{-(s-s_0)t}\Phi(t)\,dt.$$

$L\{f,s\}$ への条件から $s=s_0+n\sigma$ $(n=1,2,\cdots)$ とおくと

$$\int_0^\infty e^{-n\sigma t}\Phi(t)\,dt=0.$$

$e^{-\sigma t}=x$ すなわち $t=\dfrac{-\log x}{\sigma}$ とおき $\Phi(t)=g(x)$ とおくと,$\Phi(0)=g(1)=0$,$g(0)=\lim_{t\to\infty}\Phi(t)=L\{f,s_0\}$ なるように $g(1), g(0)$ を定めると $g(x)$ は $0\leq x\leq 1$ で連続となる.

さて

$$\int_0^\infty e^{-n\sigma t}\Phi(t)\,dt=\frac{1}{\sigma}\int_0^1 g(x)x^{n-1}\,dx=0 \quad (n=1,2,3,\cdots).$$

よって補助定理から $g(x)=\Phi(t)\equiv 0$. よって $L\{f,s_0\}=0$.

$\int_0^t f(u)\,du=G(t)$ とおき $\Phi(t)$ に部分積分をほどこせば

$$\Phi(t)=[e^{-s_0 u}G(u)]_0^t+s_0\int_0^t e^{-s_0 u}G(u)\,du\equiv 0.$$

$G(0)=0$ であるから

$$G(t)+s_0 e^{s_0 t}\int_0^t e^{-s_0 u}G(u)\,du\equiv 0.$$

$G(t)$ は連続であるからこの式の第二項は微分可能である.よって第一項すなわち $G(t)$ も微分可能であることがわかる($G'(t)$ は $f(t)$ とは限らない,$f(t)$ が連続ならば $G'(t)=f(t)$).

よって

$$G'(t)+s_0\left\{s_0e^{s_0t}\int_0^t e^{-s_0u}G(u)\,du+G(t)\right\}\equiv 0.$$

{ } 内は上の式から $\equiv 0$ であるから $G'(t)\equiv 0$. よって $G(t)\equiv$ 定数. $G(0)=0$ であるから $G(t)\equiv 0$. すなわち $f(t)$ は零函数であることがわかった. したがって $f(t)$ が $0\leq t<\infty$ で連続であれば $f(t)\equiv 0$.

また部分積分法により

$$\int_0^t e^{-su}f(u)\,du=[e^{-su}G(u)]_0^t+s\int_0^t e^{-su}G(u)\,du.$$

しかるに $G(u)\equiv 0$ であるから $\int_0^t e^{-su}f(u)\,du\equiv 0$.

$t\to\infty$ に対して $L\{f,s\}\equiv 0$.

系. $0\leq t<\infty$ で定義され任意の有限区間で有界で積分可能な函数 $f_1(x)$, $f_2(x)$ に対し $L\{f_1,s\}$, $L\{f_2,s\}$ がともに $s=s_0$ で収束し $s_0+n\sigma$ $(n=0,1,2,\cdots)$ に対して $L\{f_1,s_0+n\sigma\}=L\{f_2,s_0+n\sigma\}$ ならば $L\{f_1,s\}\equiv L\{f_2,s\}$. さらに $f_1(x),f_2(x)$ がともに連続ならば $f_1(x)\equiv f_2(x)$.

証明. $f(x)=f_1(x)-f_2(x)$ とおけば明らかである.

定理 13.2. $0<t<\infty$ で定義された函数 $f(t)$ に対し $L\{f,s\}\equiv F(s)$ が収束しその収束座標を α とすれば $F(s)$ は $\Re s>\alpha$ で s の函数として一意にきまる.

逆に $L\{f,s\}\equiv F(s)$ が $\Re s>\alpha$ で与えられたとき $f(t)$ は一意には定まらないがその差は零函数である. もし $f(t)$ を連続な函数とすれば一意に定まる.[1]

証明. $L\{f_1,s\}\equiv L\{f_2,s\}$ から $L\{f_1-f_2,s\}\equiv 0$.

よって f_1-f_2 は零函数であるから上の補助定理から明らかである.

$F(s)$ から $f(t)$ を求める変換を $L^{-1}\{F(s)\}=f(t)$ と表わし, これをもとの変換の**逆変換**という.

---

[1] $f(t)$ が連続と仮定しなくても左方連続または右方連続とすれば一意にきまる. なぜならば $f(t_0)\neq 0$ とすれば例えば右方連続ならば $t_0\leq t\leq t_0+\delta$ で $f(t)>0$. よって $\int_{t_0}^{t_0+\delta}f(t)\,dt=\int_0^{t_0+\delta}f(t)\,dt-\int_0^{t_0}f(t)\,dt=0$ となって矛盾するからである.

§14. ラプラス変換の実例

例 1. $$f(t)\equiv 1, \quad \int_0^\infty e^{-st}dt=\frac{1}{s}.$$

§12 例1より収束座標，絶対収束座標ともに $\sigma=0$ で $L\{f,s\}=\frac{1}{s}$, $\Re s>0$.

例 2. $$f(t)\equiv\begin{cases} 0 & (0\leq t<a), \\ 1 & (a\leq t). \end{cases}$$

§12 例1と同様 $\int_a^\infty e^{-st}dt$ となるから

$$L\{f,s\}=\frac{e^{-as}}{s} \quad (\Re s>0).$$

例 3. $$f(t)=t^\alpha \quad (\Re\alpha>-1).$$

ラプラス積分は $\Re s>0$ で収束(絶対収束)し，$\Re s<0$ で発散する．t^α の主値をとり $st=x$ とおけば

$$\int_0^\infty e^{-st}t^\alpha dt=\frac{1}{s^{\alpha+1}}\int_0^{s\infty} e^{-x}x^\alpha dx.$$

s^α はその主値をとり，上限 $s\infty$ は積分路が x 平面でその原点から s 点をとおり ∞ におよぶことを示す．右半平面の任意な積分路に対しこの積分は $\Gamma(\alpha+1)$ である．[1]

この場合は $\Re\alpha<0$ であると積分の下限に関しても特異積分であるが $\Re\alpha>-1$ ならば存在することがわかりガンマ函数となる．

よって

$$L\{t^\alpha,s\}=\frac{\Gamma(\alpha+1)}{s^{\alpha+1}} \quad (\Re\alpha>-1, \Re s>0).$$

例 4. $$f(t)=e^{at}.$$

$\int_0^\infty e^{-st}e^{at}dt=\int_0^\infty e^{(a-s)t}dt$ であるから $\Re s>\Re a$ で絶対収束し，$\Re s\leq\Re a$ で発散する．

---

[1] 正確には函数論の知識が必要であるが，s を実数と考えれば微積分学の知識だけで明らかであろう．

$$L\{e^{at}, s\} = \frac{1}{s-a} \quad (\Re s > \Re a).$$

例 5. $\qquad f(t) = \cos \lambda t$ （λ は実数または複素数）.

$\cos \lambda t = \frac{1}{2}\{e^{i\lambda t} + e^{-i\lambda t}\}$ でありラプラス変換は線型的である.[1] よって

$$L\{\cos \lambda t, s\} = \frac{1}{2}\left\{\frac{1}{s-i\lambda} + \frac{1}{s+i\lambda}\right\} = \frac{s}{s^2+\lambda^2}.$$

ただし $\Re s > \max(\Re(i\lambda), \Re(-i\lambda)) = \max(-\Im\lambda, \Im\lambda) = |\Im\lambda|$.

例 6. $\qquad f(t) = \sin \lambda t$ （λ は実数または複素数）.

例 5 と同様に

$$L\{\sin \lambda t, s\} = \frac{\lambda}{s^2+\lambda^2} \quad (\Re s < |\Im\lambda|).$$

例 7. $\qquad f(t) = \log t$.

ガンマ函数の積分表示

$$\Gamma(\beta) = \int_0^\infty e^{-t} t^{\beta-1} dt, \quad \Re\beta > 0$$

を積分記号内で微分することができて[2]

$$\Gamma'(\beta) = \int_0^\infty e^{-t} t^{\beta-1} \log t\, dt.$$

したがって

$$\Gamma'(1) = \int_0^\infty e^{-t} \log t\, dt.$$

$t = sx$ （$\Re s > 0$) とおけば

$$\Gamma'(1) = \int_0^\infty e^{-sx}(\log s + \log x)\, s\, dx$$

$$= s\log s \int_0^\infty e^{-sx} dx + s \int_0^\infty e^{-sx} \log x\, dx$$

$$= \log s + sL\{\log t, s\}.$$

よって

---

1) 積分，微分などの演算は線型的である．演算を L とかくときそれが線型的であるとは $L\{f+g\} = L\{f\} + L\{g\}$，$\alpha$ を定数とするとき $L\{\alpha f\} = \alpha L\{f\}$ なることをいう．
2) 例えば証明は高木貞治，解析概論* 参照．

§14. ラプラス変換の実例

$$L\{\log t, s\} = \frac{\Gamma'(1)}{s} - \frac{\log s}{s} \quad (\Re s > 0).^{1)}$$

そのほか簡単な函数のラプラス変換を表にすると次のごとくである．

$f(t)$	$L\{f,s\}=F(s)$	
1	$\dfrac{1}{s}$	$\Re s > 0$
e^{at}	$\dfrac{1}{s-a}$	$\Re s > \Re a$
t^α	$\dfrac{\Gamma(\alpha+1)}{s^{\alpha+1}}$	$\Re s > 0$
$t^n \ (n=1,2,\cdots)$	$\dfrac{n!}{s^{n+1}}$	$\Re s > 0$
$\sin \lambda t$	$\dfrac{\lambda}{s^2+\lambda^2}$	$\Re s > |\Im \lambda|$
$\cos \lambda t$	$\dfrac{s}{s^2+\lambda^2}$	$\Re s > |\Im \lambda|$
$\sinh \lambda t$	$\dfrac{\lambda}{s^2-\lambda^2}$	$\Re s > |\Re \lambda|$
$\cosh \lambda t$	$\dfrac{s}{s^2-\lambda^2}$	$\Re s > |\Re \lambda|$
$\log t$	$\dfrac{\Gamma'(1)}{s} - \dfrac{\log s}{s}$	$\Re s > 0$

これらの簡単な函数のラプラス変換から次節以下の方法を使って簡単に多くの函数のラプラス変換が導き出せる．それらはその都度述べることにするが，特にラプラス変換を知る必要のあるときは大きな表が作られている．Tables of Integral Transforms 二巻 (Bateman Manuscript Project, California Institute of Technology).

§13 のラプラス変換の逆の一意性に関する定理13.2からわかるように $F(s)$ が与えられると $f(t)$ は零函数を除けば一意に定まってしまうから，$f(t)$ を連続函数と限れば上のラプラス変換の表は左と右とが一対一に対応している．一般の表の場合も同様であって，この性質は $F(s)$ を知って $f(t)$ を求めるとき表を引くことによるだけで $f(t)$ を求め得る便宜がある．

---

1) $f(t)=\log t$ のラプラス積分も積分の下限について特異積分である．また上の計算は s を複素数とすると $\log s$ は無限多価であり函数論の知識を必要とする．s を正の実数とすれば計算は簡単に理解されるであろう．

例 8. $f(t)=c$ $(0\leq t<h)$, $f(t)=2c$ $(h\leq t<2h)$, $\cdots$, $f(t)=mc$ $((m-1)h\leq t<mh)$, それ以外では $f(t)=0$ なる函数のラプラス変換は例1, 例2から

$$L\{f\} = \frac{c}{s} + \frac{ce^{-hs}}{s} + \frac{ce^{-2hs}}{s} + \cdots + \frac{ce^{-(m-1)hs}}{s} - \frac{mce^{-mhs}}{s}$$

$$= \frac{c}{s}(1+e^{-hs}+e^{-2hs}+\cdots+e^{-(m-1)hs}) - \frac{mce^{-mhs}}{s} \quad (s>0).$$

$m=1,2,3,\cdots,n,\cdots$ が無限にあるならば

$$L\{f\} = \frac{c}{s}\sum_{k=0}^{\infty} e^{-khs} = \frac{c}{s(1-e^{-hs})} \quad (s>0).$$

例 9. 周期函数のラプラス変換.

$f(t)$ が周期 ω の周期函数で $f(t+\omega)=f(t)$ $(t>0)$. 区分的連続ならば

$$L\{f\} = \int_0^\infty e^{-st}f(t)\,dt = \sum_{k=0}^{\infty}\int_{k\omega}^{(k+1)\omega} e^{-st}f(t)\,dt.$$

$t-k\omega=\tau$ とおき $f(\tau+k\omega)=f(\tau)$ が成り立つから

$$L\{f\} = \sum_{k=0}^{\infty} e^{-k\omega s}\int_0^\omega e^{-s\tau}f(\tau)\,d\tau.$$

よって

$$L\{f\} = \frac{\int_0^\omega e^{-s\tau}f(\tau)\,d\tau}{1-e^{-\omega s}}.$$

特別の場合として図8のような函数

$$f(t) = \begin{cases} c & (0\leq t<h), \\ -c & (h\leq t<2h) \end{cases}$$

かつ $f(t)=f(t+2h)$ ならば

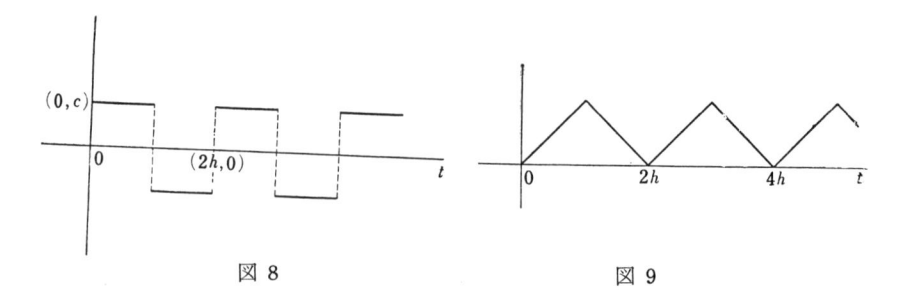

図 8   図 9

§14. ラプラス変換の実例

$$\int_0^{2h} e^{-st}f(t)\,dt = \int_0^h ce^{-st}dt - \int_h^{2h} ce^{-st}dt = \frac{c}{s}(1-e^{-hs})^2.$$

よって

$$L\{f\} = \frac{c(1-e^{-hs})^2}{s(1-e^{-2hs})} = \frac{c}{s}\frac{1-e^{-hs}}{1+e^{-hs}} = \frac{c}{s}\tanh\frac{hs}{2} \quad (s>0).$$

また $g(t) = \dfrac{1}{c}\displaystyle\int_0^t f(t)\,dt$ とおけば $g(t)$ のグラフは図9のようになる.

そして

$$g(t) = \begin{cases} t & (0 \leq t < h), \\ 2h-t & (h \leq t < 2h), \end{cases} \quad \text{かつ } g(t) = g(t+2h).$$

よって

$$\int_0^{2h} e^{-st}g(t)\,dt = \int_0^h te^{-st}dt + \int_h^{2h}(2h-t)e^{-st}dt = \frac{1}{s^2}(1-e^{-hs})^2.$$

よって

$$L\{g\} = \frac{1}{s^2}\frac{1-e^{-hs}}{1+e^{-hs}} = \frac{1}{s^2}\tanh\frac{hs}{2}.\ ^{1)}$$

問 1. $L\{\sinh\lambda t\} = \dfrac{\lambda}{s^2-\lambda^2},\ L\{\cosh\lambda t\} = \dfrac{s}{s^2-\lambda^2}$

を示せ.

問 2.
$$f(t) = \begin{cases} 0 & (0 \leq t < h), \\ 1 & (h \leq t < k), \\ 0 & (k \leq t < \infty) \end{cases}$$

とするとき

$$L\{f(t)\} = \frac{e^{-hs}}{s} - \frac{e^{-ks}}{s}$$

となることを示せ.

問 3. $f(t) = \begin{cases} \sin t & (0 \leq t \leq \pi), \\ 0 & (\pi \leq t \leq 2\pi), \end{cases}$

かつ $f(t+2\pi) = f(t)$ なるとき

$$L\{f(t)\} = \frac{1}{(s^2+1)(1-e^{-\pi s})}$$

となることを示せ.

---

1) 後の定理 18.3 をつかえば $L\{f\} = \dfrac{c}{s}\tanh\dfrac{hs}{2}$ から直ちに $L\{g\} = \dfrac{1}{s^2}\tanh\dfrac{hs}{2}$ がわかる. $g(t) = \dfrac{1}{c}\displaystyle\int_0^t f(t)\,dt$ であるから.

§15. ラプラス積分の評価

定理 15.1. $\gamma>0$ に対し $f(t)=O(e^{\gamma t})$ ならば[1] $L\{f,s\}$ は $\Re s>\gamma$ で収束(絶対収束)する.

証明. 仮定から $t<\infty$ に対して $|f(t)|<Me^{\gamma t}$ なる正数 M が存在する. また $s=\sigma+i\tau$, $\sigma>\gamma$. よって

$$\left|\int_U^V e^{-st}f(t)\,dt\right| \leq \int_U^V |e^{-st}f(t)|\,dt \leq \int_U^V e^{-\sigma t}Me^{\gamma t}dt$$

$$=\frac{M}{\gamma-\sigma}(e^{-(\sigma-\gamma)V}-e^{-(\sigma-\gamma)U}).$$

よって任意の正数 ε に対し U_0 を十分大にとれば $U_0<U<V$ なる任意の U, V に対し

$$\left|\int_U^V e^{-st}f(t)\,dt\right|<\varepsilon$$

ならしめることができる. これは $L\{f,s\}$ が s で収束する(上の式から同様に絶対収束する)ことを示す.

定理 15.2. $L\{f,s\}$ が $s_0=\gamma+i\delta$ $(\gamma>0)$ で収束すれば $\int_0^t f(t)dt=o(e^{\gamma t})$.

証明. $\Phi(t)=\int_0^t e^{-s_0 u}f(u)\,du$ とおくと部分積分法により

$$\int_0^t f(u)\,du=\int_0^t e^{s_0 u}e^{-s_0 u}f(u)\,du=[e^{s_0 u}\Phi(u)]_0^t-s_0\int_0^t e^{s_0 u}\Phi(u)\,du$$

$$=e^{s_0 t}\Phi(t)-s_0\int_0^t e^{s_0 u}\Phi(u)\,du.$$

さて $t\to\infty$ のとき $\Phi(t)\to L\{f,s_0\}$ であるから, $\Phi(t)=L\{f,s_0\}+\varepsilon_t$ と表わせる. ここで $t\to\infty$, $\varepsilon_t\to 0$. よって $e^{s_0 t}$ で両辺を割ると

$$e^{-s_0 t}\int_0^t f(u)du=L\{f,s_0\}+\varepsilon_t-s_0 e^{-s_0 t}\int_0^t e^{s_0 u}\Phi(u)\,du.$$

---

[1] $f(t)=O(e^{\gamma t})$ とは $\dfrac{f(t)}{e^{\gamma t}}$ が $t\to\infty$ に対して有界なことをいう. それが零に収束する場合も含める. そして $\dfrac{f(t)}{e^{\gamma t}}\to 0$, $t\to\infty$, のとき特に $f(t)=o(e^{\gamma t})$ と書く.

§15. ラプラス積分の評価

一方 $r>0$ から

$$s_0 e^{-s_0 t}\int_0^t e^{s_0 u}du = 1 - \frac{s_0 e^{-s_0 t}}{s_0} = 1 - e^{-s_0 t}.$$

よって１の代りに左辺から $e^{-s_0 t}$ を引いたものを代入して

$$e^{-s_0 t}\int_0^t f(u)du = L\{f, s_0\}\left[s_0 e^{-s_0 t}\int_0^t e^{s_0 u}du + e^{-s_0 t}\right] + \varepsilon_t - s_0 e^{-s_0 t}\int_0^t e^{s_0 u}\varPhi(u)du$$

$$= s_0 e^{-s_0 t}\int_0^t e^{s_0 u}L\{f, s_0\}du + e^{-s_0 t}L\{f, s_0\} + \varepsilon_t - s_0 e^{-s_0 t}\int_0^t e^{s_0 u}\varPhi(u)du.$$

いま

$$s_0 e^{-s_0 t}\int_0^t e^{s_0 u}[L\{f, s_0\} - \varPhi(u)]du = K(t)$$

とおく．$\varPhi(t) \to L\{f, s_0\}$ であるから任意の正数 ε に対して T を十分大きくとれば $u>T$ なるすべての u に対して $|L\{f, s_0\} - \varPhi(u)| < \varepsilon\dfrac{r}{|s_0|}$ ならしめることができる（ε を与えて T を定める）．

次に

$$K(t) = s_0 e^{-s_0 t}\int_0^T e^{s_0 u}[L\{f, s_0\} - \varPhi(u)]du$$

$$+ s_0 e^{-s_0 t}\int_T^t e^{s_0 u}[L\{f, s_0\} - \varPhi(u)]du.$$

において t を十分大きくきめれば右辺の第一項は（T は定まっているから），$r>0$ から

$$\left|s_0 e^{-s_0 t}\int_0^T e^{s_0 u}[L\{f, s_0\} - \varPhi(u)]du\right| < \varepsilon.$$

また第二項は $r>0$ から

$$\left|s_0 e^{-s_0 t}\int_T^t e^{s_0 u}[L\{f, s_0\} - \varPhi(u)]du\right| < \varepsilon\frac{r}{|s_0|}|s_0|e^{-\gamma t}\int_T^t e^{\gamma u}du$$

$$= \varepsilon r e^{-\gamma t}\frac{e^{\gamma t} - e^{\gamma T}}{\gamma} \leqq \varepsilon.$$

任意の正数 ε に対し t_0 を十分大きくとれば $t_0 < t$ なるすべての t に対し

$$|K(t)| < 2\varepsilon.$$

よって $t \to \infty$ に対し $K(t) \to 0$．

さて
$$e^{-s_0 t}\int_0^t f(u)\,du = e^{-s_0 t}L\{f, s_0\} + \varepsilon_t + K(t)$$
であるから
$$\frac{\int_0^t f(u)du}{e^{\gamma t}} \to 0 \quad (t\to\infty).$$

注意. ラプラス積分が収束するということは $f(t)$ の積分が存在することを意味するのであるから $f(t)$ 自身は $t\to\infty$ に対していかほどでも大きくなることができる.そのように大きくなる点を中心とした区間が短かくなれば $f(t)$ で境される面積すなわち積分は有限の値となるからである.そのため定理 15.2 のように $f(t)$ の積分が制限されることがわかるだけなのであって $f(t)$ 自身の大きくなり方は制限されない.

§16. ラプラス積分の一様収束性

定理 16.1. $L\{f,s\}$ が $s=s_0$ において収束すれば $|\mathrm{Arg}(s-s_0)|\leq\theta<\dfrac{\pi}{2}$ において(s に無関係に)$L\{f,s\}$ は一様収束する.

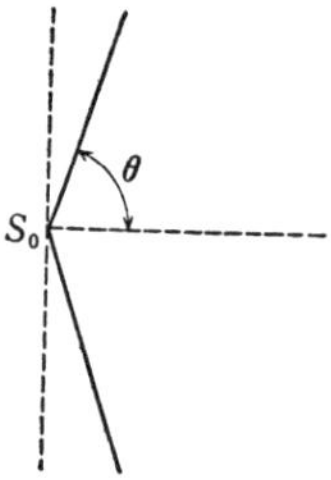

ここで $|\mathrm{Arg}(s-s_0)|\leq\theta<\dfrac{\pi}{2}$ という s の領域は図10のような領域で,そこにある限り s に無関係な収束をするということである.

証明. $R(t)=\displaystyle\int_t^\infty e^{-s_0 u}f(u)\,du$ とおけば $R(t)$ は収束する $L\{f,s_0\}$ の t より先の部分であるから任意の正数 $\varepsilon>0$ に対し T を十分大きくえらべば $t>T$ なる限り $|R(t)|<\varepsilon$ ならしめることができる.さて

図 10

$$\int_U^V e^{-st}f(t)dt = \int_U^V e^{-(s-s_0)t}e^{-s_0 t}f(t)dt$$
$$= -[e^{-(s-s_0)t}R(t)]_U^V - (s-s_0)\int_U^V e^{-(s-s_0)t}R(t)dt.$$

よって領域内の任意の s について $V>U\geq T$ なるすべての U,V に対し

$$\left|\int_U^V e^{-st}f(t)\,dt\right| \leq e^{-\Re(s-s_0)U}|R(t)| + e^{-\Re(s-s_0)V}|R(t)|$$
$$+ |s-s_0|\int_U^V e^{-\Re(s-s_0)t}|R(t)|dt$$

$$\leq \varepsilon\left[e^{-\Re(s-s_0)U}+e^{-\Re(s-s_0)V}+|s-s_0|\int_U^V e^{-\Re(s-s_0)t}dt\right]$$

$$\leq \varepsilon\left[2+\frac{|s-s_0|}{\Re(s-s_0)}e^{-\Re(s-s_0)U}\right]$$

$$\leq \varepsilon\left[2+\frac{1}{\cos\theta}\right] \quad \because \quad \frac{|s-s_0|}{\Re(s-s_0)}<\frac{1}{\cos\theta}.$$

よって $\int_0^\infty e^{-st}f(t)dt$ は $|\mathrm{Arg}(s-s_0)|\leq\theta<\frac{\pi}{2}$ で一様収束することがわかった.

定理 16.2. $L\{f,s\}$ が $s=s_0$ において絶対収束すれば $\Re s\geq\Re s_0$ において $L\{f,s\}$ は一様収束である.

証明. $\left|\int_U^V e^{-st}f(t)\,dt\right|=\left|\int_U^V e^{-(s-s_0)t}e^{-s_0 t}f(t)\,dt\right|\leq\int_U^V|e^{-s_0 t}f(t)|dt.$

右辺は $L\{f,s_0\}$ が絶対収束するから任意の正数 ε に対し T を十分大とすれば $V>U\geq T$ なる限り ε より小となる. 第一項は $\Re s\geq\Re s_0$ なる限り右辺の項より小さいから

$$\left|\int_U^V e^{-st}f(t)\,dt\right|<\varepsilon$$

が $V>U\geq T$ なる限り成り立つ. すなわち一様収束することが示された.

定理 16.3. $L\{f,s\}$ が $\Re s=\sigma_0$ 上で ($\Re s=\sigma_0$ のすべての点について) 一様収束すれば $\Re s\geq\sigma_0$ で一様収束する.

証明. 仮定から任意の正数 ε に対し T を十分大きくすれば (y には無関係に) $V>U\geq T$ なる限り

$$\left|\int_U^V e^{-(\sigma_0+iy)t}f(t)\,dt\right|<\varepsilon$$

ならしめることができる.

$\sigma\geq\sigma_0$ のとき積分の第二平均値の定理から

$$\int_U^V e^{-(\sigma+iy)t}f(t)\,dt=\int_U^V e^{-(\sigma-\sigma_0)t}e^{-(\sigma_0+iy)t}f(t)\,dt$$

$$=e^{-(\sigma-\sigma_0)U}\int_U^{V'}e^{-(\sigma_0+iy)t}f(t)\,dt$$

なる V' ($U<V'<V$) が存在する.

仮定から右辺の積分は y に無関係に ε より小でありまた $e^{-(\sigma-\sigma_0)U}<1$ であるから $T\leq U<V$ に対し

$$\left|\int_U^V e^{-(\sigma+iy)t}f(t)\right|<\varepsilon.$$

よって $L\{f,s\}$ は $\Re s\geq\sigma_0$ において一様収束である.

$L\{f,s\}$ が $\Re s\geq c$ において一様収束するような c の下限 γ を $L\{f,s\}$ の**一様収束座標**という. そうすると明らかに $\alpha\leq\gamma\leq\beta$ である.

一様収束の場合は収束座標や絶対収束座標とは異なって, $\Re s<\gamma$ なる s のある領域で一様収束しないということは結論されない.

§17. ラプラス積分の正則性

定理 17.1. $L\{f,s\}\equiv F(s)$ は複素変数 s の函数としてその収束半平面の内部で正則である.[1] したがってすべての階数の導函数 $F^{(n)}(s)$ ($n=1,2,\cdots$) が存在し, しかも

$$F^{(n)}(s)=(-1)^n\int_0^\infty e^{-st}t^n f(t)\,dt.$$

証明. 定理 16.1 から収束半平面内部の任意の領域 D で $F(s)$ は s に関し一様収束するから $\int_0^\infty$ を次のように表わすとき

$$F(s)=\sum_{N=0}^\infty \int_N^{N+1} e^{-st}f(t)\,dt.\ [2]$$

---

1) 複素変数の函数が正則とはその領域で $f'(s)$ が存在することである. 函数論の知識については高木貞治, 解析概論*; 小松勇作, 函数論（朝倉数学講座), 朝倉書店 1960 参照.

2) $L\{f,s\}$ が $s=s_0$ で収束すれば $\Re s\geq \Re s_0$ で積分の下限に関し一様収束であることが証明される.
$\int_0^\infty e^{-st}f(t)\,dt$ で $f(t)$ が $0<t<\infty$ において定義され $\lim_{\substack{T\to\infty\\ \varepsilon\to 0}}\int_\varepsilon^T e^{-st}f(t)\,dt$ としてラプラス積分が定義されるとき（すなわち積分の下限に関しても特異積分のとき）は $F(s)=\sum_{N=0}^\infty \int_N^{N+1}$ とは表わし得ないから $F(s)=\int_0^\infty=\sum_{N=0}^\infty \int_N^{N+1}$ と書く代りに $F(s)=\sum_{N=1}^\infty \int_{1/N+1}^{1/N}+\sum_{N=1}^\infty \int_N^{N+1}$ と書かねばならない. そして第一の $\sum$ に関しても, 第二の $\sum$ に関しても一様収束であるから全く同様にしてこの場合にも証明ができる.

§17. ラプラス積分の正則性

右辺は一様収束する級数となる.

N を定めて考えるとき

$$\int_N^{N+1} e^{-st} f(t)\,dt = \int_N^{N+1} \left\{ \sum_{\nu=0}^{\infty} \frac{(-st)^\nu}{\nu!} \right\} f(t)\,dt.$$

{ } 内は st の一様収束する級数であるから積分と $\sum$ との順序を変えることができて

$$\text{原式} = \sum_{\nu=0}^{\infty} \frac{(-s)^\nu}{\nu!} \int_N^{N+1} t^\nu f(t)\,dt.$$

一方

$$\left| \int_N^{N+1} t^\nu f(t)\,dt \right| < (N+1)^\nu \int_N^{N+1} |f(t)|\,dt = (N+1)^\nu \varphi(N) = \psi(N, \nu)$$

と書くと,

$$\text{原式} = \sum_{\nu=0}^{\infty} \frac{(-s)^\nu}{\nu!} \psi(N, \nu).$$

N は固定してあり $\psi(N,\nu)$ は $(N+1)^\nu$ の位数のものであるからこの右辺の無限級数は s の任意の有界領域で一様収束である.よって原式は s の正則函数なことがわかる.[1]

次に

$$F(s) = \sum_{N=0}^{\infty} \int_N^{N+1} e^{-st} f(t)\,dt$$

は一様収束であり,無限級数の各項は正則函数であるから $F(s)$ は s の函数として正則である.正則函数はすべての階数の導函数が存在し第 n 階の導函数は一様収束級数で表わされているときは項別微分して得られるから

$$F^{(n)}(s) = \sum_{N=0}^{\infty} \frac{d^n}{ds^n} \int_N^{N+1} e^{-st} f(t)\,dt.$$

しかるに

$$\frac{d^n}{ds^n} \int_N^{N+1} e^{-st} f(t)\,dt = \int_N^{N+1} (-t)^n e^{-st} f(t)\,dt.$$

なぜならば

---

1) 正則函数列が一様収束すれば極限函数は正則である.高木貞治,解析概論*;小松勇作,函数論参照.

$$\frac{d^n}{ds^n}\int_N^{N+1} e^{-st}f(t)\,dt = \sum_{\nu=n}^{\infty} \frac{(-1)^n(-s)^{\nu-n}}{(\nu-n)!}\int_N^{N+1} t^{\nu}f(t)\,dt$$

$$= \int_N^{N+1}\sum_{\nu=n}^{\infty}\frac{(-s)^{\nu-n}t^{\nu-n}}{(\nu-n)!}(-t)^n f(t)\,dt = \int_N^{N+1}(-t)^n e^{-st}f(t)\,dt.$$

よって

$$F^{(n)}(s) = (-1)^n \int_0^{\infty} e^{-st} t^n f(t)\,dt. \quad\text{[1]}$$

§14 のラプラス変換の実例であげられたラプラス積分をみれば，いずれもその収束領域で正則であることがわかる．

例 1. $L\{1\} = \dfrac{1}{s}$, $L\{t^{\alpha}\} = \dfrac{\Gamma(\alpha+1)}{s^{\alpha+1}}$ などはいずれも $\Re s > 0$ において正則である．前者は $s=0$ が極，後者は α により変わるが α が正整数なら $s=0$ は極，有理数なら $s=0$ は代数的分岐点である．

収束領域の境界および外では正則のこともありそうでないこともあり，一般には何もいわれない．

問 1. $L\{\sin t\} = \dfrac{1}{s^2+1}$ は $\Re s > 0$ において正則であることを示せ．

§18. $f(t), F(s)$ の微分，積分函数の関係

定理 18.1. $L\{f, s\}$ が $s = s_0$ で収束すれば $L\{f, s\} \equiv F(s)$ および $F^{(n)}(s)$, $n = 1, 2, \cdots$, は $|\mathrm{Arg}(s-s_0)| \leq \theta < \dfrac{\pi}{2}$ の内部で s が ∞ に近づくとき一様に零に収束する．

証明. $s = \sigma + i\tau$, $s_0 = \sigma_0 + i\tau_0$ とおき

$$F(s) \equiv L\{f, s\} = \int_0^{t_1} e^{-st}f(t)\,dt + \int_{t_1}^{t_2} e^{-st}f(t)\,dt + \int_{t_2}^{\infty} e^{-st}f(t)\,dt$$

に分割して考える．まず任意の正数 ε に対し

$$\left|\int_0^{t_1} e^{-st}f(t)\,dt\right| \leq \int_0^{t_1} e^{-(\sigma-\sigma_0)t}|e^{-\sigma_0 t}f(t)|\,dt \leq \int_0^{t_1} |e^{-s_0 t}f(t)|\,dt$$

であるから t_1 を十分小さくとって

---

[1] 積分と $\sum$ の順序の変更のできることもこの無限級数が一様収束することから明らかである．

$$\left|\int_0^{t_1} e^{-st}f(t)\,dt\right| < \frac{\varepsilon}{3}$$

ならしめる.

次に $L\{f,s\}$ は定理 16.1 により上記角領域内で一様収束するから t_2 を十分大きくとり

$$\left|\int_{t_2}^{\infty} e^{-st}f(t)\,dt\right| < \frac{\varepsilon}{3}$$

ならしめる.

次に

$$\left|\int_{t_1}^{t_2} e^{-st}f(t)\,dt\right| \leq e^{-\sigma t_1}\int_{t_1}^{t_2}|f(t)|\,dt.$$

この右辺の積分は s には無関係であるから σ を十分大きく

$$\left|\int_{t_1}^{t_2} e^{-st}f(t)\,dt\right| < \frac{\varepsilon}{3}$$

ならしめる.

よって上記角領域内において σ が十分大きくなれば

$$|F(s)| < \varepsilon.$$

すなわち $s \to \infty$ ならば $F(s) \to 0$.

全く同様に $F^{(n)}(s) \to 0$ も証明できる.

定理 18.2. $L\{f,s\} \equiv F(s)$ とおくとき, 収束域の内部において $s \to \infty$ となるとき $\lim_{\varepsilon \to 0}\int_\varepsilon^t \left|\frac{f(t)}{t}\right|dt$ が存在するならば

$$\int_s^{\infty} F(s)\,ds = \int_0^{\infty} \left\{\frac{f(t)}{t}\right\} e^{-st}\,dt.$$

証明. $F(s) = \int_0^{\infty} e^{-st}f(t)\,dt$ は収束する点 s_0 を頂点とする $|\mathrm{Arg}(s-s_0)|$ $\leq \theta < \frac{\pi}{2}$ なる角領域内で一様収束するから, そこに属する任意の点 s から任意の点 b までその領域内で積分すると

$$\int_s^b F(s)\,ds = \int_s^b ds \int_0^{\infty} e^{-st}f(t)\,dt = \int_0^{\infty} f(t)\,dt \int_s^b e^{-st}\,ds.\text{[1]}$$

---

[1] $\int_0^{\infty}$ が積分の上限に関しても下限に関しても一様収束なことから積分の順序が変更できる.

この積分の順序変更の可能なことは角領域内で一様収束することから明らかである．

よって
$$原式 = \int_0^\infty \frac{f(t)}{t}(e^{-st}-e^{-bt})dt.$$

$t \to 0$ に対して $\int_\varepsilon^t \left|\frac{f(t)}{t}\right|dt$ は($\varepsilon \to 0$ に対し特異積分が存在すると仮定したから)零に収束する．よって $\int_0^\infty e^{-bt}\frac{f(t)}{t}dt$ は存在し，[1] $\int_0^\infty e^{-bt}\frac{f(t)}{t}dt$ は定理 18.1 から $b \to \infty$ に対して零に収束する．

よって $b \to \infty$ に対して原式 $\to \int_0^\infty \frac{f(t)}{t}e^{-st}dt$．ゆえに
$$\int_s^\infty F(s)\,ds = \int_0^\infty \left\{\frac{f(t)}{t}\right\}e^{-st}dt.$$

定理 18.3. $L\{f,s\}$ が $s=s_0$ ($s_0=\sigma_0+i\tau_0$, $\sigma_0>0$) において収束すれば $f(t)$ の ν 重積分
$$f_\nu(t)=\int_0^t\int_0^{u_{\nu-1}}\cdots\int_0^{u_1}f(u)\,du\,du_1\cdots du_{\nu-1}=\frac{1}{(\nu-1)!}\int_0^t(t-u)^{\nu-1}f(u)\,du$$
に対し $L\{f_\nu,s\}$ も s_0 で収束(さらに絶対収束)して $L\{f_\nu,s\}=s^{-\nu}L\{f,s\}$．

証明． $\nu=1$ のとき $L\{f,s\}$ は s_0 において収束するから定理 15.2 により $f_1(t)=\int_0^t f(u)\,du=o(e^{\sigma_0 t})$．ゆえに
$$\int_0^t e^{-su}f_1(u)\,du = -\left[\frac{1}{s}f_1(u)e^{-su}\right]_0^t + \frac{1}{s}\int_0^t e^{-su}f(u)\,du.$$

$s=\sigma+i\tau$, $\sigma \geqq \sigma_0$ ならば $t \to \infty$ に対し右辺の第一項は零に収束する．第二項は $L\{f,s\}$ に収束するから $L\{f_1,s\}$ も収束して $L\{f_1,s\}=s^{-1}L\{f,s\}$．

$\int_0^t f_1(u)\,du = f_2(t)$ とおけば $L\{f_1,s\}$ が s_0 において収束するから $f_2(t)=o(e^{\sigma_0 t})$．そして同様にして
$$L\{f_2,s\}=s^{-1}L\{f_1,s\}=s^{-2}L\{f,s\}.$$

同様に ν 回繰返えすことにより
$$L\{f_\nu,s\}=s^{-\nu}L\{f,s\}.$$

---

[1] $\int_0^\infty e^{-bt}\frac{f(t)}{t}dt$ の存在することは $t=0$ の近傍を除いては $\int_0^\infty e^{-bt}f(t)\,dt$ の存在から明らかである．

§18. $f(t), F(s)$ の微分,積分函数の関係

なお $f_1(t)=o(e^{\sigma_0 t})$ であるから $L\{f_1, s_0\}$ は絶対収束し,同様にして $L\{f_2, s_0\}$,$\cdots$, $L\{f_\nu, s_0\}$ も絶対収束する.

定理 18.4. $0<t<\infty$ で $f(t), f'(t), \cdots, f^{(\nu)}(t)$ が存在し ($f^{(\nu)}(t)$ が積分可能で) $f(+0), f'(+0), f''(+0), \cdots, f^{(\nu-1)}(+0)$ も存在するとき,もし $L\{f^{(\nu)}, s\}$ が $s=s_0$ ($\sigma_0 > 0$) において収束すれば $L\{f, s\}, L\{f', s\} \cdots, L\{f^{(\nu-1)}, s\}$ も s_0 で収束 (さらに絶対収束) して,

$$L\{f^{(\nu)}, s\} = s^\nu L\{f, s\} - f(+0)s^{\nu-1} - f'(+0)s^{\nu-2} - \cdots - f^{(\nu-1)}(+0).$$

証明. 部分積分法により

$$\int_0^t e^{-su} f'(u)\, du = [f(u)e^{-su}]_0^t + s\int_0^t e^{-su} f(u)\, du.$$

$L\{f', s\}$ が s_0 で収束すれば

$$\int_0^t f'(u)\, du = f(t) - f(+0) = o(e^{\sigma_0 t}) \quad (\sigma_0 > 0).$$

ゆえに $t \to \infty$ に対し $f(t)e^{-st} \to 0$.

よって $t \to \infty$ とすれば

$$L\{f', s\} = -f(+0) + sL\{f, s\}.$$

$f''(t), \cdots, f^{(\nu)}(t)$ に関して同様な方法を適用すれば

$$L\{f'', s\} = -f'(+0) + sL\{f', s\},$$
$$\cdots\cdots\cdots\cdots\cdots\cdots,$$
$$L\{f^{(\nu)}, s\} = -f^{(\nu-1)}(+0) + sL\{f^{(\nu-1)}, s\}.$$

一般に $L\{f^{(j)}, s\}$ が s_0 で収束すれば $\int_0^t f^{(j)}(u)\, du = f^{(j-1)}(t) - f^{(j-1)}(+0) = o(e^{\sigma_0 t})$ であるから $t\to\infty$ に対し $f^{(j-1)}(t)e^{-st} \to 0$ である.よって上の関係式が成立する.上の関係式の両辺へ順次 $s^0, s^1, s^2, \cdots, s^{\nu-1}$ を掛けて辺々加えることにより

$$L\{f^{(\nu)}, s\} = s^\nu L\{f, s\} - f(+0)s^{\nu-1} - f'(+0)s^{\nu-2} - \cdots - f^{(\nu-1)}(+0).$$

$L\{f^{(\nu-1)}, s\}, L\{f^{(\nu-2)}, s\}, \cdots, L\{f, s\}$ が絶対収束することは定理 18.3 と全く同様に示される.

問 1.
$$L^{-1}\left\{\frac{\lambda}{s(s^2+\lambda^2)}\right\}=\frac{1}{\lambda}(1-\cos\lambda t),$$
$$L^{-1}\left\{\frac{\lambda}{s^2(s^2+\lambda^2)}\right\}=\frac{1}{\lambda^2}(\lambda t-\sin\lambda t)$$

を定理 18.3 の関係をつかって示せ．

問 2. $f(t)=t^m$ (mは正整数) なるとき $f'(0), f''(0), \cdots, f^{(m-1)}(0), f^{(m)}(t), f^{(m+1)}(t)$ を求めて，定理 18.4 の関係から $L\{t^m\}=\dfrac{m!}{s^{m+1}}$ ($\Re s>0$) を導け．

問 3. 定理 18.4 の仮定は注意しなければいけない．$f(t)=t^{-1/2}$ に対し $L\{f(t)\}$ は $\Re s>0$ において存在するが $L\{f'(t)\}$ は存在しないことを示せ．

注意． $f'(t)=-\dfrac{1}{2}t^{-3/2}$ でラプラス積分の下限を考えよ．

問 4. $L\left\{\dfrac{\sin\lambda t}{t}\right\}=\displaystyle\int_s^\infty \dfrac{\lambda dx}{x^2+\lambda^2}=\dfrac{\pi}{2}-\tan^{-1}\dfrac{s}{\lambda}$ ($\Re s>|\Im\lambda|$) を示せ．さらに $\displaystyle\int_0^t \dfrac{\sin\tau}{\tau}d\tau \equiv \mathrm{Si}(t)$ のラプラス変換は
$$L\{\mathrm{Si}(t)\}=\frac{1}{s}\tan^{-1}s \quad (\Re s>0)$$
となることを示せ．[1]

問 5.
$$L\left\{\frac{k}{2\sqrt{\pi t^3}}e^{-k^2/4t}\right\}=e^{-k\sqrt{s}} \quad (k>0,\ \Re s>0),$$
$$L\left\{\frac{1}{\sqrt{\pi t}}e^{-k^2/4t}\right\}=\frac{1}{\sqrt{s}}e^{-k\sqrt{s}} \quad (k\geqq 0,\ \Re s>0)$$

を示せ．

注意． $f(t)=t^{-3/2}e^{-k^2/4t}$ ($k>0$) のラプラス変換をすると，
$$F(s)=\frac{4}{k}\int_0^\infty \exp(-\tau^2)\exp\left(-\frac{k^2 s}{4\tau^2}\right)d\tau \qquad \left(\tau=\frac{k}{2\sqrt{t}}\right)$$
$$=\frac{4}{k}e^{-k\sqrt{s}}\int_0^\infty \exp\left[-\left(\tau-\frac{k\sqrt{s}}{2\tau}\right)^2\right]d\tau.$$

$\dfrac{k\sqrt{s}}{2}=b,\ \dfrac{b}{\tau}=\lambda$ とおき
$$\int_0^\infty \exp\left[-\left(\tau-\frac{b}{\tau}\right)^2\right]d\tau=\int_0^\infty \frac{b}{\lambda^2}\exp\left[-\left(\lambda-\frac{b}{\lambda}\right)^2\right]d\lambda,$$
$$2\int_0^\infty \exp\left[-\left(\tau-\frac{b}{\tau}\right)^2\right]d\tau=\int_0^\infty\left(1+\frac{b}{\lambda^2}\right)\exp\left[-\left(\lambda-\frac{b}{\lambda}\right)^2\right]d\lambda.$$

$\lambda-\dfrac{b}{\lambda}=x$ とおけば
$$\int_0^\infty \exp\left[-\left(\tau-\frac{b}{\tau}\right)^2\right]d\tau=\frac{1}{2}\int_{-\infty}^\infty e^{-x^2}dx=\frac{\sqrt{\pi}}{2},$$
$$F(s)=\frac{2\sqrt{\pi}}{k}e^{-k\sqrt{s}}.$$

---

[1] t の函数 $\displaystyle\int_0^t \dfrac{\sin\tau}{\tau}d\tau$ を $\mathrm{Si}(t)$ で表わす．

§19. 変数の一次変換

定理 19.1. $L\{f,s\}\equiv F(s)$ と書くとき,$a>0$, $b>0$ をもって定義された

$$f_1(t)=\begin{cases} f(at-b) & (at-b\geqq 0), \\ 0 & (at-b<0) \end{cases}$$

に対する $L\{f_1,s\}$ を $F_1(s)$ と書けば

$$F_1(s)=\frac{1}{a}e^{-\frac{b}{a}s}F\left(\frac{s}{a}\right).$$

証明. $at-b=\tau$ とおき

$$L\{f_1,s\}=\int_0^\infty e^{-st}f(at-b)\,dt=\frac{1}{a}e^{-\frac{b}{a}s}\int_{-b}^\infty e^{-\frac{s}{a}\tau}f(\tau)\,d\tau$$

$$=\frac{1}{a}e^{-\frac{b}{a}s}\int_0^\infty e^{-\frac{s}{a}\tau}f(\tau)\,d\tau.$$

定理 19.2. $L\{f,s\}\equiv F(s)$ と書くとき,$\alpha>0$ と任意の複素数 β に対し $F_1(s)=F(\alpha s+\beta)$ に対する $f_1(t)$ は $f_1(t)=\dfrac{1}{\alpha}e^{-\frac{\beta}{\alpha}t}f\left(\dfrac{t}{\alpha}\right)$.

証明. $\alpha t=\tau$ とおき

$$F_1(s)=F(\alpha s+\beta)=\int_0^\infty e^{-(\alpha s+\beta)t}f(t)\,dt=\frac{1}{\alpha}\int_0^\infty e^{-s\tau}e^{-\frac{\beta}{\alpha}\tau}f\left(\frac{\tau}{\alpha}\right)d\tau.$$

定理 19.3.
$$\lim_{t\to\infty}f(t)=\lim_{s\to 0}sF(s),$$
$$\lim_{t\to 0}f(t)=\lim_{s\to\infty}sF(s).$$

ここでは $t\to\infty$ のとき $f'(t)$ の存在とか,無限積分と $s\to 0$ の極限とは交換できるという条件のもとに考える.

まず

$$\lim_{s\to 0}sF(s)=\lim_{s\to 0}s\int_0^\infty f(t)e^{-st}dt$$

$$=\lim_{s\to 0}[f(t)e^{-st}]_0^\infty+\lim_{s\to 0}\int_0^\infty f'(t)e^{-st}dt.$$

右辺の第一項は $\lim_{s\to 0}[f(s)]=f(0)$. 第二項は

$$\lim_{b\to\infty}\int_0^b \lim_{s\to 0}f'(t)e^{-st}dt=\lim_{b\to\infty}\int_0^b f'(t)\,dt$$

$$= \lim_{b\to\infty} f(b) - f(0).$$

よって

$$\lim_{t\to\infty} f(t) = \lim_{s\to 0} sF(s).$$

次に

$$sF(s) - f(+0) = \int_0^\infty f'(t)e^{-st}dt.$$

よって

$$\lim_{s\to\infty} sF(s) - f(+0) = \lim_{s\to\infty} \int_0^\infty f'(t)e^{-st}dt$$

$$= \int_0^\infty \lim_{s\to\infty} f'(t)e^{-st}dt = 0.$$

よって

$$\lim_{s\to\infty} sF(s) = f(+0) = \lim_{t\to 0} f(t).$$

問 1. 定理 19.1, 定理 19.2 をつかうと $L\{t^m\}, L\{\cos \lambda t\}$ を知ったことからすぐ次の関係が示せることを証明せよ; m は正の整数:

$$L\{t^m e^{\alpha t}\} = \frac{m!}{(s-\alpha)^{m+1}} \quad (\Re s > \Re \alpha),$$

$$L\{e^{-\alpha t}\cos \lambda t\} = \frac{s+\alpha}{(s+\alpha)^2 + \lambda^2} \quad (\Re(s+\alpha) > |\Im \lambda|).$$

問 2. $L^{-1}\left\{\dfrac{\lambda}{s^2+\lambda^2}\right\} = \sin \lambda t$ から, b は実数として,

$$L^{-1}\left\{\frac{\lambda e^{-bs}}{s^2+\lambda^2}\right\} = \begin{cases} 0 & (0 < t < b), \\ \sin \lambda(t-b) & (b < t) \end{cases}$$

を示せ.

§20. 合成函数のラプラス変換

二つの函数 $f_1(t)$, $f_2(t)$ より合成函数

$$f(t) = \int_0^t f_1(\tau)f_2(t-\tau)d\tau \equiv f_1 * f_2$$

をつくるとき, それらの函数のラプラス変換の間の関係を考える. $f_1(t)$, $f_2(t)$ がともに §12 における $f(t)$ への条件を満足するとき $f_1 * f_2$ は

§20. 合成函数のラプラス変換

$$f_1 * f_2 = f(t) = \lim_{\substack{\varepsilon_1 \to 0 \\ \varepsilon_2 \to 0}} \int_{\varepsilon_1}^{t-\varepsilon_2} f_1(\tau) f_2(t-\tau) \, d\tau$$

で定義される．（§12 における条件のもとで存在する．）

定理 20.1. $L\{f_1, s\}$, $L\{f_2, s\}$ がともに $s = s_0$ において絶対収束すれば $L\{f_1 * f_2, s\}$ も $s = s_0$ で絶対収束して

$$L\{f_1, s\} L\{f_2, s\} = L\{f_1 * f_2, s\}.$$

証明． 積分は絶対収束であるから

$$L\{f_1, s_0\} \cdot L\{f_2, s_0\} = \int_0^\infty e^{-s_0 u} f_1(u) \, du \int_0^\infty e^{-s_0 v} f_2(v) \, dv$$

$$= \int_0^\infty \int_0^\infty e^{-s_0(u+v)} f_1(u) f_2(v) \, du \, dv.$$

最後の二重積分は $u > 0$, $v > 0$ なる $\frac{1}{4}$ 平面にわたる．よって $u+v = t$, $u = \tau$ とおけば $u > 0$, $v > 0$ なる $\frac{1}{4}$ 平面は t 軸の $t > 0$ の部分と $t = \tau$ 直線の $t > 0$ の部分との間の $\frac{1}{8}$ 平面の部分となる．よって二重積分をまず t について $t = \tau$ から ∞ まで，τ について 0 から ∞ まで積分すると（図 12）

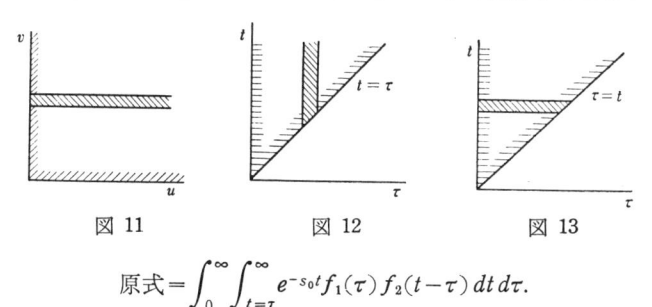

図 11　　　図 12　　　図 13

$$原式 = \int_0^\infty \int_{t=\tau}^\infty e^{-s_0 t} f_1(\tau) f_2(t-\tau) \, dt \, d\tau.$$

この積分の順序を交換すると（図 13）

$$= \int_0^\infty e^{-s_0 t} \left\{ \int_0^t f_1(\tau) f_2(t-\tau) \, d\tau \right\} dt.$$

右辺は絶対収束する累次積分となる．

$L\{f_1 * f_2, s_0\}$ は存在し絶対収束する．さらに

$$L\{f_1, s_0\} L\{f_2, s_0\} = L\{f_1 * f_2, s_0\}$$

は明らかである.

§6 のときと同様 $f_1*f_2=f_2*f_1$ である. ここの場合は f_1, f_2 の条件が §6 のときとは異なるが f_1, f_2 が §12 の条件のもとに f_1*f_2 は $t>0$ で連続となる.

なぜならば $f(t)=\int_0^t f_1(\tau)f_2(t-\tau)d\tau$ とおくとき

$$f(t+\delta)-f(t)=\int_0^{t+\delta} f_1(\tau)f_2(t+\delta-\tau)d\tau-\int_0^t f_1(\tau)f_2(t-\tau)d\tau,$$

$0<\varepsilon_1<t-\varepsilon_2<t<t+\delta$ ($\delta>0$ のとき) なるように $\varepsilon_1>0, \varepsilon_2>0$ をえらぶと

$$原式=\int_0^{\varepsilon_1} f_1(\tau)\{f_2(t+\delta-\tau)-f_2(t-\tau)\}d\tau+\int_{\varepsilon_1}^{t-\varepsilon_2}$$

$$+\int_{t-\varepsilon_2}^{t}+\int_{t}^{t+\delta} f_1(\tau)f_2(t+\delta-\tau)d\tau=I_1+I_2+I_3+I_4 \text{ とおく}.$$

I_1, I_3 および I_4 は $\varepsilon_1, \varepsilon_2$ を十分小さく,しかしある定まった値をとるようにし,$\delta<\varepsilon_2$ なるすべての δ に対して任意に小ならしめることができる. また f_1 は ε_1 と $t-\varepsilon_2$ の間で有界すなわち $|f_1(\tau)|\leq M$. ゆえに

$$|I_2|\leq M\int_{\varepsilon_1}^{t-\varepsilon_2}|f_2(t+\delta-\tau)-f_2(t-\tau)|d\tau$$

$$=M\int_{\varepsilon_1}^{t-\varepsilon_2}|f_2(u+\delta)-f_2(u)|du.$$

これも十分小なる δ に対していかほどでも小さくすることができる. $\delta<0$ の場合も同様であるから f_1*f_2 は連続なことがわかった.

問 1. $L^{-1}\left\{\dfrac{1}{s^2}\dfrac{1}{s-a}\right\}=\dfrac{1}{a^2}(e^{at}-at-1)$ を合成函数 $t*e^{at}$ のラプラス変換から導け.

問 2. $L^{-1}\left\{\dfrac{s^2}{(s^2+\lambda^2)^2}\right\}=\dfrac{1}{2\lambda}(\sin\lambda t+\lambda t\cos\lambda t)$ を合成函数 $\cos\lambda t*\cos\lambda t$ のラプラス変換から導け.

§21. ラプラス逆変換

定理 21.1. $L\{f, s\}$ が絶対収束座標 σ_0 をもつとき函数 $f(t)$ が $t>0$ なる任意の t に対し t を含む区間で区分的連続かつ極大極小が有限個であれば

§21. ラプラス逆変換

$$\frac{1}{2}\{f(t+0)+f(t-0)\} = \lim_{T\to\infty} \frac{1}{2\pi i}\int_{c-iT}^{c+iT} L\{f,s\}e^{st}ds.$$

ただし $c > \sigma_0$.

証明. $s=c+i\tau$ とおくとき $ds=id\tau$ であるから

$$\frac{1}{2\pi i}\int_{c-iT}^{c+iT} L\{f,s\}e^{st}ds = \frac{1}{2\pi}\int_{-T}^{T} L\{f,c+i\tau\}e^{(c+i\tau)t}d\tau$$

$$= \frac{1}{2\pi}\int_{-T}^{T} e^{(c+i\tau)t}d\tau \int_{0}^{\infty} e^{-(c+i\tau)u}f(u)\,du.$$

$\int_{0}^{\infty} e^{-(c+i\tau)u}f(u)\,du$ は $c > \sigma_0$ であるから $|\tau| < T$ の間のすべての $c+i\tau$ について一様収束である.

よって積分の順序が変更できて,

$$\frac{1}{2\pi i}\int_{c-iT}^{c+iT} L\{f,s\}e^{st}ds = \frac{1}{2\pi}\int_{0}^{\infty} f(u)\,du \int_{-T}^{T} e^{(c+i\tau)(t-u)}d\tau$$

$$= \frac{1}{2\pi}\int_{0}^{\infty} f(u)e^{c(t-u)}du \int_{-T}^{T} e^{i\tau(t-u)}d\tau$$

$$= \frac{1}{\pi}\int_{0}^{\infty} f(u)e^{c(t-u)}du \int_{-T}^{T} \frac{1}{2}\{\cos\tau(t-u)+i\sin\tau(t-u)\}d\tau$$

$$= \frac{1}{\pi}\int_{0}^{\infty} f(u)e^{c(t-u)}\frac{1}{2}\left[\frac{\sin\tau(t-u)}{t-u} - i\frac{\cos\tau(t-u)}{t-u}\right]_{-T}^{T}du$$

$$= \frac{1}{\pi}\int_{0}^{\infty} f(u)e^{c(t-u)}\frac{\sin T(t-u)}{t-u}du.$$

$u-t=v$ とおくと $u=0, u=\infty$ は $v=-t, v=\infty$ に対応するが $f(t)$ は $0 \leq t < \infty$ で定義されているだけであるから $-\infty < t < 0$ で $f(t) \equiv 0$ と定義すれば

$$原式 = \frac{1}{\pi}\int_{-t}^{\infty} f(v+t)e^{-cv}\frac{\sin Tv}{v}dv$$

$$= \frac{1}{\pi}\int_{-\infty}^{\infty} f(t+v)e^{-cv}\frac{\sin Tv}{v}dv.$$

フーリエ積分の定理 6.1 から[1] この右辺は $T \to \infty$ のとき

---

[1] フーリエ積分のときの条件 $\int_{-\infty}^{\infty}|f(v+t)e^{-cv}|dv$ の存在は $L\{f_1,s\}$ が $s=s_0$ において絶対収束するという仮定から満足されている.

$$\to \frac{1}{2}\left[\{f(t+v)e^{-cv}\}_{v=+0}+\{f(t+v)e^{-cv}\}_{v=-0}\right]$$

$$=\frac{1}{2}[f(t+0)+f(t-0)].$$

定理 21.1 は $f(t)$ が連続なるときは

$$F(s)=\int_0^\infty e^{-st}f(t)\,dt$$

(s_0 で絶対収束 $c>\sigma_0$, $s=c+i\tau$)

とおけば

$$f(t)=\frac{1}{2\pi i}\lim_{T\to\infty}\int_{c-iT}^{c+iT}F(s)e^{st}ds$$

なる関係にあることを示すものでこれを**反転公式**という．$L\{f,s\}$ の逆変換を与えるものである．これを前にも述べたごとく $L^{-1}\{F\}=f(t)$ と表わす．

$F(s)$ は s_0 で絶対収束するという仮定から $\Re s>\sigma_0$ で正則函数を表わすことは明らかであるが，定理 6.1 が使えるためには $f(t)$ に仮定があった．$0<t<\infty$ なる任意の t を含む区間で極大，極小が有限なることを仮定した．しかし $f(t)$ のラプラス変換 $F(s)$ が存在するためには必ずしもその仮定は不要で，例えば $f(t)$ は連続で $f(t)=O(e^{\gamma t})$ (γ は正数)であれば振動を無限にしてもよいことが知られる．ラプラス変換の存在する $f(t)$ に対し $L\{f\}=F(s)$ とかくとき $L^{-1}\{F\}=f(t)$ なる函数 $f(t)$ は定理 13.2 から零函数を除いて定まるから，例えば連続ならばただ一つしかない．よって $F(s)$ の逆変換 $L^{-1}\{F\}$ はただ一つの函数(連続と仮定すれば) $f(t)$ を対応させる．

この場合の $L^{-1}\{F\}=f(t)$ は定理 21.1 から得られないものも含まれる．(例えば連続で無限回振動する函数等の場合.) この場合でもある σ_0 があり，$F(s)$ は $\Re s>\sigma_0$ で正則となることは明らかである．

今 $\Re s>\sigma_0$ で正則函数 $F(s)$ があるときそれが $0\leq t<\infty$ における $f(t)$ から $L\{f,s\}=F(s)$ として得られたものであることがわからなければもちろん一般には $L^{-1}\{F(s)\}$ は求められない．応用上は，はじめに t の函数を含む関係式，例えば微分方程式等があり，その両辺にラプラス変換を施して s の函数を求め，それに逆変換をつかってもとの t の函数になおす場合が多いのであ

るから，それらの関係式から $f(t)$ の条件をしらべると定理 21.1 の使える場合が多い．しかし $F(s)$ がある函数のラプラス積分であるかどうかを知ることはむずかしい．例えば $F(s)=\sin s$ とすればこれは等間隔に配列された零点をもつから定理 13.1 によって $f(t)$ は恒等的に零にならなければならない．

$F(s)$ がある函数のラプラス積分であるための一つの十分条件として

定理 21.2. s が実数のとき $F(s)$ は実数値となる函数で，[1] $F(s)$ は $\Re s \geqq \sigma_0$ で正則かつ $F(s)=O(|s|^{-k})$, $k>1$ とする．このとき $s=c+i\tau$, $c>\sigma_0$ なる任意の c に対し

$$\frac{1}{2\pi i}\lim_{T\to\infty}\int_{c-iT}^{c+iT}F(s)e^{st}ds$$

は一定の函数 $f(t)$ に収束し，$L\{f(t)\}=F(s)$ が $\Re s>c$ で成立する．$f(t)$ は $0\leqq t$ で連続で $f(0)=0$ かつ $f(t)=O(e^{ct})$ である．

しかしこの定理では簡単なラプラス積分 $F(s)=\dfrac{1}{s}$ や $F(s)=\dfrac{1}{s-a}$ のときに，$|s|^{-k}$, $k>1$ ということがいえないから保証されない．それでここには証明を述べない．[2]

§22. ラプラス逆変換の表示

$F(s)$ は $\Re s<c$ 内にある極 $s_1, s_2, \cdots s_n, \cdots$ を除いて s の有限平面内で正則な函数とする．さらに $F(s)$ は定理 21.1 または定理 21.2 の条件を満足するものとする．そのとき $f(t)$ は形式的に有限または無限級数で次のように表わされる．

有限平面内では $e^{st}F(s)$ の極と $F(s)$ の極とは一致する．$\rho_n(t)$ で任意の定まった t に対し s_n における $e^{st}F(s)$ の留数[3] とすればコーシーの留数定理により

$$\frac{1}{2\pi i}\int_{C_N}e^{st}F(s)\,ds=\rho_1(t)+\rho_2(t)+\cdots+\rho_N(t).$$

---

1) $F(s)$ が $f(t), 0\leqq t<\infty$ のラプラス積分ならば必然的に s が実数のとき $F(s)$ は実数値となる．(ただし $f(t)$ は実数値函数とする．)
2) Churchill, Modern Operational Mathematics in Engineering*, p.159 または訳書洪四方次，応用ラプラス変換，彰国社 1950 に証明がある．
3) 留数については高木貞治，解析概論*；小松勇作，函数論参照．

ここに積分路 C_N は $s_1, s_2, \cdots, s_N$ を内部に含む閉曲線でそれを正の方向に積分したものとする.

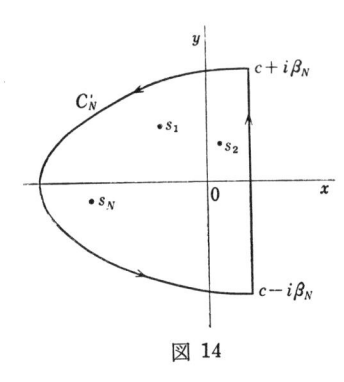

いま C_N として $c-i\beta_N$ と $c+i\beta_N$ とを結ぶ直線部分と $c+i\beta_N$ からはじまり $c-i\beta_N$ に終り $\Re s \leq c$ なる半平面内にある曲線 C'_N とからなるようにとる.

$$\frac{1}{2\pi i}\int_{c-i\beta_N}^{c+i\beta_N} e^{st}F(s)ds + \frac{1}{2\pi i}\int_{C'_N} e^{st}F(s)\,ds = \sum_{n=1}^{N}\rho_n(t).$$

図 14

$\beta_N \to \infty$ のとき左辺の第一の積分は反転公式定理 21.1 であって $L^{-1}\{F(s)\}$ に収束する.

N が増加するにつれ $\beta_N \to \infty$ なるように, そして C'_N も極の数が無限ならば順次大きくして $\rho_1, \rho_2, \cdots, \rho_N$ をすべて内部に含むようにする. 極の数が有限ならば N がある値より大となれば C_N はすべての極を含むことになる.

そのときもし

$$\frac{1}{2\pi i}\lim_{N\to\infty}\int_{C'_N} e^{st}F(s)\,ds = 0$$

であるとすれば $N \to \infty$ とすることにより

(22.1) $$\frac{1}{2\pi i}\lim_{\beta_N\to\infty}\int_{c-i\beta_N}^{c+i\beta_N} e^{st}F(s)\,ds = L^{-1}\{F(s)\} = \sum_{n=1}^{\infty}\rho_n(t).$$

左辺は仮定から極限値が存在するから右辺の級数は無限級数のときにも収束する.

よって

$$f(t) = \sum_{n=1}^{\infty}\rho_n(t).$$

極 s_n が単極であるとき留数は

$$\rho_n(t) = \lim_{s\to s_n}(s-s_n)e^{st}F(s) = e^{s_n t}\lim_{s\to s_n}(s-s_n)F(s).$$

特に $F(s)$ が有理型で

$$(22.2) \qquad F(s)=\frac{P(s)}{Q(s)}$$

の形(ここで $P(s), Q(s)$ は $s=s_n$ で正則であって $P(s_n) \neq 0$)に表わされるときは単極 s_n における留数は

$$\rho_n(t)=\frac{P(s_n)}{Q'(s_n)}e^{s_n t}$$

で表わされる．よって $F(s)$ のすべての極が単極であって (22.2) の形に表わされるときは

$$f(t)=L^{-1}\left\{\frac{P(s)}{Q(s)}\right\}=\sum_{n=1}^{\infty}\frac{P(s_n)}{Q'(s_n)}e^{s_n t}.$$

s_n が m 位の極ならば $F(s)$ は s_n の近傍で

$$(22.3) \quad F(s)=\frac{a_{-1,n}}{s-s_n}+\frac{a_{-2,n}}{(s-s_n)^2}+\cdots+\frac{a_{-m,n}}{(s-s_n)^m}+\sum_{\nu=1}^{\infty}a_{\nu,n}(s-s_n)^{\nu}.$$

e^{st} は s_n の近傍で

$$e^{st}=e^{s_n t}\left\{1+t(s-s_n)+\frac{t^2}{2!}(s-s_n)^2+\cdots+\frac{t^{\mu-1}}{(\mu-1)!}(s-s_n)^{\mu-1}+\cdots\right\}.$$

したがってこの二級数の積における $(s-s_n)^{-1}$ の係数 (s_n における $e^{st}F(s)$ の留数) は

$$\rho_n(t)=e^{s_n t}\left(a_{-1,n}+ta_{-2,n}+\frac{t^2}{2!}a_{-3,n}+\cdots+\frac{t^{m-1}}{(m-1)!}a_{-m,n}\right).$$

級数 (22.3) における係数は

$$\Phi_n(s)=(s-s_n)^m F(s)$$

に対するテイラー級数をつくればよいから

$$a_{-\nu,n}=\frac{1}{(m-\nu)!}\Phi_n^{(m-\nu)}(s_n) \quad (\nu=1,2,\cdots,m)$$

として見出される．

今度は上に仮定した条件

$$(22.4) \qquad \lim_{N\to\infty}\int_{C'_N}e^{st}F(s)\,ds=0$$

を満足する $F(s)$ の十分条件を求めよう．

二線分 $C''_N: \tau=\pm\beta_N$, $-\beta\leqq\sigma\leqq c$, と一線分 $C'''_N: \sigma=-\beta_N$, $-\beta_N$

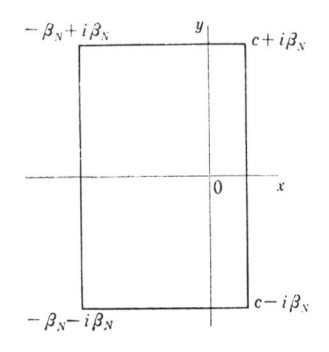

$\leq \tau \leq \beta_N$ とからなる開いた長方形を C'_N にとる. その辺上には $F(s)$ の極はないようにしたものとする.

$-\beta_N \leq \sigma \leq c$ に対し $|F(\sigma \pm i\beta_N)| < \delta_N$.

δ_N は σ に無関係で $\lim_{N\to\infty} \delta_N = 0$.

$-\beta_N \leq \tau \leq \beta_N$ に対し

$$|F(-\beta_N + i\tau)| < M \quad (\text{有界}).$$

M は N に無関係.

図 15

と仮定すれば, 上の長方形の $\tau = \pm\beta_N$ 上では

$$|e^{st}F(s)\,ds| < \delta_N e^{t\sigma} d\sigma$$

であるから

$$\left|\int_{C''_N} e^{-st}F(s)\,ds\right| < \delta_N \int_{-\beta_N}^{c} e^{t\sigma} d\sigma = \frac{\delta_N}{t}(e^{ct} - e^{-\beta_N t}).$$

これは $t > 0$ ならば $N \to \infty$ に対し零に収束する.

また $\sigma = -\beta_N$ 上では

$$\left|\int_{C''_N} e^{st}F(s)\,ds\right| < Me^{-\beta_N t}\int_{-\beta_N}^{\beta_N} d\tau = 2M\beta_N e^{-\beta_N t}.$$

これも $t > 0$ のとき $N \to \infty$ に対し零に収束する.

よって次の定理が証明された.

定理 22.1. $F(s)$ は

$$f(t) = \frac{1}{2\pi i}\lim_{\tau\to\infty}\int_{c-i\tau}^{c+i\tau} e^{st}F(s)\,ds.$$

が成りたつための定理 21.1 または定理 21.2 の条件を満足し, その上に $F(s)$ は $\Re s < c$ 内で極 s_n $(n = 1, 2, \cdots)$ を除くすべての有限平面 s で正則とする. そのときもし

(22.5) $\quad |F(\sigma \pm i\beta_N)| < \delta_N \quad (-\beta_N \leq \sigma \leq c),$
$\quad\quad\quad\quad |F(-\beta_N + i\tau)| < M \quad (-\beta_N \leq \tau \leq \beta_N)$

($N \to \infty$ のとき δ_N は σ に無関係に $\delta_N \to 0$. M は N に無関係な正の定数)

§22. ラプラス逆変換の表示

を満足するような正数 β_N $(N=1, 2, \cdots)$ があるならば($N \to \infty$ のとき $\beta_N \to \infty$), 極 s_n における $e^{st}F(s)$ の留数の級数はすべての $t>0$ に対し $f(t)$ に収束する. すなわち

$$f(t) = \sum_{n=1}^{\infty} \rho_n(t).$$

特に C'_N 上で $|F(s)| < M|s|^{-k}$ $(k>0)$ であれば定理 22.1 の条件を満足する($t>0$ に対し).

また特に C'_N 上で $|F(s)| < M|s|^{-k}$ $(k>1)$ であれば条件 (22.4) は $t=0$ のときにも成り立つ. そして

$$f(0) = \sum_{n=1}^{\infty} \rho_n(0)$$

となる.

なぜならば($t=0$ とおき) $N \to \infty$ のとき,

$$\left| \int_{C_N} e^{st} F(s)\, ds \right| \leq \frac{M}{\beta_N^k} \int_{C_N} |ds| = M \frac{2c + 4\beta_N}{\beta_N^k} \to 0$$

であるからである.

定理 22.1 の特別の場合として $\dfrac{P(s)}{Q(s)}$ が s の有理函数で $P(s), Q(s)$ は s の多項式そして $P(s)$ の次数が $Q(s)$ の次数より低いときは定理 22.1 の条件は満足されるから次の種々の場合が直ちに示される.

まず $Q(s)$ が全部相異なる一次因数に分解されるとき, すなわち $Q(s) = (s-s_1)(s-s_2)\cdots(s-s_n)$ のとき

$$\frac{P(s)}{Q(s)} = \sum_{\nu=1}^{n} \frac{P(s_\nu)}{Q'(s_\nu)} \frac{1}{s-s_\nu}.$$

したがって

$$L^{-1}\left\{\frac{P(s)}{Q(s)}\right\} = \sum_{\nu=1}^{n} \frac{P(s_\nu)}{Q'(s_\nu)} e^{s_\nu t}.$$

次に $Q(s)$ が $(s-s_\nu)^r$, $r \geq 2$ を含むとき, $s=s_\nu$ において

$$\frac{P(s)}{Q(s)} = \frac{\Phi(s)}{(s-s_\nu)^r} = \frac{a_1}{s-s_\nu} + \frac{a_2}{(s-s_\nu)^2} + \cdots + \frac{a_r}{(s-s_\nu)^r} + H(s)$$

(ここに $H(s)$ は $s-s_\nu$ とは異なる因子に関する部分分数項の和を表わす)

の形に書けるから

$$\Phi^{(r-m)}(s_\nu) = (r-m)! a_m.$$

ゆえに

$$L^{-1}\left\{\frac{P(s)}{Q(s)}\right\} = e_{s_\nu}\left[\frac{\Phi^{(r-1)}(s_\nu)}{(r-1)!} + \frac{\Phi^{(r-2)}(s_\nu)}{(r-2)!}t + \cdots + \Phi(s_\nu)t^{r-1}\right] + L^{-1}\{H(s)\}.$$

特に $Q(s)$ が $[(s+a)^2+b^2]$ なる因数をもつ場合がしばしば現われる．このときは

$$\frac{P(s)}{Q(s)} = \frac{\Phi(s)}{(s+a)^2+b^2} = \frac{As+B}{(s+a)^2+b^2} + H(s)$$

とおき

$$\Phi(s) = As + B + [(s+a)^2 + b^2]H(s).$$

ゆえに

$$\Phi(-a+ib) = (-a+ib)A + B.$$

$\Re\Phi(-a+ib) = \Phi_r$, $\Im\Phi(-a+ib) = \Phi_i$ とおけば

$$\Phi_r = -aA + B, \quad \Phi_i = bA.$$

よって

$$\frac{As+B}{(s+a)^2+b^2} = \frac{1}{b}\left[\frac{\Phi_i s + (b\Phi_r + a\Phi_i)}{(s+a)^2+b^2}\right] = \frac{1}{b}\left[\frac{(s+a)\Phi_i}{(s+a)^2+b^2} + \frac{b\Phi_r}{(s+a)^2+b^2}\right].$$

ゆえに

$$L^{-1}\left\{\frac{As+B}{(s+a)^2+b^2}\right\} = \frac{1}{b}[\Phi_i e^{-at}\cos bt + \Phi_r e^{-at}\sin bt].$$

函数 $F(s)$ が極以外の特異点をもつときは定理 21.1 または定理 21.2 を適用するために積分路を適当に変えて逆変換を実行することができる．

$F(s)$ が多価函数となるときはコーシーの積分定理をつかうとき注意を要する．リーマン面[1]を考えに入れなければならない．

例 1. $L^{-1}\left\{\dfrac{1}{s}e^{-\sqrt{s}}\right\}$ を求めること．

$s = re^{i\theta}$ とおけば $\sqrt{s} = \sqrt{r}\,e^{i\frac{\theta}{2}} = \sqrt{r}\left(\cos\dfrac{\theta}{2} + i\sin\dfrac{\theta}{2}\right)$. $\sqrt{s}$ は二価函

---

1) 多価函数，分岐点，リーマン面に関しては高木貞治，解析概論*；小松勇作，函数論参照．

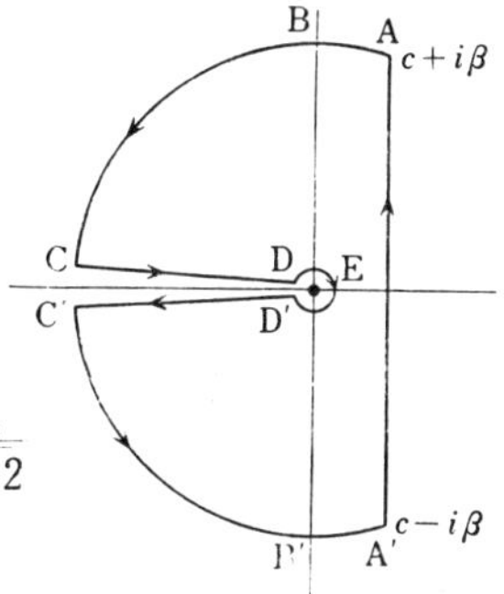

§22. ラプラス逆変換の表示

数であるから一価函数に関するコーシーの積分定理をつかうため θ を $-\pi<\theta<\pi$ に制限する．そのように負の実軸を除いた有限平面では $\sqrt{s}$ は一価となる．そして $\zeta=0$ を除いて正則である．

c を任意の正数とするとき s が $\Re s \geq c$ にあるときは $-\frac{1}{2}\pi<\theta<\frac{1}{2}\pi$ および $\cos\frac{1}{2}\theta>\frac{1}{\sqrt{2}}$ であるから

$$|F(s)| = \frac{1}{|s|}e^{-\sqrt{r}\cos\frac{\theta}{2}} < \frac{1}{r}e^{-\sqrt{\frac{r}{2}}}$$

図 16

よって $|F(s)|<Mr^{-k}$, $k>1$ ($|s|\to\infty$) を満足する．したがって条件 (22.4) は満足されるから

$$\frac{1}{2\pi i}\lim_{\beta\to\infty}\int_{c-i\beta}^{c+i\beta}e^{st}\frac{1}{s}e^{-\sqrt{s}}ds$$

を計算する．

これを計算するために図のように

直線 A′A: $c+iy$ ($-\beta\leq y\leq\beta$), 円弧 ABC: $Re^{i\theta}$ ($\theta_A\leq\theta\leq\theta_C$)

直線 CD: $re^{i(\pi-\varepsilon)}$ ($r_0\leq r\leq R$), 円弧 DED′: $r_0 e^{i\theta}$ ($\pi-\varepsilon\geq\theta\geq-\pi+\varepsilon$),

直線 D′C′: $re^{i(-\pi+\varepsilon)}$ ($r_0\leq r\leq R$), 円弧 C′B′A′: $Re^{i\theta}$ ($\theta_{C'}\leq\theta\leq\theta_{A'}$)

なる閉曲線 C を考える．(ここで $\theta_A, \theta_C, \theta_{C'}, \theta_{A'}$ は点 A, C, C′, A′ の偏角．)

$F(s)$ は C の周上およびその内部で一価正則であるからコーシーの積分定理により

$$\frac{1}{2\pi i}\int_C e^{st}\frac{1}{s}e^{-\sqrt{s}}ds=0.$$

よって

$$\int_{c-i\beta}^{c+i\beta}\frac{1}{s}e^{(st-\sqrt{s})}ds = -\left[\int_{AC}+\int_{CD}+\int_{DED'}+\int_{D'C'}+\int_{C'A'}\right].$$

大円の半径を R, 小円の半径を r_0 とする．

まず弧 AB にそって

$$z = Re^{i\theta}, \quad dz = iRe^{i\theta}d\theta, \quad \sqrt{z} = \sqrt{R}\,e^{i\frac{\theta}{2}}$$

$$\Re(st - \sqrt{s}) = tR\cos\theta - \sqrt{R}\cos\frac{\theta}{2} < tR\cos\theta \leq tc.$$

点 A における θ を θ_A とおけば

$$\left|\int_\mathrm{AB}\right| < \int_\mathrm{AB}\left|\frac{1}{z}\right|e^{ts-\sqrt{s}}\left||dz\right| \leq e^{tc}\int_{\theta_\mathrm{A}}^{\pi/2}d\theta = e^{tc}\left(\frac{\pi}{2}-\theta_\mathrm{A}\right).$$

$R \to \infty$ に対し

$$\theta_\mathrm{A} \to \frac{\pi}{2}. \quad \therefore \quad \int_\mathrm{AB} \to 0 \quad (t \geq 0).$$

全く同様にして

$$\int_{\mathrm{B'A'}} \to 0 \quad (t \geq 0).$$

次に s が弧 BC 上にあれば前と同様 $\Re(ts-\sqrt{s}) < tR\cos\theta$.

ゆえに

$$\left|\int_\mathrm{BC}\right| < \int_{\pi/2}^{\pi} e^{tR\cos\theta}d\theta = \int_0^{\pi/2} e^{-tR\sin\phi}d\phi \quad \left(\phi + \frac{\pi}{2} = \theta\right).$$

$0 \leq \phi \leq \dfrac{\pi}{2}$ では $\dfrac{2\phi}{\pi} \leq \sin\phi$ であるから

$$\left|\int_\mathrm{BC}\right| < \int_0^{\pi/2} e^{-2tR\phi/\pi}d\phi = \frac{\pi}{2tR}(1-e^{-tR}) \quad (t > 0).$$

ゆえに $t > 0$ で $R \to \infty$ に対し

$$\int_\mathrm{BC} \to 0.$$

全く同様に

$$\int_{\mathrm{C'B'}} \to 0.$$

次に s が線分 CD 上にあれば $s = re^{i(\pi-\varepsilon)}$ で $\sqrt{s} = \sqrt{r}\,e^{i\frac{\pi-\varepsilon}{2}}$. ここで $\varepsilon \to 0$ ならしめると $s = -r$ で $\sqrt{s} = i\sqrt{r}$ となる. しかし D'C' の $\varepsilon \to 0$ の極限位置の上では $\sqrt{s}$ は $s=0$ のまわりを一回負の方向にまわったのであるから $\sqrt{s} = \sqrt{r}\,e^{i\frac{\theta}{2}}$ において θ が π から -2π だけまわって $-\pi$ と変わったはず

§22. ラプラス逆変換の表示

である. よって $D'C'$ の極限位置上では $\sqrt{s}=\sqrt{r}\,e^{-i\frac{\pi}{2}}=-i\sqrt{r}$ である.

よって
$$\int_{DC}+\int_{D'C'}=\int_R^{r_0}e^{-tr}e^{-i\sqrt{r}}\frac{dr}{r}+\int_{r_0}^R e^{-tr}e^{i\sqrt{r}}\frac{dr}{r}$$
$$=2i\int_{r_0}^R e^{-tr}\frac{\sin\sqrt{r}}{r}dr.$$

そして $r_0\to 0$ ならしめると
$$\int_{CD}+\int_{D'C'}\to 2i\int_0^R e^{-tr}\frac{\sin\sqrt{r}}{r}dr$$
$$=4i\int_0^{\sqrt{R}}e^{-t\mu^2}\frac{\sin\mu}{\mu}d\mu,\quad \mu=\sqrt{r}.$$

$R\to\infty$ ならしめると
$$\int_{CD}+\int_{D'C'}\to 4i\int_0^\infty e^{-t\mu^2}\frac{\sin\mu}{\mu}d\mu.$$

次に s が小円弧上にあれば $s=r_0 e^{i\theta}$, $\sqrt{s}=\sqrt{r_0}\,e^{i\frac{\theta}{2}}$, $\dfrac{ds}{s}=id\theta$ とかけるから
$$\int_{DED'}=i\int_{\pi-\varepsilon}^{-\pi+\varepsilon}e^{(ts-\sqrt{s})}d\theta.$$

$r_0\to 0$, $\varepsilon\to 0$ ならしめると
$$\int_{DED'}\to i\int_\pi^{-\pi}d\theta=-2\pi i.$$

よって
$$\frac{1}{2\pi i}\lim_{\beta\to\infty}\int_{c-i\beta}^{c+i\beta}e^{ts}\frac{e^{-\sqrt{s}}}{s}ds=-\frac{2}{\pi}\int_0^\infty e^{-t\mu^2}\frac{\sin\mu}{\mu}d\mu+1.$$

ところが定積分の公式から
$$\int_0^\infty e^{-t\mu^2}\cos\alpha\mu\,d\mu=\frac{1}{2}\sqrt{\frac{\pi}{t}}e^{-\frac{\alpha^2}{4t}}.$$

これを α について 0 から 1 まで積分すると
$$\frac{2}{\pi}\int_0^\infty e^{-t\mu^2}\frac{\sin\mu}{\mu}d\mu=\frac{1}{\sqrt{\pi t}}\int_0^1 e^{-\frac{\alpha^2}{4t}}d\alpha=\frac{2}{\sqrt{\pi}}\int_0^{1/2\sqrt{t}}e^{-\lambda^2}d\lambda.$$

よって
$$L^{-1}\left\{\frac{1}{s}e^{-\sqrt{s}}\right\}=1-\frac{2}{\sqrt{\pi}}\int_0^{1/2\sqrt{t}}e^{-\lambda^2}d\lambda=\mathrm{erfc}\left(\frac{1}{2\sqrt{t}}\right).{}^{1)}$$

定理 19.2 によれば
$$L^{-1}\{F(k^2s)\}=\frac{1}{k^2}f\left(\frac{t}{k^2}\right)\quad(k>0)$$

であるから
$$L^{-1}\left\{\frac{1}{k^2s}e^{-k\sqrt{s}}\right\}=\frac{1}{k^2}\mathrm{erfc}\left(\frac{k}{2\sqrt{t}}\right),$$
$$L^{-1}\left\{\frac{1}{s}e^{-k\sqrt{s}}\right\}=\mathrm{erfc}\left(\frac{k}{2\sqrt{t}}\right).$$

被積分函数はあらゆる $\varepsilon\geqq 0$ に対して θ の連続函数であるから任意の定まった R に対し $\varepsilon\to 0$ のとき $\int_{AC},\int_{C'A'}$ が収束する。同様に任意に定まった $r_0>0$ に対し $\varepsilon\to 0$ のとき $\int_{CD},\int_{D'C'},\int_{DED'}$ の値は収束する。そして $r_0\geqq 0$ に対して $\int_{DED'}$ の被積分函数が θ と r_0 との連続函数であるから $\varepsilon\to 0$, $r_0\to 0$ のとき $\int_{DED'}$ の値は収束する。

多価函数にコーシーの積分定理を適用することは注意がいるのでなお一例を挙げる。

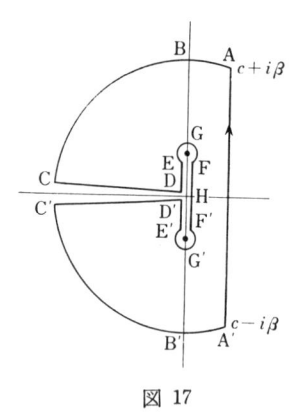

例2. $L^{-1}\left\{\dfrac{1}{\sqrt{s^2+1}}\right\}=J_0(t)$

$F(s)=\dfrac{1}{\sqrt{s^2+1}}$ は $s=\pm\iota$ に分枝点をもつ.
図のように閉曲線 C は $\overline{A'A}$, $\widehat{AB}$, $\widehat{BC}$, $\overline{CD}$, $\widehat{DE}$, $\widehat{EGF}$, $\overline{FF'}$, $\widehat{F'G'E'}$, $\overline{E'D'}$, $\overline{D'C'}$, $\widehat{C'B'}$, $\widehat{B'A'}$ の部分から成るものとする。被積分函数の連続性等前例からわかるように CD と C'D' とは一致した路, FF' と E'E も一致した路と考えてよいことがわかる。

図 17

---

1) $\dfrac{2}{\sqrt{\pi}}\int_0^x e^{-\lambda^2}d\lambda\equiv\mathrm{erf}(x)$ とかき, $1-\dfrac{2}{\sqrt{\pi}}\int_0^x e^{-\lambda^2}d\lambda=\dfrac{2}{\sqrt{\pi}}\int_x^\infty e^{-\lambda^2}d\lambda\equiv\mathrm{erfc}(x)$ と書くこともある.

§22. ラプラス逆変換の表示

閉曲線 C の内部(周上でも)で $F(s)$ は一価正則であるからコーシーの積分定理から

$$\int_C \frac{e^{st}}{\sqrt{s^2+1}} ds = 0.$$

$s = re^{i\theta}$ とおけば DE, FH 上では $s = ir$ $(0 \leq r \leq 1)$, E'D', HF' 上では $s = -ir$ $(0 \leq r \leq 1)$.

$\sqrt{s^2+1} = \sqrt{(s+i)(s-i)}$, $s-i = \rho_1 e^{i\theta_1}$, $s+i = \rho_2 e^{i\theta_2}$ とおくとき, $\sqrt{s^2+1} = \sqrt{\rho_1}\sqrt{\rho_2} e^{i\frac{\theta_1+\theta_2}{2}}$.

今Aからはじまり C, D, E にきたとき $\theta_1 = \alpha_1$, $\theta_2 = \alpha_2$ であったとする. そのとき $s = i(1-\rho)$ (ρ は $\widehat{EGF}$ の半径で十分小さいものとす), よってそのときの $\sqrt{s^2+1}$ の値を $\sqrt{1-(1-\rho)^2}$ としよう. 今 s が $\widehat{EGF}$ をまわってFにくれば θ_1 は α_1 から $\alpha_1 - 2\pi$ となり θ_2 は α_2 から変わってもまたもとの α_2 にもどる. よって

$$\sqrt{s^2+1} = \sqrt{\rho_1 \rho_2} e^{i\frac{\alpha_1-2\pi+\alpha_2}{2}} = \sqrt{\rho_1 \rho_2} e^{i\frac{\alpha_1+\alpha_2}{2}} e^{-i\pi}.$$

ゆえに F では $-\sqrt{1-(1-\rho)^2}$ となっている.

次に FHF' まで s が動くとき $-\sqrt{1-r^2}$ であり $\widehat{F'G'E'}$ をまわって E' にくれば今度は θ_1 は $\alpha_1 - 2\pi$ の値から変わってももとに戻り θ_2 が α_2 から $\alpha_2 - 2\pi$ と変わる. よって

$$\sqrt{s^2+1} = \sqrt{\rho_1 \rho_2} e^{i\frac{\alpha_1-2\pi+\alpha_2-2\pi}{2}} = \sqrt{\rho_1 \rho_2} e^{i\frac{\alpha_1+\alpha_2}{2}} e^{-i2\pi}$$

となりふたたび $\sqrt{1-(1-\rho)^2}$ となる. よって E' から D' まで $\sqrt{1-r^2}$ をとる. それから先は C', B', A', A, B, C まで θ_1 も θ_2 も変化はするが 2π の増減はないが C にきたときは θ_1 も θ_2 も C' での値よりともに 2π ずつ増加する. したがって $\sqrt{\rho_1 \rho_2} e^{i\frac{\alpha_3+\alpha_4+4\pi}{2}}$.

よってCにきたときは $\sqrt{}$ は C' のときの $\sqrt{}$ と同じ値となっている. これだけを注意して積分を計算するが大円の半径を R, 小円のは ρ とすると

$$\int_{A'A} \frac{e^{ts}}{\sqrt{s^2+1}} ds = -\left\{\int_{AB} + \int_{BC} + \int_{CD} + \int_{DE} + \int_{EGF} + \int_{FH}\right.$$

$$+\int_{HF'}+\int_{F'G'E'}+\int_{E'D'}+\int_{D'C'}+\int_{C'B'}+\int_{B'A'}\Bigg\}.$$

右辺の積分を順次書き表わせば(第五項, 第八項は $s\mp i=\rho e^{i\varphi}$ とおく)

$$\int_{\alpha_5}^{\pi/2}\frac{e^{t\{R(\cos\theta+i\sin\theta)\}}Rie^{i\theta}}{\sqrt{R^2e^{i2\theta}+1}}d\theta+\int_{\pi/2}^{\pi}\frac{e^{t\{R(\cos\theta+i\sin\theta)\}}Rie^{i\theta}}{\sqrt{1+R^2e^{2i\theta}}}d\theta$$

$$+\int_R^0\frac{e^{-tr}}{\sqrt{1+r^2}}d(-r)+\int_0^{1-\rho}\frac{e^{itr}i}{\sqrt{1-r^2}}dr+\int_{3\pi/2}^{-\pi/2}\frac{e^{t\{i+\rho(\cos\varphi+i\sin\varphi)\}}\rho ie^{i\varphi}}{\sqrt{1+(i+\rho e^{i\varphi})^2}}d\varphi$$

$$+\int_{1-\rho}^0\frac{-e^{itr}i}{\sqrt{1-r^2}}dr+\int_0^{1-\rho}\frac{e^{-itr}(-i)}{-\sqrt{1-r^2}}dr+\int_{3\pi/2}^{-\pi/2}\frac{e^{t\{-i+\rho(\cos\varphi+i\sin\varphi)\}}\rho ie^{i\varphi}}{\sqrt{1+(-i+\rho e^{i\varphi})^2}}d\varphi$$

$$+\int_{1-\rho}^0\frac{e^{-itr}(-i)}{\sqrt{1-r^2}}dr+\int_0^R\frac{e^{-tr}}{\sqrt{1+r^2}}d(-r)+\int_{-\pi}^{-\pi/2}\frac{e^{t\{R(\cos\theta+i\sin\theta)\}}Rie^{i\theta}}{\sqrt{R^2e^{i2\theta}+1}}d\theta$$

$$+\int_{-\pi/2}^{\alpha_6},$$

α_5,α_6 は A, A′ の点の偏角.

$\int_{\alpha_5}^{\pi/2}$ と $\int_{-\pi/2}^{\alpha_6}$ の二積分は, 例えば

$$\left|\int_{\alpha_5}^{\pi/2}\right|<\frac{e^{tR\cos\alpha_5}}{\sqrt{1-\frac{1}{R^2}}}\left(\frac{\pi}{2}-\alpha_5\right)=\frac{e^{tc}}{\sqrt{1-\frac{1}{R^2}}}\left(\frac{\pi}{2}-\alpha_5\right).$$

ゆえに $R\to\infty$ のとき $\alpha_5\to\frac{\pi}{2}$ であるから, ともに $R\to\infty$ のとき零に収束する.

$\int_{\pi/2}^{\pi}$, $\int_{-\pi}^{-\pi/2}$ の二積分は前例と同様にして, 例えば

$$\left|\int_{\pi/2}^{\pi}\right|<\int_{\pi/2}^{\pi}\frac{e^{tR\cos\theta}}{\sqrt{1-\frac{1}{R^2}}}d\theta=\int_0^{\pi/2}\frac{e^{-tR\sin\phi}}{\sqrt{1-\frac{1}{R^2}}}d\phi\leq\frac{\pi}{2tR}(1-e^{-tR})\quad\left(\phi+\frac{\pi}{2}=\theta\right).$$

$t>0$ であるから, ともに $R\to\infty$ のとき零に収束する.

$\int_{3\pi/2}^{-\pi/2}$, $\int_{\pi/2}^{-3\pi/2}$ の二積分は, 例えば

$$\left|\int_{3\pi/2}^{-\pi/2}\frac{e^{t\{i+\rho(\cos\varphi+i\sin\varphi)\}}\rho ie^{i\varphi}}{\sqrt{\rho^2 e^{2i\varphi}+2i\rho e^{i\varphi}}}d\varphi\right|\leq\int_{3\pi/2}^{-\pi/2}\frac{e^{t\rho\cos\varphi}\rho}{\sqrt{\rho}|\sqrt{\rho e^{2i\varphi}+2ie^{i\varphi}}|}d\varphi$$

で $\rho\to 0$ のとき被積分函数は一様に $\to 0$ であるから, ともに $\rho\to 0$ のとき零

§22. ラプラス逆変換の表示

に収束する．

$$\int_R^0 \text{ と } \int_0^R \text{ とは打消して } \int_R^0 + \int_0^R = 0.$$

第四項と第五項とは和をつくると

$$i\int_0^{1-\rho} \frac{e^{itr}}{\sqrt{1-r^2}} dr + i\int_0^{1-\rho} \frac{e^{-itr}}{\sqrt{1-r^2}} dr = i\int_0^{1-\rho} \frac{e^{itr}+e^{-itr}}{\sqrt{1-r^2}} dr.$$

第六項と第七項とは和をつくると

$$i\int_0^{1-\rho} \frac{e^{itr}}{\sqrt{1-r^2}} dr + i\int_0^{1-\rho} \frac{e^{-itr}}{\sqrt{1-r^2}} dr = i\int_0^{1-\rho} \frac{e^{itr}+e^{-itr}}{\sqrt{1-r^2}} dr.$$

この二つは全く等しく $\rho \to 0$ とするとその和は

$$2i\int_0^1 \frac{e^{itr}+e^{-itr}}{\sqrt{1-r^2}} dr.$$

よって

$$\frac{1}{2\pi i}\lim_{\beta\to\infty}\int_{c-i\beta}^{c+i\beta}\frac{e^{ts}}{\sqrt{s^2+1}}ds = \frac{1}{\pi}\int_0^1\frac{e^{itr}+e^{-itr}}{\sqrt{1-r^2}}dr = \frac{2}{\pi}\int_0^1\frac{\cos tr}{\sqrt{1-r^2}}dr.$$

さて $f(t) = \dfrac{2}{\pi}\displaystyle\int_0^1 \dfrac{\cos tr}{\sqrt{1-r^2}} dr$ は

$$\begin{aligned}
tf''+f'+tf &= \frac{2}{\pi}\int_0^1\frac{dr}{\sqrt{1-r^2}}(-tr^2\cos tr - r\sin tr + t\cos tr)\\
&= \frac{2}{\pi}\int_0^1\left(t\cos tr\cdot\sqrt{1-r^2} - \frac{r\sin tr}{\sqrt{1-r^2}}\right)dr\\
&= \frac{2}{\pi}\int_0^1 d(\sin tr\cdot\sqrt{1-r^2}) = \frac{2}{\pi}[\sin tr\cdot\sqrt{1-r^2}]_0^1 = 0.
\end{aligned}$$

そして $f(0) = \dfrac{2}{\pi}\displaystyle\int_0^1\dfrac{dr}{\sqrt{1-r^2}} = \dfrac{2}{\pi}[\sin^{-1}r]_0^1 = 1$ であるから $f(t)$ はベッセル微分方程式

$$t\frac{d^2f}{dt^2} + \frac{df}{dt} + tf = 0$$

を満足する $f(0)=1$ なる解であることがわかる．これを $J_0(t)$ で表わす．すなわち

$$L^{-1}\left\{\frac{1}{\sqrt{s^2+1}}\right\} = J_0(t).$$

問 1. $L^{-1}\left\{\dfrac{1}{(s-a)(s-b)(s-c)}\right\} = -\dfrac{(b-c)e^{at}+(c-a)e^{bt}+(a-b)e^{ct}}{(b-c)(c-a)(a-b)}$ を示せ.

問 2. $L^{-1}\left\{\dfrac{s^2+s+1}{s^3+s^2+s+1}\right\} = \dfrac{1}{2}e^{-t}+\dfrac{1}{\sqrt{2}}\sin\left(t+\dfrac{\pi}{4}\right)$ を示せ.

問 3. $L^{-1}\left\{\dfrac{1}{s\sqrt{s+a}}\right\} = \dfrac{1}{\sqrt{a}}\,\mathrm{erf}\sqrt{at}$ を示せ (a は実数).

§23. ラプラス変換の応用

例 1.

$$(23.1) \qquad \frac{d^2x}{dt^2}+\omega_0^2 x=0 \quad (\omega_0>0)$$

を初期条件 $x(0)=x_0$, $x'(0)=v_0$ のもとに解くこと.

求める函数 $x(t)$ が定理 22.1 の条件を満足するとすれば $L\{x,s\}=X(s)$ とおき方程式 (23.1) の両辺のラプラス変換をとれば定理 18.4 をつかって

$$s^2 X(s)-sx_0-v_0+\omega_0^2 X(s)=0.$$

これを $X(s)$ について解けば

$$X(s)=x_0\frac{s}{s^2+\omega_0^2}+\frac{v_0}{\omega_0}\frac{\omega_0}{s^2+\omega_0^2}.$$

$x(t)=L^{-1}\{X(s)\}$ なる逆変換を両辺に行なうと $x(t)$ が連続であるとすれば定理 13.1 から $x(t)$ はただ一つに定まる. そして逆変換は §14 例5, 例6から

$$x(t)=x_0\cos\omega_0 t+\frac{v_0}{\omega_0}\sin\omega_0 t.$$

この $x(t)$ が方程式 (23.1) を満足し初期条件をも満足することは容易にわかる.[1]

ラプラス変換による方法は, 解がもし定理 22.1 の条件を満足するとすれば云々として求める制限された必要条件であるから一般な意味の必要条件ではない. また求められた解がたしかに要件を満足するという証明すなわち十分条件の証明もいるのである. しかしラプラス変換により求められた解は方程式

---

1) 定理 22.1 の条件も満足されることを知る.

(23.1)のような簡単なものならばただちに十分なことを示すことは容易であるが，後にでてくる偏微分方程式その他となると解が無限級数で表わされ，それが原方程式を満足すること並びにある条件下に解がただ一つであることの証明などは一般には簡単ではない．常微分方程式の場合だけは一般論から存在と一意性がわかっているから比較的簡単であるが他の種類の方程式となるとその証明は容易な場合は少ない．

ラプラス変換による解法は解法自体が機械的であることに意味があり，応用上には当然解のあるものに適用される場合が多いのであるから，ここでは上のような吟味は省略して形式的に求めた解で満足することにする．前章フーリエ級数，フーリエ積分の応用として偏微分方程式の解の十分性並びに一意性を証明してあるがそれをみてもかなり複雑であることが知られよう．そのようなわけでラプラス変換による解法についても同様なことは論ぜねばならぬのであるがそれを省略する．フーリエ級数，フーリエ積分の応用例にならえばあるところまでは読者にできるはずである．[1]

例 2.

$$m\frac{d^2x}{dt^2}+kx=f(t)$$

を初期条件 $x(0)=x_0$, $x'(0)=v_0$ のもとに解け．

両辺にラプラス変換を施せば

$$m(s^2X(s)-sx_0-v_0)+kX(s)=F(s),$$

ただし $F(s)=L\{f,s\}$.

$\omega_0=\sqrt{\dfrac{k}{m}}$ とおけば

$$X(s)=\frac{x_0s+v_0}{s^2+\omega_0^2}+\frac{1}{m}F(s)\frac{1}{s^2+\omega_0^2}.$$

逆変換をほどこすと右辺の第二項へは定理 20.1 をつかって

$$x(t)=x_0\cos\omega_0 t+\frac{v_0}{\omega_0}\sin\omega_0 t+\frac{1}{m\omega_0}\int_0^t \sin\omega_0(t-\tau)F(\tau)d\tau.$$

特に $f(t)=f_0\sin\omega t$ であるならば

---

[1] なお，十分性，一意性のあるものについては R. V. Churchill, Modern Operational Mathematics in Engineering* に証明されている．

$$F(s) = f_0 \frac{\omega}{s^2 + \omega^2}.$$

よって

$$X(s) = \frac{x_0 s + v_0}{s^2 + \omega_0^2} + \frac{f_0}{m} \frac{\omega}{(s^2 + \omega_0^2)(s^2 + \omega^2)}$$

であるから，もし $\omega \neq \omega_0$ ならば

$$\frac{f_0}{m} \frac{\omega}{(s^2+\omega_0^2)(s^2+\omega^2)} = \frac{f_0}{m} \frac{\omega}{\omega^2-\omega_0^2} \left\{ \frac{1}{s^2+\omega_0^2} - \frac{1}{s^2+\omega^2} \right\}$$

であるから

$$x(t) = x_0 \cos \omega_0 t + \frac{v_0}{\omega_0} \sin \omega_0 t + \frac{f_0 \omega}{\omega_0 m (\omega^2-\omega_0^2)} \sin \omega_0 t - \frac{f_0}{m(\omega^2-\omega_0^2)} \sin \omega t.$$

一つは振動数 ω_0 の単振動（自由振動とよばれる）とほかに振動数 ω のもの（強制振動とよばれる）とを重畳した振動をすることがわかる．

もし $\omega = \omega_0$ のときは

$$X(s) = \frac{x_0 s + v_0}{s^2 + \omega_0^2} + \frac{f_0}{m} \frac{\omega_0}{(s^2 + \omega_0^2)^2},$$

$$\frac{f_0}{m} \frac{1}{\omega_0} \frac{\omega_0^2}{(s^2+\omega_0^2)^2} = \frac{f_0}{m} \frac{1}{\omega_0} L\{\sin \omega_0 t\} L\{\sin \omega_0 t\}$$

$$= \frac{f_0}{m} \frac{1}{\omega_0} L \left\{ \int_0^t \sin \omega_0 (t-\tau) \sin \omega_0 \tau \, d\tau \right\} \quad (\text{定理 20.1}).$$

よって

$$x(t) = x_0 \cos \omega_0 t + \frac{v_0}{\omega_0} \sin \omega_0 t + \frac{f_0}{m \omega_0} \int_0^t \sin \omega_0 (t-\tau) \sin \omega_0 \tau \, d\tau.$$

計算すると

$$\int_0^t \sin \omega_0 (t-\tau) \sin \omega_0 \tau \, d\tau = \frac{\sin \omega_0 t}{2\omega_0} - \frac{t \cos \omega_0 t}{2}$$

であるから

$$x(t) = x_0 \cos \omega_0 t + \frac{v_0}{\omega_0} \sin \omega_0 t + \frac{f_0}{2m\omega_0^2} \sin \omega_0 t - \frac{f_0}{2m\omega_0} t \cos \omega_0 t.$$

最後の項の振幅は t とともに無限に増大するからこのときは共振状態にあるといわれる．

以上の求め方は §22 の部分分数分解の方法をつかっても同じになる.

例 3. 次の微分方程式の組を満足する $x(t)$, $y(t)$ を求める. 初期条件は $x'(0)=x(0)=y'(0)=y(0)=0$ とする.

$$x''(t)-y''(t)+y'(t)-x(t)=e^t-2,$$
$$2x''(t)-y''(t)-2x'(t)+y(t)=-t.$$

$L\{x(t)\}=X(s)$, $L\{y(t)\}=Y(s)$ とおく. 方程式の組の両辺にラプラス変換をすると

$$s^2X(s)-s^2Y(s)+sY(s)-X(s)=\frac{2}{s-1}-\frac{2}{s},$$
$$2s^2X(s)-s^2Y(s)-2sX(s)+Y(s)=-\frac{1}{s^2}.$$

これらの方程式は

$$(s+1)X(s)-sY(s)=-\frac{s-2}{s(s-1)^2},$$
$$2sX(s)-(s+1)Y(s)=-\frac{1}{s^2(s-1)}.$$

$Y(s)$ を消去すると

$$(s^2-2s-1)X(s)=\frac{s^2-2s-1}{s(s-1)^2}.$$

よって

$$X(s)=\frac{1}{s(s-1)^2}=\frac{1}{s}-\frac{1}{s-1}+\frac{1}{(s-1)^2}.$$

ゆえに

$$x(t)=1-e^t+te^t.$$

同様に

$$Y(s)=\frac{2s-1}{s^2(s-1)^2}=-\frac{1}{s^2}+\frac{1}{(s-1)^2}.$$

ゆえに

$$y(t)=-t+te^t.$$

例 4. 一階定差方程式

(23.2) $$x(t)-ax(t-h)=f(t)$$

を境界条件

$$x(t)=0 \quad (t<0)$$

のもとに解け．ただし a,h は定数 $h>0$, $f(t)\equiv 0$ $(t<0)$．

$L\{x(t)\}=X(s)$ とすれば $x(t-h)\equiv 0$, $t<h$, かつ定理 19.1 によれば

$$L\{x(t-h)\}=e^{-hs}X(s).$$

方程式 (23.2) の両辺に変換をほどこせば

$$X(s)-ae^{-hs}X(s)=F(s),$$

$$X(s)=F(s)\frac{1}{1-ae^{-hs}}$$

s を十分大きくとると $|ae^{-hs}|<1$ となるから

$$\frac{1}{1-ae^{-hs}}=1+\sum_{n=1}^{\infty}a^{n}e^{-nhs},$$

$$X(s)=F(s)+\sum_{n=1}^{\infty}a^{n}e^{-nhs}F(s).$$

定理 19.1 によれば $L^{-1}\{e^{-nhs}F(s)\}=f(t-nh)$. この右辺の $f(t-nh)$ は $t-nh<0$ のとき零である．

逆変換を無限級数に項別に適用できるものと仮定すれば

(23.3) $$x(t)=f(t)+\sum_{n=1}^{\infty}a^{n}f(t-nh).$$

右辺の級数は $t<nh$ のとき $f(t-nh)=0$ であるから定まった t に対し有限級数となる．すなわち $m=0,1,2,\cdots$ のとき $mh<t<(m+1)h$ とすればそのような t に対し

$$x(t)=f(t)+af(t-h)+a^{2}f(t-2h)\cdots+a^{m}f(t-mh).$$

定差方程式を $x(t)=ax(t-h)+f(t)$ なる形に書き直すことにより，そして最初に $0<t<h$, 次に $h<t<2h,\cdots$ における t の値を考えることにより (23.3) が求める解であることがわかる．

特に $f(t)=c$ $(t>0)$ かつ $a=1$ とおけば

$$x(t)=c(m+1) \quad (mh<t<(m+1)h).$$

この関数を階段関数ともいう．[1] この関数を $cS(h,t)$ と表わせば

---

1) §14 例 8 参照．

§23. ラプラス変換の応用

$$L\{S(h,t)\} = \frac{1}{s(1-e^{-hs})}.$$

例 5. ラプラス変換は $f(t)$ が有界なときを考えてもわかるように $\Re s > 0$ において意味がある表現であって一般に $\Re s > \sigma$ で $X(s)$ が定義されている. $L^{-1}\{X(s)\}$ はふたたび t の函数となりこれは $0 \leq t$ で定義されている. 応用上時間の原点を0にとり $0 \leq t$ で現象を考える限り不便はない.

ラプラス変換はこの節におけるようにきわめて多数の方程式の解法に応用され, さらに次章にもみるように連続制御線型理論の有力な方法として自動制御理論には欠くことのできないものである. しかもその応用に際し上に述べたように方程式が簡単な場合は微分, 積分学の知識さえ必要とせず, 形式的に両辺を変換して初等代数的に $X(s)$ を求め, ラプラス変換の表を引くことにより微分方程式の解 $x(t)$ を求めることができた.

ラプラス変換はこのように重要な方法ではあるが一般には線型方程式で係数が定数なるものに関してでないと有力とはいえない.

線型常微分方程式で係数が定数のものは解が e^{at} なる型の函数なることが知られているからきわめて巧妙な応用をみるが, 係数に独立変数を含む場合には, たとえ t の一次式であっても解は e^{t^2} の型の函数となる場合もありラプラス変換の理論は適用されない.

都合の悪いことに方程式の解の性質がわからないうちはラプラス変換が適用されるか否かがわからない.

例えば $x''(t) + tx'(t) - x(t) = 0$, 初期条件 $x(0) = 0$, $x'(0) = 1$ のもとに解くことを考え, 両辺をラプラス変換して

$$s^2 X(s) - 1 - \frac{d}{ds}[sX(s)] - X(s) = 0.$$

第二項は定理 17.1 により $\frac{d}{ds} L\{x'(t)\} = -\int_0^\infty e^{-st} tx'(t)\,dt$, 定理 18.4 により $L\{x'(t)\} = sL\{x(t)\} = sX(s)$ (初期条件 $x(0) = 0$ をつかって) であるからである. よって

$$X'(s) + \left(\frac{2}{s} - s\right)X(s) = -\frac{1}{s}.$$

これは $X(s)$ に関して線型一階方程式であるから初等的に解けて，

$$X(s) = e^{-\int \left(\frac{2}{s}-s\right)ds}\left\{\int e^{\int \left(\frac{2}{s}-s\right)ds}\left(-\frac{1}{s}\right)ds + C\right\}$$

$$= \frac{e^{\frac{s^2}{2}}}{s^2}\left[e^{-\frac{s^2}{2}} - e^{-\frac{c^2}{2}}\right] = \frac{1}{s^2} - \frac{e^{-\frac{c^2}{2}}e^{\frac{s^2}{2}}}{s^2}.$$

$X(s)$ がラプラス積分であるための必要条件として定理 18.1 から $\Re s \to \infty$ で $X(s) \to 0$ とならねばならない．$C = -\infty$ のもののみがラプラス積分となり得て $X(s) = \dfrac{1}{s^2}$，よって $x(t) = t$．$x(0) = 0$，$x'(0) = 1$ なる初期条件のもとの解として $x(t) = t$ が得られたが，線型方程式は二つの線型独立な解をもつからもう一つの $x(0) = 1$，$x'(0) = 0$ なる解を求めようとすると

$$s^2 X(s) - s - \frac{d}{ds}[sX(s) - 1] - X(s) = 0,$$

$$X'(s) + \left(\frac{2}{s} - s\right)X(s) = -1,$$

$$X(s) = \frac{e^{\frac{s^2}{2}}}{s^2}\left[-\int_c^s s^2 e^{-\frac{s^2}{2}} ds\right].$$

$s^2 e^{-\frac{s^2}{2}} > 0$ であるから積分の第二平均値の定理から

$$X(s) = \frac{e^{\frac{s^2}{2}}}{s^2}(-c^2 e^{-\frac{c^2}{2}}(\xi - c)),$$

ここで ξ は s とともに増大するから $X(s)$ が $e^{s^2/2}$ の大きさでないためには $c = -\infty$．これでは $X(s) = 0$ となって求める解は得られない．よって $X(s)$ へ逆に変換できない．この事情はさらに簡単な次のような解のわかっているものについてみればわかる．

$$x''(t) - 2tx'(t) - 2x(t) = 0.$$

初期条件 $x(0) = 1$，$x'(0) = 0$ なるときの解は $x(t) = e^{t^2}$ であるが，これがわかっていれば両辺をラプラス変換するわけにはいかない．$X(s)$ は s のいかなる値についても収束しないからである．それでも仮にラプラス変換ができるとして計算すれば

$$X'(s) + \frac{s}{2}X(s) = \frac{1}{2}$$

となり
$$X(s) = e^{-\frac{s^2}{4}}\left(\frac{1}{2}\int e^{\frac{s^2}{4}} ds + C\right)$$
となる．$X(s)$ がラプラス変換であるための条件を満足するか否かもわからず，それを求めようとすれば無駄をすることになる．

例 6. 積分方程式
$$x(t) = f(t) + \int_0^t g(t-\tau)\, x(\tau)\, d\tau.$$
ここで $f(t)$, $g(t)$ は与えられた函数でラプラス変換の存在するものとする．$x(t)$ もそのような仮定をすれば両辺の変換をとると定理 20.1 から
$$X(s) = F(s) + G(s)\, X(s).$$
よって
$$X(s) = \frac{F(s)}{1 - G(s)}.$$
特別の場合として
$$x(t) = \sin t + \int_0^t \sin(t-\tau)\, x(\tau)\, d\tau$$
ならば
$$X(s) = \frac{1}{s^2+1} + \frac{1}{s^2+1} X(s), \quad X(s) = \frac{1}{s^2}.$$
よって $x(t) = t$ が求める解となる．

例 7. $t^2 x''(t) + t x'(t) + (t^2 - n^2) x(t) = 0$（$n$ は一般に複素数の定数）．これは指数 n のベッセル微分方程式であるが $t=0$ は微分方程式の係数の特異点であるからラプラス変換ができるか否かがわからない．しかしベッセル微分方程式の理論から $t=0$ は方程式の確定特異点であって t^n の因数をのぞけば $t=0$ で正則な解があることがわかっている．今 n を正整数または零とすればそのような解は定数因数を除けばただ一つあることも知られている．

係数が t の二次項を含むときラプラス変換できるものとして $x(0), x'(0)$ を無視して変換すると
$$(s^2+1)\, X''(s) + 3s\, X'(s) + (1-n^2)\, X(s) = 0.$$

これは $n=1$ でない限り原式と比べて階数も形も簡単になったかどうかがわからない.

しかしこの場合には $x(t)$ の代りに $t^{-n}y(t)$, すなわち
$$y(t) = t^n x(t)$$
とすれば
$$ty''(t) + (1-2n)y'(t) + ty(t) = 0$$
となる.

$y(0)=0$ であるから変換すると
$$(s^2+1)Y'(s) + (1+2n)sY(s) = 0.$$

この線型一階方程式を解くと
$$Y(s) = \frac{C}{(s^2+1)^{n+\frac{1}{2}}} = \frac{C}{s^{2n+1}}\left(1 + \frac{1}{s^2}\right)^{-\left(n+\frac{1}{2}\right)}.$$

$|s|>1$ のとき二項定理で展開すると
$$Y(s) = \frac{n!C}{(2n)!} \sum_{k=0}^{\infty} \frac{(-1)^k}{2^{2k}k!(n+k)!} \frac{(2n+2k)!}{s^{2n+2k+1}}.$$

形式的に逆変換を項別に行なうと
$$y(t) = \frac{n!C}{(2n)!} \sum_{k=0}^{\infty} \frac{(-1)^k}{2^{2k}k!(n+k)!} t^{2n+2k}.$$

よって
$$x(t) = \frac{1}{t^n} y(t).$$

ここで定数 C を $\dfrac{n!C}{(2n)!} = \dfrac{1}{2^n}$ ととれば
$$x(t) = \sum_{k=0}^{\infty} \frac{(-1)^k}{k!(n+k)!} \left(\frac{t}{2}\right)^{n+2k}$$

これは指数 n の第一種ベッセル函数と呼ばれるもので $J_n(t)$ で表わされる. この級数は $|t|<\infty$ で収束してベッセル微分方程式の一つの解であることが知られている.

上の関係式から

§23. ラプラス変換の応用

$$L\{t^n J_n(t)\} = \frac{(2n)!}{2^n n! (s^2+1)^{n+\frac{1}{2}}}.$$

これは $\Re s > 0$ で成り立つ.

$n=0$ のときは

$$L\{J_0(t)\} = \frac{1}{\sqrt{s^2+1}}.$$

また $n=1$ のときは

$$X(s) = C_1 \frac{s}{\sqrt{s^2+1}} + C_2.$$

$s \to \infty$ のとき右辺は $C_1 + C_2$ に近づくから定理 18.1 から $C_1 + C_2 = 0$ でなければならない. よって

$$X(s) = C_1 \left(\frac{s}{\sqrt{s^2+1}} - 1 \right).$$

一方 $J_0(0) = 1$ であるから定理 18.4 を利用すると

$$L\{J_0'(t)\} = sL\{J_0(t)\} - J_0(0).$$

よって

$$L\{J_0'(t)\} = \frac{s}{\sqrt{s^2+1}} - 1.$$

よって

$$x(t) = C_1 J_0'(t).$$

$C_1 = -1$ ととると $J_0'(t)$ の式から[1] $x(t) = J_1(t)$ なることがわかる. また

$$L\{J_1(x)\} = \frac{\sqrt{s^2+1} - s}{\sqrt{s^2+1}}.$$

線型微分方程式の係数が t を含んでいてもラプラス変換により形式的な解が求められることもあるがそれには前に一般の理論がわかっていないと一般には功を奏しない. それからみてもラプラス変換は決して発見的に有力な方法とはいいがたい.

一般にラプラス変換の逆変換を求めるには §14 以来論じた個々の関係式から表によって求める方法のほかに §21 の逆変換の応用としてコーシーの積分

---

[1] ベッセル函数の理論参照. 付録 160—165 頁.

表示により留数を求めることによる方法やその特別の場合として部分分数に分解して逆変換を求める方法などがあったが，ここに用いた $F(s)$ を級数に展開して項別に逆変換を求める方法も有力である．そのとき収束の問題と項別に逆変換の適用できる証明があればこれも数学的に正確なものといえる．特に線型の偏微分方程式の解法には有力な方法となる．

例 8. $\dfrac{\partial u}{\partial t}=\dfrac{\partial^2 u}{\partial x^2}$ $(0<x<1,\ t>0)$ を

(23.2)　　境界条件 $u(+0,t)=0,\ u(1-0,t)=f(t)$ $(t>0)$,

(23.3)　　初期条件 $u(x,+0)=0$ 　　　　　　$(0<x<1)$

のもとに解くこと．

変数 t に関するラプラス変換を考えて $U(x,s)=L\{u(x,t)\},\ F(s)=L\{f(t)\}$ とおき両辺を条件 (23.2), (23.3) のもとにラプラス変換すれば

(23.4)
$$sU(x,s)=U_{xx}(x,s),$$
$$U(0,s)=0,\ U(1,s)=F(s).$$

ここで
$$L\{u_{xx}(x,t)\}=\int_0^\infty \frac{\partial^2}{\partial x^2}u(x,t)e^{-st}dt$$
$$=\frac{\partial^2}{\partial x^2}\int_0^\infty e^{-st}u(x,t)dt=U_{xx}(x,s)$$

と計算したのであるがここには微分(x に関する)と積分(t に関する)との順序の変更できることを仮定している．この常微分方程式は $x=0$ と $x=1$ とにおいて連続な解をもつから

$$U(+0,s)=U(0,s),\ U(1-0,s)=U(1,s).$$

そして (23.4) を解けば

$$U(x,s)=F(s)\frac{\sinh x\sqrt{s}}{\sinh\sqrt{s}}.$$

ところが右辺を s の級数に展開して

$$\frac{\sinh x\sqrt{s}}{\sinh\sqrt{s}}=\frac{e^{x\sqrt{s}}-e^{-x\sqrt{s}}}{e^{\sqrt{s}}-e^{-\sqrt{s}}}=e^{-\sqrt{s}}\frac{e^{x\sqrt{s}}-e^{-x\sqrt{s}}}{1-e^{-2\sqrt{s}}}$$

$$=[e^{(x-1)\sqrt{s}}-e^{-(x+1)\sqrt{s}}]\sum_{n=0}^\infty (-1)^n e^{-2n\sqrt{s}}$$

§23. ラプラス変換の応用

$$= \sum_{n=0}^{\infty} \left[e^{-(2n+1-x)\sqrt{s}} - e^{-(2n+1+x)\sqrt{s}} \right].$$

公式 $L\left\{\dfrac{k}{2\sqrt{\pi t^3}} e^{-\frac{k^2}{4t}}\right\} = e^{-k\sqrt{s}}{}^{1)}$ $(k>0,\ s>0)$ から

$$g(t) \equiv L^{-1}\left\{\frac{\sinh x\sqrt{s}}{\sinh \sqrt{s}}\right\} = \frac{1}{2\sqrt{\pi t^3}} \sum_{n=0}^{\infty} \left[(m-x) e^{-\frac{(m-x)^2}{4t}} - (m+x) e^{-\frac{(m+x)^2}{4t}} \right].$$

ただし $m = 2n+1$. よって定理 20.1 から

$$L^{-1}\left\{ F(s) \frac{\sinh x\sqrt{s}}{\sinh \sqrt{s}} \right\} = \int_0^t f(t-\tau) g(\tau) d\tau.$$

$\dfrac{(m\pm x)}{2\sqrt{\tau}} = \lambda$ とおくことにより

$$u(x,t) = \frac{2}{\sqrt{\pi}} \sum_{n=0}^{\infty} \left\{ \int_{\frac{m-x}{2\sqrt{t}}}^{\infty} f\left[t - \frac{(m-x)^2}{4\lambda^2} \right] e^{-\lambda^2} d\lambda \right.$$

$$\left. - \int_{\frac{m+x}{2\sqrt{t}}}^{\infty} f\left[t - \frac{(m+x)^2}{4\lambda^2} \right] e^{-\lambda^2} d\lambda \right\} \quad (m=2n+1).$$

特に $x=1$ で $f(t)=f_0$ なる定数であるとき

$$u(x,t) = f_0 \sum_{n=0}^{\infty} \left[\text{erf}\left(\frac{2n+1+x}{2\sqrt{t}}\right) - \text{erf}\left(\frac{2n+1-x}{2\sqrt{t}}\right) \right].$$

この結果が方程式および条件を満足することを示すのはむずかしくはない。例えば $x \to 1$ とすると

$$u(1,t) = \frac{2}{\sqrt{\pi}} f_0 \sum_0^{\infty} \int_{\frac{n}{\sqrt{t}}}^{\frac{n+1}{\sqrt{t}}} e^{-\lambda^2} d\lambda = \frac{2}{\sqrt{\pi}} f_0 \int_0^{\infty} e^{-\lambda^2} d\lambda = f_0.$$

このように途中の計算は数学的考慮を払わないで全く形式的に行ない、最後の求められた式が方程式並びに条件を満足することを示せばよい。このような方法で解が求められる場合が非常に多い。しかし一意性の問題はラプラス変換の方法は一般には簡単ではない。

一意性を示すためには条件 (23.2), (23.3) だけでは十分でない。$u(x,t)$ が $t \geq 0$, $0 \leq x < 1$ のときおよび $t > 0$, $0 \leq x \leq 1$ のとき、x, t の連続函数で

---

1) §18. 問 1.

$t \geqq 0$, $0 \leqq x \leqq 1$ に関して $|u| < Me^{at}$, 並びに $t \geqq 0$, $0 \leqq x \leqq x_1 < 1$ で u_x, u_t の連続性並びに $|u_t|, |u_x| < Ne^{bt}$ なることを仮定してからでないと証明されない。[1]

ここでは形式的に解を求めるに止める。なお上の場合は erf 函数であるから無限級数は t が小なときは収束はきわめて早い。

次に t が大なとき収束の早い級数に展開されるほかの方法を挙げる。

前と同様にして

$$U(x,s) = F(s) \frac{\sinh x\sqrt{s}}{\sinh \sqrt{s}}.$$

しかし特に $f(t) \equiv 1$ のときは

$$U(x,s) = \frac{\sinh x\sqrt{s}}{s \sinh \sqrt{s}} \equiv V(x,s)$$

と表わそう。

分母，分子において二価函数 $\sqrt{s}$ の同じ分枝をとる限り $V(x,s)$ は次のように展開できる：

$$\frac{\sinh x\sqrt{s}}{\sinh \sqrt{s}} = \frac{x\sqrt{s} + \frac{(x\sqrt{s})^3}{3!} + \cdots}{\sqrt{s} + \frac{(\sqrt{s})^3}{3!} + \cdots} = \frac{x + \frac{x^3 s}{3!} + \cdots}{1 + \frac{s}{3!} + \cdots}.$$

$V(x,s)$ の特異点は分母の零点（1次の零点であることはすぐわかる） $s=0$, $s=-n^2\pi^2$ $(n=1,2,\cdots)$ である。$c>0$ とすればそれらの単極はすべて $\Re s < c$ の側にある。

まず $s=0$ における $V(x,s)$ の留数は

$$\lim_{s \to 0} s V(x,s) = x.$$

次に $V(x,s)$ は $\dfrac{P(x,s)}{Q(s)}$ の形であるから $s=-n^2\pi^2$ における留数は定理 22.1 から

$$\frac{P(x,-n^2\pi^2)}{Q'(-n^2\pi^2)} e^{-n^2\pi^2 t} \quad (n=1,2,\cdots).$$

---

[1] 詳しくは Churchill, Modern Operational Mathematics in Engineering* を見よ。

§23. ラプラス変換の応用

この式を $V(x,s)$ の場合に計算すると

$$\left[\frac{\sinh x\sqrt{s}\,e^{st}}{\frac{1}{2}\sqrt{s}\cosh\sqrt{s}+\sinh\sqrt{s}}\right]_{s=-n^2\pi^2}=2\frac{\sin n\pi x}{n\pi\cos n\pi}e^{-n^2\pi^2 t}.$$

$L^{-1}\{V(x,s)\}=v(x,t)$ とおくと

$$v(x,t)=x+\frac{2}{\pi}\sum_{n=1}^{\infty}\frac{(-1)^n}{n}e^{-n^2\pi^2 t}\sin n\pi x.$$

一方 $U(x,s)=sF(s)V(x,s)$ でありまた $sV(x,s)$ は $0\leq x<1$ のとき $v_t(x,t)$ の変換であるから定理 20.1 により

$$u(x,t)=\int_0^t f(t-\tau)v_t(x,\tau)d\tau.$$

$v(x,t)$ の級数を t について項別に微分して得られる級数は $t=0$ のとき収束しない. しかし $v_t(x,t)$ が $t\geq 0$ と $0\leq x<1$ のとき連続であることおよび $v_t(x,0)=0$ $(0\leq x<1)$ は証明することができる. しかし微分した級数は $t=0$ においてだけ $v_t(x,t)$ を表わし得ない.

特に $f(t)$ および $f'(t)$ が区分的連続でラプラス変換が存在すると仮定すると

$$L\{f'(t)\}=sF(s)-f(+0),$$
$$U(x,s)=f(+0)V(x,s)+L\{f'(t)\}V(x,s).$$

よって

$$u(x,t)=f(+0)v(x,t)+\int_0^t f'(t-\tau)v(x,\tau)d\tau.$$

この右辺の積分に $v(x,t)$ の展開を入れると

$$u(x,t)=xf(t)+\frac{2f(+0)}{\pi}\sum_{n=1}^{\infty}\frac{(-1)^n}{n}e^{-n^2\pi^2 t}\sin n\pi x$$
$$+\frac{2}{\pi}\sum_{n=1}^{\infty}\frac{(-1)^n}{n}\sin n\pi x\int_0^t f'(t-\tau)e^{-n^2\pi^2\tau}d\tau.$$

これらも方程式の条件を満足する解であることを示すことができる.[1]

例 9. 絃の振動の方程式

---
1) Churchill の書物* 参照.

$$\frac{\partial^2 u}{\partial t^2} = \frac{\partial^2 u}{\partial x^2} \quad (0 \leq x \leq 1,\ t \geq 0),$$

(23.4) $\quad u(x,0) = g(x), \quad \dfrac{\partial u}{\partial t}(x,0) = 0 \quad (0 \leq x \leq 1),$

(23.5) $\quad u(0,t) = 0, \quad u(1,t) = 0 \quad (t \geq 0).$

(23.4), (23.5) なる境界条件, 初期条件のもとに解を求める.

変数 t に関し $u_{tt}(x,t) = u_{xx}(x,t)$ の両辺のラプラス変換をすると定理 18.4 により

(23.6) $\quad U_{xx}(x,s) = s^2 U(x,s) - s g(x),$
$$U(0,s) = 0,\ U(1,s) = 0.$$

ここでも $U(x,s) = L\{u(x,t)\}$ とおいてある.

常微分方程式 (23.6) は $g(x)$ を $g(x) = 0\ (x > 1)$ のように定義すれば $x > 0$ なるすべての x で定義される解をもつ.

よって $V(z,s)$ を任意の解 $U(x,s)$ の x についてのラプラス変換を表わすとすれば (23.6) を解くのにふたたびラプラス変換を使うことができる. すなわち

$$V(z,s) = \int_0^\infty e^{-zx} U(x,s)\, dx.$$

$G(z)$ を $g(x)$ の x についての変換とする. (23.6) の両辺をふたたびラプラス変換すると $U(0,s) = 0$ であるから

$$s^2 V(z,s) - sG(z) = z^2 V(z,s) - U_x(0,s).$$

よって

$$V(z,s) = U_x(0,s) \frac{1}{z^2 - s^2} - sG(z) \frac{1}{z^2 - s^2}.$$

両辺に s を掛けて定理 20.1 の合成関数の性質を用いて z についての逆変換を行なうと

(23.7) $\quad sU(x,s) = U_x(0,s) \sinh xs - s \int_0^x g(\xi) \sinh(x-\xi)s\, d\xi.$

条件 $U(1,s) = 0$ を代入すると

$$U_x(0,s) = \frac{s}{\sinh s} \int_0^1 g(\xi) \sinh(1-\xi)s\, d\xi.$$

§23. ラプラス変換の応用

最後の積分を $\xi=0$ から $\xi=x$ までの積分と $\xi=x$ から $\xi=1$ までの積分との和として書き $U_x(0,s)$ を (23.7) に代入すると

$$\sinh xs \sinh(1-\xi)s - \sinh(x-\xi)s \sinh s = \sinh(1-x)s \sinh \xi s$$

であるから

$$\phi(x,s) = \sinh(1-x)s \int_0^x g(\xi) \sinh \xi s \, d\xi + \sinh xs \int_x^1 g(\xi) \sin(1-\xi)s \, d\xi$$

とおけば

$$U(x,s) = \frac{\phi(x,s)}{\sinh s}$$

となる.物理的な意味から $g(x)$ は連続で $g(0)=g(1)=0$ であるはずだから,それを仮定しかつ $g'(x)$ も区分的連続とすれば $\phi(x,s)$ はすべての有限の s で正則であり $\sinh s$ の零点は $s=0$ を除いて $U(x,s)$ の単極である.極は $s=\pm s_n$, $s_n=n\pi i$ $(n=1,2,\cdots)$ である.

(23.8) $$b_n = 2\int_0^1 g(\xi) \sin n\pi \xi \, d\xi$$

とすれば

$$\phi(x, s_n) = \cos n\pi \sin n\pi x \int_0^1 g(\xi) \sin n\pi \xi \, d\xi.$$

であるから $s=\pm s_n$ における $e^{st} U(x,s)$ の留数の和は

$$\frac{1}{2}\sum_{n=1}^\infty b_n \sin n\pi x [\exp(in\pi t) + \exp(-in\pi t)].$$

したがって形式的な解は

$$u(x,t) = \sum_{n=1}^\infty b_n \sin n\pi x \cos n\pi t.$$

ここで b_n は (23.8) で与えられる.

この式は $t=0$ のとき $0 \leqq x \leqq 1$ 上の $g(x)$ のフーリエ級数となる.

今

$$u(x,t) = \frac{1}{2}[\sum b_n \sin n\pi(x+t) + \sum b_n \sin n\pi(x-t)]$$

と書いて $u(x,t) = \frac{1}{2}[h(x+t) + h(x-t)]$ がわかる.ここで $g(x)$ は $h(x)$ $=-h(-x)=g(x)$ $(0 \leqq x \leqq 1)$ ですべての x に対しては $h(x+2)=h(x)$ なる

周期函数である．

この形から §7 のときに示したように $u(x,t)$ が与えられた方程式を満足し，境界，初期条件を満足する解なることを証明することができる．

注意． 本章ではラプラス変換の理論を丁寧にしかも数学的にも正確に詳論してある．ラプラス変換の変数 s をはじめから複素数として論じてあるので §16 以後では函数論の初歩の知識が必要となる．その中心は正則函数の定義と正則函数列の一様収束する極限函数，並びにコーシーの積分定理である．

本章では林五郎，ラプラス変換論*; 河田竜夫，応用数学第一巻*; Churchill, Modern Operational Mathematics in Engineering* 等を参考としている．特にラプラス変換の応用例はチャーチルの書物に負うている．

問 題 3

1. $L\dfrac{d^2I}{dt^2}+R\dfrac{dI}{dt}+\dfrac{1}{C}I=e\sin\omega_0 t$ を $I(0)=0$, $\dfrac{dI}{dt}(0)=0$ を初期条件として解くと $I(t)$ は $b<\omega_0$ なるとき $e^{-bt}\sin(\omega_1 t+\alpha_1)$ と $\sin(\omega t+\alpha)$ とを項とする式で表わされることを示し $t\to\infty$ なるとき $I(t)$ は $A\sin(\omega t+\alpha)$ なる振動におちつくことを示せ．ただし $\omega_0=\sqrt{\dfrac{1}{LC}}$, $b=\dfrac{R}{2L}$, $\omega_1^2=\omega_0^2-b^2$, α, α_1 は定数．

2. $L\dfrac{dI}{dt}+RI+\dfrac{Q}{C}=E_0$, $Q=\displaystyle\int_0^t I(\tau)\,d\tau$. $I(0)=0$, L, R, C, E_0 は定数．
そのとき $b=\dfrac{R}{2L}$ かつ $\omega_1^2=\dfrac{1}{LC}-\dfrac{R^2}{4L^2}>0$ ならば
$$I=\frac{E_0}{\omega_1 L}e^{-bt}\sin\omega_1 t;$$
また $b=\dfrac{R}{2L}$ かつ $k^2=\dfrac{R^2}{4L^2}-\dfrac{1}{LC}>0$ ならば
$$I=\frac{E_0}{kL}e^{-bt}\sinh kt$$
となることを示せ．

3. $f(t)$ のラプラス変換が存在するものとして，$y''+2ay'+(a^2+b^2)y=f(t)$, $y(0)=y'(0)=0$ の解は
$$y(t)=\frac{e^{-at}}{b}\int_0^t f(\tau)e^{a\tau}\sin b(t-\tau)\,d\tau$$
となることを示せ．

4. $y(t)=at+\displaystyle\int_0^t \sin(t-\tau)\,y(\tau)\,d\tau$ の解は
$$y(t)=a\left(t+\frac{1}{6}t^3\right)$$

となることを示せ.

5.
$$m_1 x_1'' + k_1 x_1' - k_2(x_2 - x_1) + c x_1' = f_0 \sin \omega t,$$
$$m_2 x_2'' + k_2(x_2 - x_1) = 0,$$
$$x_1(0) = x_1'(0) = x_2(0) = x_2'(0) = 0$$

($m_1, k_1, m_2, k_2, c, f_0$ は正の定数) を解け. そのとき, もし $k_2/m_2 \neq \omega^2$ ならば $x_1(t)$ は $C \sin(\omega t + \alpha)$ なる非減衰振動の項をもつ. もし $k_2/m_2 = \omega^2$ ならば $x_1(t)$ は減衰振動で $t \to \infty$ に対し $x_1(t)$ は一定の値に収束することを示せ.

6.
$$\frac{\partial^2 u}{\partial t^2} = a^2 \frac{\partial^2 u}{\partial x^2} \quad (x > 0,\ t > 0).$$
$$u(x, 0) = \frac{\partial u}{\partial t}(x, 0) = 0,$$
$$u(0, t) = f(t), \quad \lim_{x \to \infty} u(x, t) = 0$$

を上の条件のもとで解くと

$$u(x, t) = \begin{cases} f\left(t - \dfrac{x}{a}\right) & \left(t \geq \dfrac{x}{a}\right), \\ 0 & \left(t \leq \dfrac{x}{a}\right) \end{cases}$$

が解であることを示せ.

注意. $s^2 U(x, s) = a^2 U_{xx}(x, s),\ U(0, s) = F(s),\ \lim_{x \to \infty} U(x, s) = 0$ をもとめ, $U(x, s) = e^{-\frac{sx}{a}} F(s)$ となることを示せ.

7. 前問で特に

$$f(t) = \begin{cases} \dfrac{h}{t_0} t & (t \leq t_0), \\ h & (t \geq t_0) \end{cases}$$

なるとき

$$u(x, t) = \begin{cases} 0 & (x \geq at), \\ \dfrac{h}{at_0}(at - x) & (a(t - t_0) \leq x \leq at), \\ h & (x \leq a(t - t_0)) \end{cases}$$

であることを示せ.

第4章 自動制御理論

§24. 伝達函数

　自動制御系は一つの信号伝送の系であるがこの理論は系が線型であるとラプラス変換の理論が有効に応用される.

　ここで述べるものは連続制御とよばれるものでこれ以外にサンプリング制御そのほかの不連続制御もある.

　系の動作, 状態をあらわす特性は通常, 微分方程式で表わされ, 線型の系とは微分方程式が線型となる系のことである. この場合は信号をいろいろな周波数の正弦波の合成と考えて系の特性を取り扱うことが多い.

　数学書ではほとんどすべて虚数単位 $\sqrt{-1}$ を i で表わす. しかし自動制御関係の書物では(電気関係の書物が i を電流を表わすためにつかうので)虚数単位は j で表わされる. 本書では i をもってとおすべきかとは思うが, 本章だけは虚数単位を j と表わしている. 異を逐うては読者に不便を感ぜしめることをおそれたからである.

　自動制御理論で用いられる伝達函数, 周波数応答等の概念を説明するために微分方程式で表わされる系を考えよう.

　機械系の一例として慣性能率 J と粘性摩擦 r とのある円板を弾性ある軸を介して回す場合, 軸のスチフネスを k, 入力端の回転角を θ_i, 円板の回転角を θ_0 とすれば

$$J\frac{d^2\theta_0}{dt^2}+r\frac{d\theta_0}{dt}=k(\theta_i-\theta_0),$$

すなわち

$$J\frac{d^2\theta_0}{dt^2}+r\frac{d\theta_0}{dt}+k\theta_0=k\theta_i$$

なる微分方程式が成り立つ.

　$t=0$ のとき $\theta_0(0), \theta_0'(0)$ を与えればこの線型微分方程式は簡単に解けるがラプラス変換をつかって求めよう.

§24. 伝達函数

θ のラプラス変換を $L\{\theta\}=\Theta$ として両辺のラプラス変換をとれば

$$J(s^2\Theta_0-s\alpha_0-\alpha_1)+r(s\Theta_0-\alpha_0)+k\Theta_0=k\Theta_i$$

（ここで $t=0$ で $\theta_0(0)=\alpha_0$, $\dot{\theta}_0(0)=\alpha_1$ とおいた）.

よって

(24.1) $$\Theta_0(s)=\frac{k\Theta_i(s)}{J\left(s^2+\frac{r}{J}s+\frac{k}{J}\right)}+\frac{J(s\alpha_0+\alpha_1)+r\alpha_0}{J\left(s^2+\frac{r}{J}s+\frac{k}{J}\right)}.$$

$t=0$ において $\theta_0(0)=\dot{\theta}_0(0)=0$ とすれば

(24.2) $$\Theta_0(s)=\frac{k\Theta_i(s)}{J\left(s^2+\frac{r}{J}s+\frac{k}{J}\right)}.$$

もし $\theta_i=\omega t$ ならば $\Theta_i=\dfrac{\omega}{s^2}$.

よって

$$\Theta_0(s)=\frac{k\omega}{Js^2\left(s^2+\frac{r}{J}s+\frac{k}{J}\right)}=\frac{\omega}{s^2}-\frac{r\omega}{ks}+\frac{\omega\left(\frac{r}{k}s+\frac{r}{kJ}-1\right)}{s^2+\frac{r}{J}s+\frac{k}{J}}.$$

$r>0$ であるから $\left(\dfrac{r}{2J}\right)^2-\dfrac{k}{J}<0$ のとき両辺の逆変換をとれば

$$\theta_0(t)=\omega t-\frac{r\omega}{k}+\frac{\omega}{\beta}e^{-\frac{r}{2J}t}\sin(\beta t-\varphi).$$

ここで $\beta^2=\dfrac{k}{J}-\left(\dfrac{r}{2J}\right)^2$, $\varphi=\tan^{-1}\dfrac{2\left(\dfrac{r}{2J}\right)\beta}{\beta^2-\left(\dfrac{r}{2J}\right)^2}$,

$$\theta_i-\theta_0=\frac{r\omega}{k}+\frac{\omega}{\beta}e^{-\frac{r}{2J}t}\sin(\beta t-\varphi).$$

すなわち回転角は $\dfrac{r\omega}{k}$ だけおくれ右辺第二項の過渡振動が伴う.

電気系で抵抗 R_0 につけた摺動子を動かすことにより R_0 の一端との間の抵抗

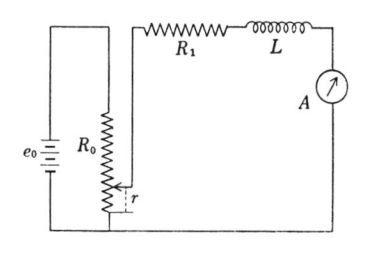

図 18

r が変化する図 18 のような電気回路を考える．

$r(t)$ が R_0 や R_1 にくらべて小さければ抵抗 r の両端の電圧 $e(t)$ は

(24.3) $$e(t) = e_0 \frac{r(t)}{R_0}.$$

この電圧により電流計 A のある回路に流れる電流 i は

(24.4) $$L\frac{di(t)}{dt} + R_1 i(t) = e(t).$$

(24.3) を (24.4) に代入して両辺のラプラス変換をとれば ($L\{i\} = I(s)$, $L\{r(t)\} = R(s)$ とおく)

$$L(sI(s) - i(+0)) + R_1 I(s) = \frac{e_0}{R_0} R(s).$$

よって

(24.5) $$I(s) = \frac{1}{Ts+1} \frac{e_0}{R_1 R_0} R(s) + \frac{1}{Ts+1} \frac{L}{R_1} i(+0).$$

ここに $\frac{L}{R} = T$.

$u(t)$ を単位階段函数[1]とし $r(t) = r_0 u(t)$ とすれば初期値 $i(+0) = 0$ であるから

$$I(s) = \frac{1}{Ts+1} \frac{e_0}{R_1 R_0} \frac{r_0}{s}.$$

上の二例でみるように一般にある入力信号 $x(t)$ をうけてそれに対応する出力信号 $y(t)$ を出す要素はラプラス変換の形で

$$Y(s) = G(s) X(s) + H(s) A(s)$$

と表わされる．右辺の第二項は初期条件で定められるもので初期値をすべて零とすれば零となるものである．

線型方程式では初期値による影響は系の本質を変えないので一般にすべての初期値を零とおいて出力信号と入力信号とのラプラス変換したものの比を**伝達函数**という．

上の例では

---

1) $u(t) = 0$, $t < 0$, $u(t) = 1$, $t \geq 0$ 第3章 §14 参照．

$$\frac{\Theta_0(s)}{\Theta_i(s)} = \frac{k}{J\left(s^2 + \dfrac{r}{J}s + \dfrac{k}{J}\right)},$$

$$\frac{I(s)}{L\{r(t)\}} = \frac{1}{Ts+1}\cdot\frac{e_0}{R_1 R_0}$$

の右辺が伝達函数である．

そして一般に

$$Y(s) = G(s) X(s)$$

で $G(s)$ を伝達函数という．

問． 次のような四端子回路で端子 a, a′ に電圧 e_i を加えたとき b, b′ に現われる電圧を e_0 とすれば

$$e_i = L\frac{di}{dt} + Ri + \frac{1}{C}\int i\,dt,$$

$$e_0 = \frac{1}{C}\int i\,dt$$

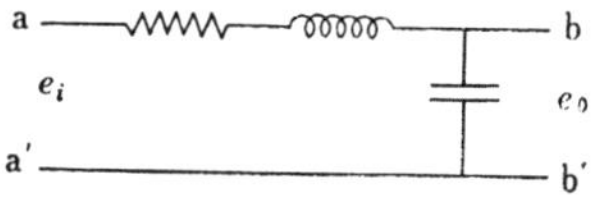

図 19

が成り立つ．この電圧 e_0 対電圧 e_i の伝達函数は

$$G(s) = \frac{1}{1 + sRC + s^2 LC}$$

となることを示せ．

§25. 過渡応答

$x(t)$ が単位階段函数 $u(t)$ のときは $L\{u(t)\} = \dfrac{1}{s}$ であるから

$$y(t) = L^{-1}\{G(s)/s\}.$$

このときの出力応答をその伝達要素の**インデシャル応答**という．

これは普通に**過渡応答**といわれるもので過渡的状態の研究に使われる．

例えば $G(s)$ が s の二次式を分母にもつ函数で

$$G(s) = \frac{K}{T^2 s^2 + 2\alpha Ts + 1}$$

のとき

$$G(s) = \frac{K}{T^2}\frac{1}{s^2 + 2\alpha\omega s + \omega^2} \qquad \omega = \frac{1}{T} > 0,$$

$$= \frac{K}{T^2}\frac{1}{(s-p_1)(s-p_2)},$$

$$p_1 = -\alpha\omega + \omega\sqrt{\alpha^2-1}, \quad p_2 = -\alpha\omega - \omega\sqrt{\alpha^2-1}.$$

$G(s)$ によるインデシャル応答を $y(t)$ とすれば

$$y(t) = L^{-1}\left\{\frac{K}{T^2}\frac{1}{(s-p_1)(s-p_2)}\frac{1}{s}\right\},$$

$$y(t) = \frac{K}{T^2}L^{-1}\left\{\frac{C_0}{s} + \frac{C_1}{s-p_1} + \frac{C_2}{s-p_2}\right\},$$

$$y(t) = \frac{K}{T^2}(C_0 + C_1 e^{p_1 t} + C_2 e^{p_2 t}).\quad [1]$$

まず $0 < \alpha$ とする.そのとき $\Re p_1 < 0,\ \Re p_2 < 0$.

$\alpha > 1$ ならば p_1, p_2 は実数で,$0 < \alpha < 1$ ならば簡単な計算で,

$$y(t) = K\left\{1 + \frac{1}{\sqrt{1-\alpha^2}}e^{-\alpha\omega t}\sin(\omega\sqrt{1-\alpha^2}\,t - \varphi)\right\}.$$

ここで $\varphi = \tan^{-1}\left(\dfrac{\sqrt{1-\alpha^2}}{-\alpha}\right)$.

$\alpha = 1$ ならば

$$y(t) = \frac{K}{T^2}L^{-1}\left\{\frac{C_0}{s} + \frac{C_1}{(s-p)^2} + \frac{C_2}{s-p}\right\}$$

から

$$y(t) = K\left\{(1 - e^{-\frac{t}{T}}) - \frac{t}{T}e^{-\frac{t}{T}}\right\}.$$

$\alpha \geq 1$ であると応答はゆるく上昇してしだいに平衡値 K に近づき,$0 < \alpha < 1$ であると行過ぎてから振動しながら平衡値に達する.これらは過渡状態を表わすもので,$\alpha\omega$ を対数減衰率といい α を減衰係数とよぶ.

過渡応答によって過渡特性がわかるわけである.

$\alpha < 0$(すなわち根を複素平面上に書くと根が虚軸の右側)すなわち根の実数部が正であれば前の式の指数項は時間とともに増大し振幅は無限に増大し $y(t)$ は K にはおちつかない.根の実数部が負であると安定するわけであるが対数減衰率 $\alpha\omega$ の絶対値が大きいほど減衰ははやい.

$G(s)$ が s の一次式の逆数 $\dfrac{K}{Ts+1}$ であっても同様で $Ts+1=0$ の根の符号

---

[1] 第3章ラプラス変換,§14. また C_0, C_1, C_2 の求め方は §22 その他.

により安定したり，振幅が増大したりする．

$G(s)$ が一次式，二次式の逆数でなくとも一般に同様なことがいえる．これについては安定不安定の節で述べられるが $G(s)$ が s の多項式の逆数であるとすると，多項式 $P(s)=0$ の係数は実数であるから，係数が実数である一次式と二次式との積に分解される．すなわち

$$P(s) = (a_1s+1)(a_2s+1)\cdots(a_ls+1)$$
$$\cdot (b_1s^2+c_1s+1)(b_2s^2+c_2s+1)\cdots(b_ks^2+c_ks+1).$$

このおのおのの因数について上に述べたように処置すれば $y(t)$ は $e^{p_i t}$ の形の項の和となり p は $P(s)=0$ の根となる．したがって p の実数部分がことごとく負であれば e^{pt} は時間とともに減少するから $y(t)$ は安定の状態におちつくが一つでも実数部分が正のものがあると振動しながら振幅は時間とともに限りなく増大する．

問． $G(s)$ が $\dfrac{K}{Ts+1}$ なるときの過渡応答をしらべよ．

§26. 周波数応答

系にいろいろの周波数の正弦波状の信号を入れてその応答すなわち位相，振幅の変化をみて周波数に対する特性をみることができる．この応答を**周波数応答**[1]といい，この特性を周波数特性という．

入力信号が周波数 ω の正弦波状のときこの系は線型であるから出力信号の定常部分はやはり同じ周波数 ω の正弦波状で，その周波数により定まる振幅の増減と位相の遅進を生ずることがわかる．

これを例で示せば §24 の回路の $r(t)=r_0\sin\omega t+r_1$ のとき

(26.1) $\qquad L\dfrac{di(t)}{dt}+R_1 i(t)=r_0\sin\omega t+r_1 \quad (r_1 > r_0)$

---

[1] 伝達函数や周波数応答が線型制御系で重要なのは応答を計算するのに微分方程式を解かなくともラプラス変換で求められ，大抵の場合公式が利用できること並びに信号をいろいろな周波数の正弦波の合成と考えて各成分がどのように伝送されるかがわかること，さらに系全体の伝達函数がこれを構成する部分系の伝達函数から計算で求められるからである（例えば §27 でみるように一方向の系では部分系の伝達函数の積となる）．

のように入力信号が正弦波のときを考える．ラプラス変換をすると $L/R_1=T$ とおき

$$I(s) = \frac{1/R_1}{Ts+1}\frac{r_0\omega}{s^2+\omega^2} + \frac{1/R_1}{Ts+1}\frac{r_1}{s} + \frac{1/R_1}{Ts+1}Li(+0).$$

逆変換して $i(t)$ を求めその定常部分 $i_s(t)$ を計算するため $\lim_{t\to\infty}i(t)$ で消え
る項を計算する．

$$\frac{\omega}{s^2+\omega^2} = \frac{1}{2j}\left(\frac{1}{s-j\omega} - \frac{1}{s+j\omega}\right) \text{ であるから}[1]$$

$$L^{-1}\left\{\frac{1/R_1}{Ts+1}\frac{r_0\omega}{s^2+\omega^2}\right\} = \frac{r_0}{R_1}\frac{1}{2j}L^{-1}\left\{\frac{1}{Ts+1}\frac{1}{s-j\omega} - \frac{1}{Ts+1}\frac{1}{s+j\omega}\right\}.$$

ラプラス変換の定理 19.2 から

$$L^{-1}\left\{\frac{1}{Ts+1}\frac{1}{s-j\omega}\right\} = e^{j\omega t}L^{-1}\left\{\frac{1}{T(s+j\omega)+1}\frac{1}{s}\right\},$$

$$L^{-1}\left\{\frac{1}{Ts+1}\frac{1}{s+j\omega}\right\} = e^{-j\omega t}L^{-1}\left\{\frac{1}{T(s-j\omega)+1}\frac{1}{s}\right\}$$

であるから，定理 19.3 をつかって

$$\lim_{t\to\infty}L^{-1}\left\{\frac{1}{T(s+j\omega)+1}\frac{1}{s}\right\} = \lim_{s\to 0}s\frac{1}{T(s+j\omega)+1}\frac{1}{s} = \frac{1}{1+j\omega T}.$$

同様に

$$\lim_{t\to\infty}L^{-1}\left\{\frac{1}{T(s-j\omega)+1}\frac{1}{s}\right\} = \frac{1}{1-j\omega T}.$$

よって

$$i(t) = L^{-1}\left\{\frac{1/R_1}{Ts+1}\frac{r_0\omega}{s^2+\omega^2}\right\} + L^{-1}\left\{\frac{1/R_1}{Ts+1}\frac{r_1}{s}\right\}$$

$$+ L^{-1}\left\{\frac{L/R_1}{Ts+1}i(+0)\right\}$$

において $t\to\infty$ のとき収束する項は，

$$\lim_{t\to\infty}L^{-1}\left\{\frac{L/R_1}{Ts+1}i(+0)\right\} = \lim_{s\to 0}s\frac{L/R_1}{Ts+1}i(+0) = 0,$$

$$\lim_{t\to\infty}L^{-1}\left\{\frac{1/R_1}{Ts+1}\frac{r_1}{s}\right\} = \lim_{s\to 0}s\frac{1/R_1}{Ts+1}\frac{r_1}{s} = \frac{r_1}{R_1}.$$

---

[1] 次に使うために，技術書にならってラプラス変換を使って方程式を解いているが (26.1) は直接解いた方が早い．

§26. 周波数応答

$$L^{-1}\left\{\begin{array}{cc}1/R_1 & r_0\omega \\ Ts+1 & s^2+\omega^2\end{array}\right\}$$ は $t\to\infty$ で収束しないから定理 19.3 は適用できないが上にみたように $L^{-1}\left\{\dfrac{1}{T(s+j\omega)+1}\dfrac{1}{s}\right\}$ と $L^{-1}\left\{\dfrac{1}{T(s-j\omega)+1}\dfrac{1}{s}\right\}$ とは $t\to\infty$ でそれぞれ $\dfrac{1}{1+j\omega T}$, $\dfrac{1}{1-j\omega T}$ に収束する．

よって

$$i_s(t) = \left(e^{j\omega t}\frac{1}{1+j\omega T} - e^{-j\omega t}\frac{1}{1-j\omega T}\right)\frac{r_0}{2jR_1} + \frac{r_1}{R_1}.$$

すなわち

$$i_s(t) = \frac{r_1}{R_1} + \frac{r_0}{R_1}\frac{1}{1+(\omega T)^2}(\sin\omega t - \omega T\cos\omega t)$$

$$= \frac{r_1}{R_1} + \frac{r_0}{R_1}\frac{1}{\sqrt{1+(\omega T)^2}}\sin(\omega t - \varphi).$$

ここで $\varphi = \tan^{-1}\omega T$．

これによれば出力信号も入力信号と同じ周波数 ω をもち振幅は入力信号の振幅の $\dfrac{r_0}{R}\dfrac{1}{\sqrt{1+(\omega T)^2}}$ 倍，位相は入力信号より $\tan^{-1}\omega T$ だけ遅れることが知れる．

すなわち入力信号が $\Im[r_0 e^{j\omega t}]$ のとき出力信号は $\Im\left[\dfrac{e_0}{R_1}\dfrac{1}{1+j\omega T}r_0 e^{j\omega t}\right]$ なることを示している．

$\dfrac{e_0}{R_1}\bigg/(1+j\omega T)$ は正弦波状入力信号の出力信号と入力信号との関係のうち振幅の増加率と位相のずれを表わしている．これを伝達要素の**周波数伝達函数**という．

一般にある伝達要素の伝達函数を $G(s)$ とするとき入力信号 $X(s)$, 出力信号 $Y(s)$ なるとき

$$Y(s) = G(s)X(s)$$

であるが入力信号 $x(t) = r_0\sin\omega t$ なるとき（初期値は零としてあるから）

$$Y(s) = G(s)\frac{r_0\omega}{s^2+\omega^2},$$

$$y(t) = L^{-1}\left\{\frac{r_0}{2j}\left(\frac{G(s)}{s-j\omega} - \frac{G(s)}{s+j\omega}\right)\right\}.$$

前と同様にして

$$L^{-1}\left\{\frac{G(s)}{s-j\omega}\right\}=e^{j\omega t}L^{-1}\left\{G(s+j\omega)\frac{1}{s}\right\},$$

$$L^{-1}\left\{\frac{G(s)}{s+j\omega}\right\}=e^{-j\omega t}L^{-1}\left\{G(s-j\omega)\frac{1}{s}\right\},$$

$$\lim_{t\to\infty}L^{-1}\left\{G(s+j\omega)\frac{1}{s}\right\}=G(j\omega),$$

$$\lim_{t\to\infty}L^{-1}\left\{G(s-j\omega)\frac{1}{s}\right\}=G(-j\omega).$$

$G(s)$ の係数は実数であるから $G(j\omega)=\overline{G(-j\omega)}$.

よって $G(j\omega)=\Re G(j\omega)+j\Im G(j\omega)$ とおけば

$$G(-j\omega)=\Re G(j\omega)-j\Im G(j\omega).$$

ゆえに $y(t)$ の定常部分 $y_s(t)$ は

$$y_s(t)=\Re G(j\omega)r_0\frac{e^{j\omega t}-e^{-j\omega t}}{2j}+\Im G(j\omega)r_0\frac{e^{j\omega t}+e^{-j\omega t}}{2}$$

$$=\Re G(j\omega)r_0\sin\omega t+\Im G(j\omega)r_0\cos\omega t$$

$$=|G(j\omega)|\left\{r_0\frac{\Re G(j\omega)}{|G(j\omega)|}\sin\omega t+r_0\frac{\Im G(j\omega)}{|G(j\omega)|}\cos\omega t\right\}$$

$$=|G(j\omega)|r_0\sin(\omega t+\varphi),$$

$$\varphi=\tan^{-1}\frac{\Im G(j\omega)}{\Re G(j\omega)}=\angle G(j\omega).$$

よって一般に伝達要素がその伝達函数として $G(s)$ をもつとき周波数伝達函数は $G(j\omega)$ に等しい.

周波数特性は周波数伝達函数なる複素数であらわされる. その絶対値は振幅特性をあらわしゲイン特性ともいう. またその偏角は位相特性を表わす. 自動制御においては広い範囲の周波数入力信号に対する周波数伝達特性を知ることが望まれる.

実際に伝達要素の周波数特性を広い範囲の周波数に対してみるために $|G(j\omega)|$ や $\angle G(j\omega)$ の図的表現がよくつかわれる.

ベクトル軌跡および逆ベクトル軌跡, ボーデ線図, ゲイン位相図などである.

ベクトル軌跡

$G(j\omega)$ は複素数であるから複素数平面上でベクトルとしてあらわされる.

§26. 周波数応答

今 ω を 0 から ∞ まで変えるとき各周波数に対するベクトルの先端の軌跡は $G(j\omega)$ を表わす曲線となる．これをベクトル軌跡という．$G(j\omega)$ のベクトル軌跡の代りに $1/G(j\omega)$ のベクトル軌跡をかくときもあり，これを逆ベクトル軌跡とよぶ．

$1/(j\omega T+1)$ のベクトル軌跡は図 20 のようである．

$G(j\omega)$ の $j\omega$ の係数は実数であるから

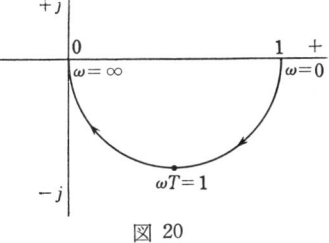

図 20

$\omega=0$ から $\omega=+\infty$ のベクトル軌跡と，$\omega=0$ から $\omega=-\infty$ までのベクトル軌跡とは実数軸に対して対称となる．

ボーデ線図

横軸に対数目盛で周波数 ω を目盛ったものに対して縦軸に周波数伝達函数の絶対値のデシベル値すなわち $20\log_{10}|G(j\omega)|$ と周波数伝達函数の偏角 $\angle G(j\omega)$ の度数とを表わす二本の曲線をかいたものである．

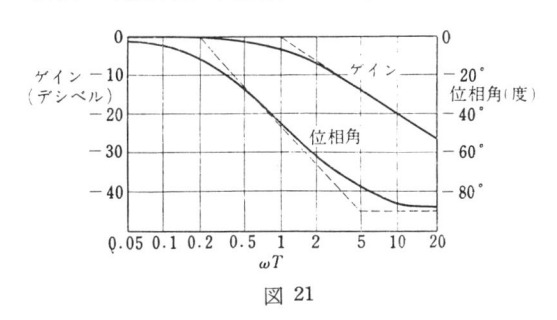

$1/(j\omega T+1)$ のゲインと位相特性を図 21 に表わす．[1]

図 21

ゲイン位相線図

縦座標をゲイン $20\log_{10}|G(j\omega)|$ デシベル数とし横座標を位相 $\angle G(j\omega)$ 度数として画いた一本の曲線で周波数 ω をパラメーターとして記入したものである．

$\dfrac{1}{j\omega T+1}$ のゲイン位相線図は図 22 の

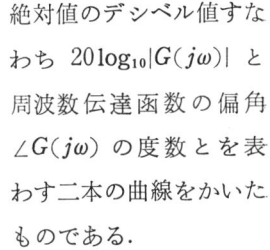

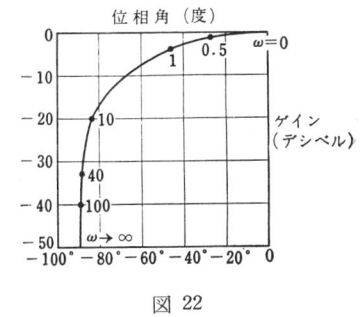

図 22

---

1) $|G(j\omega)|$ を一般に伝達函数のゲインとよび，ゲインはデシベルをもって表わす．正の数 a は $20\log_{10}a$ デシベルである．

ようになる.

問. $G(s) = \dfrac{1}{s(T_1s+1)(T_2s+1)}$ のベクトル軌跡をえがけ

注意. §28 参照.

§27. ブロック線図

　自動制御の問題を取り扱うには普通一種のフローチャートすなわちブロック線図をかく．ブロック線図は自動制御系の中の信号伝達の状態を表わす図である．線型の理論で扱うブロック線図の構成は三つの要素からなる．すなわち信号を受けとりこれをほかの信号に変換して出す伝達要素と二つの信号の代数和を作る加え合せ点，一つの信号を二つの系統に分岐する引き出し点とがそれである．

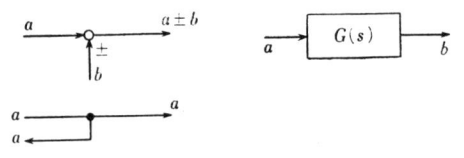

図 23

　普通にはまず制御系を表現するブロック線図を作り，つぎに検討の目的に合うようにブロック線図を等価変換して簡単化し，そして検討の最終段階に入る．例えばボーデ線図やゲイン位相図を用いた周波数応答特性や安定性について検討する．

　例えば (24.4) をラプラス変換した

$$TsI(s) + I(s) = KE(s)$$

$\left(\text{ここに } T = \dfrac{L}{R_1},\ K = \dfrac{1}{R},\ i(+0) = 0\right)$ についてみると

$$\dfrac{I(s)}{E(s)} = \dfrac{K}{Ts+1}.$$

(24.3) から

$$E(s) = K_1 R(s) \quad \left(\text{ここに } K_1 = \dfrac{e_0}{R_0}\right)$$

であるからブロック線図は次のごとく作られる．

§27. ブロック線図

```
E →[ K/(Ts+1) ]→ I        R →[ K₁ ]→ E
```

図 24

(24.3), (24.4) の系のブロック線図は例えば

```
R(s) →[ K₁ ]→ E(s) →[ K/(Ts+1) ]→ I(s)
```

図 25

また例えば

$$e_v(t) = Kv(t),$$

$$L\frac{di(t)}{dt} + Ri(t) = e_i(t) - e_v(t),$$

$$J\frac{dv(t)}{dt} + rv(t) = K_1 i(t)$$

なる関係があればラプラス変換すると[1]

$$E_v(s) = KV(s),$$

$$LsI(s) + RI(s) = E_i(s) - E_v(s),$$

$$JsV(s) + rV(s) = K_1 I(s)$$

であるから

$$E_v(s) = KV(s),$$

$$I(s) = \frac{1}{R(1+sT)}\{E_i(s) - E_v(s)\} \quad \left(T = \frac{L}{R}\right),$$

$$V(s) = \frac{K_1}{r(1+sT_1)} I(s) \quad \left(T_1 = \frac{J}{r}\right).$$

これらのブロック線図は

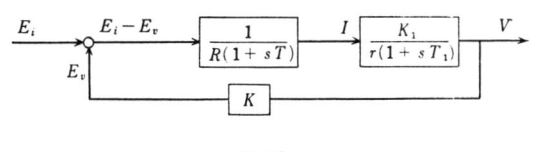

```
E_i →○→ E_i−E_v →[ 1/(R(1+sT)) ]→ I →[ K₁/(r(1+sT₁)) ]→ V
      ↑E_v
      [ K ]←─────────────────────────
```

図 26

複雑な関係式のあるときはこれらの線図は複雑なものとなるが次のような基

---

1) 初期値はすべて零としている.

礎的な等価変換をつかうと簡単なブロック線図にすることができる．それにより種々な検討を容易にする．[1]

ブロック線図は系が線型である場合，次のような規則をつかって書きなおすことができる．これをブロック線図の等価変換という．

1． 二つ以上のブロックを直列に結合するときには伝達函数は積となる（直列結合またはカスケード結合という）．

図 27

今，入出力の信号をそれぞれ X, Y, Z としその間の伝達函数を G_1, G_2 とすれば定義から

$$G_1 = \frac{Y}{X}, \quad G_2 = \frac{Z}{Y}.$$

よって

$$\frac{Z}{X} = \frac{Z}{Y}\frac{Y}{X} = G_1 G_2.$$

2． ブロックは順序を交換できる．

上の理由から $G_1 G_2 = G_2 G_1$．

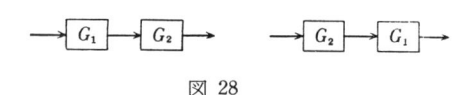

図 28

3． 二つ並んだ加え合せ点は交換できる．

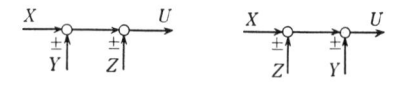

図 29

$(X \pm Y) \pm Z = U = (X \pm Z) \pm Y$ であるからである．

4． 二つ以上のブロックを並列に結合するときには伝達函数は和となる（並列結合という）．

1） 信号の伝達を行なう系を考えるのにブロック線図は便利である．

§27. ブロック線図

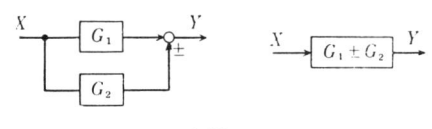

図 30

$G_1 X \pm G_2 X = (G_1 \pm G_2) X = Y$ であるから.

5. 加え合せ点は移動できる.

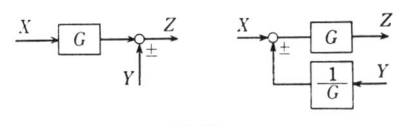

図 31

$GX \pm Y = G\left(X \pm \dfrac{1}{G} Y\right) = Z$ であるから.

6. 引き出し点も移動できる.

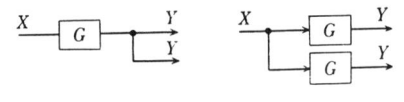

図 32

いずれの Y も $Y = GX$ であるから.

7. 二つのブロックを図 33 左のように結合するときは図 33 右のようになる（この結合をフィードバック結合という）.

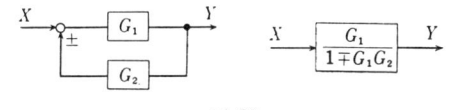

図 33

$G_1(X \pm G_2 Y) = G_1 X \pm G_1 G_2 Y = Y$. よって

$$(1 \mp G_1 G_2) Y = G_1 X, \quad \text{よって} \quad Y = \dfrac{G_1}{1 \mp G_1 G_2} X.$$

これらのほかにも以下に述べるように基本的なものはあるがまず図 25 のブロック線図は等価変換1により

図 34

図 26 のブロック線図は同じく等価変換1により

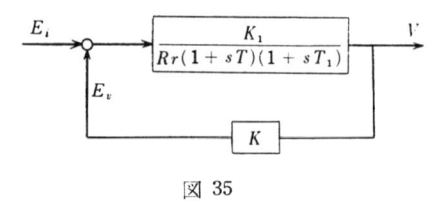

$$E_i \longrightarrow \boxed{\dfrac{K_1}{Rr(1+sT)(1+sT_1)}} \longrightarrow V$$

図 35

さらに等価変換7により

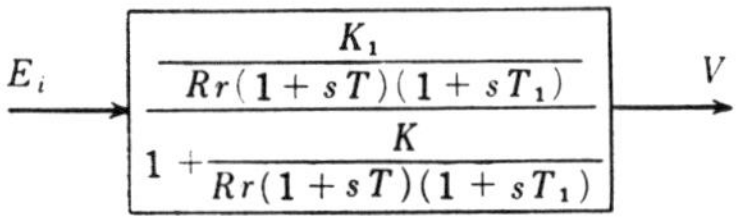

$$E_i \longrightarrow \boxed{\dfrac{\dfrac{K_1}{Rr(1+sT)(1+sT_1)}}{1+\dfrac{K}{Rr(1+sT)(1+sT_1)}}} \longrightarrow V$$

図 36

問. 次の左のブロック線図と右のブロック線図とは等価であることを示せ．

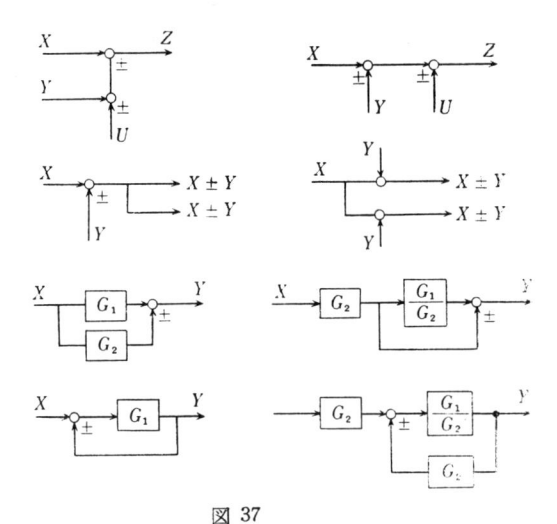

図 37

§28. 自動制御系

自動制御系は実際の科学技術上には広く使われる．生産工業たとえば石油精製，合成化学工業などにおける系はプロセス制御と呼ばれ，電圧，周波数などを一定値に保とうとする系は自動調整と呼ばれ，また工作機械，レーダー目標

§28. 自動制御系

追尾などはサーボ機構と呼ばれる.

目標値が一定であるか,時間的に変動しているかで定値制御,プログラム制御に分類され,さらにならい旋盤や自動平衡型計器のように追値制御と呼ばれるものもある.これらはいずれも目標値の与えられかたによるので制御量とその目標値との偏差の絶対値をなるべく小さく抑え,かつ何らかの外乱により生ずる偏差をなるべく短時間に訂正することが要求される.自動制御には開回路のものと閉回路のものとあるが,開回路のものはブロック線図が入力から出力まで一方向でつくられるもので,例えば

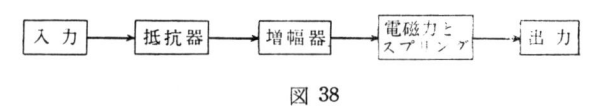

入力 → 抵抗器 → 増幅器 → 電磁力とスプリング → 出力

図 38

のような装置で入力の角度が変化すれば出力角度が変化し出力軸の回転角度を入力軸の回転角度と同じように変化されるようなものである.

これに対し閉回路のものは

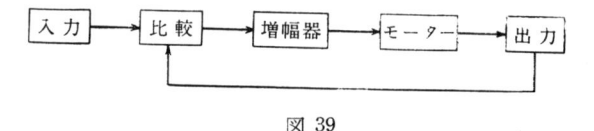

入力 → 比較 → 増幅器 → モーター → 出力

図 39

のように増幅器の入力電圧は入力と出力との差に比例するようになっており,入力と出力の両軸の回転角度が等しくなければモーターは回転して,角度が等しくなるとモーターがとまるような装置である.

一般には自動制御では閉回路のものがすぐれているのでこれが多い.

ここにあげた上の例のようなものは自動平衡計器とよばれるものの一つで,小型のサーボ電動機によって動かされるポテンショメーターがあり,この電圧と測定すべき電圧との差を増幅器で増幅してサーボ電動機に加えるようになっている.

増幅器に加えられる入力電圧は測定される電圧 e_i とポテンショメーターの電圧 e_0 との差である.増幅器の周波数特性から伝達函数として一定値 K_1 とおける.そして出力電流 i は

(28.1) $$i = K_1(e_i - e_0).$$

電動機は簡単のため直流のものとし，電動機に発生する回転力は i に比例するとし，電動機の慣性モーメントを J，摩擦係数を r，電動機の回転角速度を v とすれば

(28.2) $$J\frac{dv}{dt}+rv=ki.$$

電動機の軸から歯車で $n:1$ に減速しプリーを回して吊り糸を動かす．吊り糸の変位すなわちポテンショメーターの位置を x とし，プリーの半径を a とすれば

(28.3) $$\frac{dx}{dt}=\frac{a}{n}v.$$

ポテンショメーターの全抵抗を R_0，単位長当りの抵抗の変化量を R_u とすれば

(28.4) $$e_0=\frac{E_0 R_u}{R_0}x.$$

(28.1)，(28.2)，(28.3)，(28.4) を初期値を零としてラプラス変換すれば

$$L\{i\}=I,\ L\{v\}=V,\ L\{e\}=E,\ L\{x\}=X$$

とおくことにより

$$I(s)=K_1(E_i(s)-E_0(s)),$$
$$JsV(s)+rV(s)=kI(s).$$

よって

$$V(s)=\frac{k}{r+Js}I(s)=\frac{K_2}{1+Ts},\qquad K_2=\frac{k}{r},\ T=\frac{J}{r},$$
$$sX(s)=\frac{a}{n}V(s).$$

よって

$$X(s)=\frac{K_3}{s}V(s),\qquad K_3=\frac{a}{n},$$
$$E_0(s)=\frac{E_0 R_u}{R_0}X(s).$$

よって

$$E_0(s)=K_4 X(s),\qquad K_4=\frac{E_0 R_u}{R_0}.$$

§28. 自動制御系

これをブロック線図にかけば

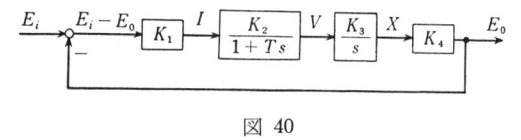

図 40

ブロック線図の等価変換から

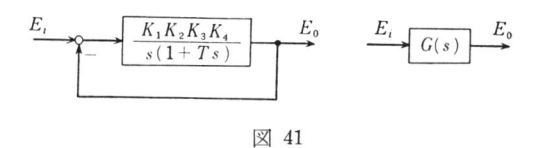

図 41

よって

$$G(s) = \frac{E_i}{E_0} = \frac{\dfrac{K}{s(1+Ts)}}{1+\dfrac{K}{s(1+Ts)}}, \qquad K = K_1 K_2 K_3 K_4.$$

この例のように閉回路になっている部分をループという.

自動制御系においてはループはいくつもあるのが一般であるが,それらは別別に分解して考えるとループ一つの系を考えればよい.

ループが一つの系では次のブロック線図で表わされるものが代表的である.

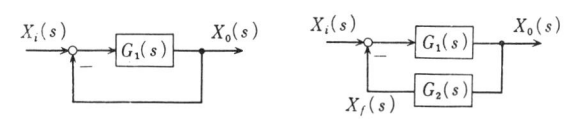

図 42

前者ではラプラス変換したものの関係は[1]

$$G_1(s)(X_i(s) - X_0(s)) = X_0(s).$$

よって

(28.5) $$X_0(s) = \frac{G_1(s) X_i(s)}{1 + G_1(s)}.$$

後者では

---

[1] 自動制御系では加え合せ点では差となるのが普通である.差を検出してそれを小さくするのが目的であるからである.

$$G_1(s)(X_i(s)-X_f(s))=X_0(s), \qquad X_f(s)=G_2(s)X_0(s).$$

よって

(28.6) $$X_0(s)=\frac{G_1(s)X_i(s)}{1+G_1(s)G_2(s)}.$$

もし代表的な外乱が前向きの経路の途中に次のように入るとすれば $d(t)$ を外乱, その変換を $D(s)$ とするとき

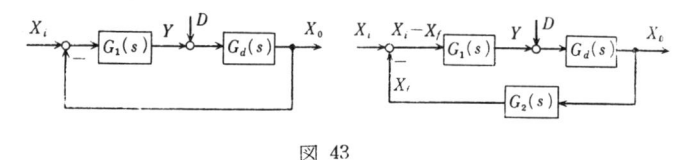

図 43

前者では
$$Y(s)=G_1(s)(X_i(s)-X_0(s)), \qquad G_d(s)(Y(s)+D(s))=X_0(s).$$

よって
$$X_0(s)=\frac{G_1(s)G_d(s)}{1+G_1(s)G_d(s)}X_i(s)+\frac{G_d(s)}{1+G_1(s)G_d(s)}D(s).$$

偏差 $\varepsilon(t)=x_i(t)-x_0(t)$ のラプラス変換を $E(s)$ とすれば

(28.7)
$$E(s)=X_i(s)-X_0(s)=\frac{1}{1+G_1(s)G_d(s)}X_i(s)-\frac{G_d(s)}{1+G_1(s)G_d(s)}D(s).$$

後者では
$$Y(s)=G_1(s)(X_i(s)-X_f(s)),$$
$$X_f(s)=G_2(s)X_0(s),$$
$$G_d(s)(Y(s)+D(s))=X_0(s).$$

よって
$$X_0(s)=\frac{G_1(s)G_d(s)}{1+G_1(s)G_2(s)G_d(s)}X_i(s)+\frac{G_d(s)}{1+G_1(s)G_2(s)G_d(s)}D(s),$$

(28.8) $\quad E(s)=X_i(s)-X_0(s)$
$$=\frac{1+G_1(s)G_d(s)(G_2(s)-1)}{1+G_1(s)G_2(s)G_d(s)}X_i(s)-\frac{G_d(s)}{1+G_1(s)G_2(s)G_d(s)}D(s).$$

(28.5), (28.6) において $G_1(s)$, $G_1(s)G_2(s)$ はそれぞれループの伝達函数であってこれを**ループ伝達函数**という. $G_L(s)$ と一まとめにして表わす. (28.7),

(28.8) の場合は $G_1(s)G_d(s)$, $G_1(s)G_2(s)G_d(s)$ を一まとめにしてループ伝達函数という.

入力信号(目標値または外乱)を $f(t)$ とかき,これが

$$f(t)=L^{-1}\left\{\frac{P_1(s)}{P_2(s)}\right\}$$

で示される場合を考えよう. $P_1(s)$, $P_2(s)$ は s の多項式で $P_2(s)$ の方が $P_1(s)$ よりその次数が高いとする. このような入力信号は例えば $P_1(s)=a_m$, $P_2(s)=s^m$ ならば

$$f(t)=\begin{cases} 0 & (t<0). \\ \dfrac{a_m t^{m-1}}{(m-1)!} & (t>0), \end{cases}$$

単位階段函数 $u(t)$ で書きなおせば

$$f(t)=\frac{a_m t^{m-1}}{(m-1)!}u(t).$$

これらを m の $0, 1, 2, \cdots$ について加え合せれば任意の入力信号が $t=0$ の近くでは近似的に表わされ,また $P_1(s)=a_m s$ または $=a_m m$, $P_2(s)=s^2+m^2$ ならば[1]

$$f(t)=a_m\cos mt\,u(t) \quad \text{または} \quad =a_m\sin mt\,u(t)$$

でこれまた任意の入力信号がフーリエ級数に展開されて表わされる.

§29. 制御系の安定,不安定

さて制御装置は制御偏差を零にするように作用すべきものであるが定常的に偏差を残す場合にはこれを残留偏差という. そうでなくとも動作が制御対象のおくれと食いちがい偏差が増大する傾向を生じることもある. これは制御系全

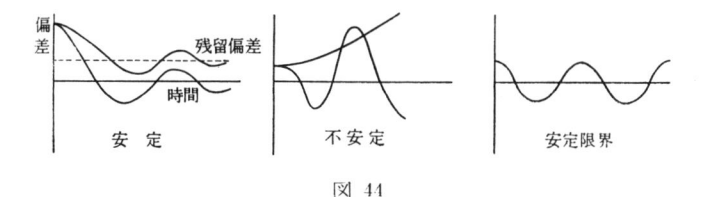

図 44

---

1) ラプラス変換の公式 §14 参照.

体の特性が不適当なのでこのようなとき系は**不安定**という．制御偏差は多少残ることはあっても制御量の値におちつくとき系は**安定**であるという．そして偏差が増大するのでもなければ落着くのでもない状態のとき系は安定限界にあるという．

安定不安定の性格はその系の伝達函数をみればわかる．

さてラプラス逆変換のときの定理 21.1 をみればわかるように

$$f(t) = \frac{1}{2\pi i} \lim_{\rho \to \infty} \int_{c-i\rho}^{c+i\rho} F(s) e^{st} ds$$

から $F(s)$ が一価函数であれば一般に証明したごとく，$F(s)e^{st}$ の $\Re s < c$ 内における極 $s_1, s_2, \cdots s_n, \cdots$ の留数をそれぞれ $\rho_1(t), \rho_2(t), \cdots$ とすれば

$$f(t) = \rho_1(t) + \rho_2(t) + \cdots + \rho_n(t) + \cdots$$

であり $\rho_n(t) = A_n e^{s_n t}$ であるから $\Re s_n < 0$ ならば $t \to \infty$ に対し $\rho_n(t) \to 0$, $\Re s_n > 0$ ならば $\rho_n(t) \to \infty$, $\Re s_n = 0$ ならば $\rho_n(t)$ は一般には絶対値有界の間で振動する．

多価函数の場合でも簡単な場合には同様のことが示される．

これらのことからここに求められた $\varepsilon(t)$ すなわち偏差が零に収束するか，無限に増大するかあるいは一定制限の間で振動するかを知ることができる．

今目標値を基準にとって $x_i(t) \equiv 0$ とすれば $\varepsilon(t) = x_0(t)$ となり $f(t)$ を外乱として $d(t)$ であらわせば前述のような $d(t)$ に対して

$$\varepsilon(t) = L^{-1}\left\{ \frac{G_d(s)}{1+G(s)} \frac{P_1(s)}{P_2(s)} \right\}$$

となりラプラス変換の逆変換の公式から

$$\varepsilon(t) = \frac{1}{2\pi i} \lim_{\rho \to \infty} \int_{\gamma-i\rho}^{\gamma+i\rho} \frac{G_d(s)}{1+G(s)} \frac{P_1(s)}{P_2(s)} e^{st} ds.$$

もし $d(t)$ が有限の大きさのものであればそのラプラス変換 $\dfrac{P_1(s)}{P_2(s)}$ はその性質上定理 17.1 からその極は正の実数部をもっているものはないはずである．このとき $\dfrac{G_d(s)}{1+G(s)}$ の極のうち一つでも実数部の正なものがあればこれが $P_1(s)$ の零点と相殺しないかぎり $\varepsilon(t)$ は t の増加にしたがい絶対値が限りなく増大することになる．これは不安定ということになる．そうでなく $\dfrac{G_d(s)}{1+G(s)}$ の極

がすべて負の実数部をもつか，そうでないものがあってもこれが $P_1(s)$ の零点と相殺すれば $\varepsilon(t)$ は無限に増大することはない．すなわち不安定ではない．

$P_1(s)$ の零点が極と相殺するということは特別な入力すなわち $d(t)$ をえらんだことになるからこのようなことは系が安定とはいえない．

よって有界な入力信号 $d(t)$ に対する制御量 $x_0(t)$ の伝達函数

$$\frac{G_d(s)}{1+G(s)}$$

の極がすべて負の実数部をもつとき系は安定である．

普通の場合には $G_d(s)$ や $G(s)$ は s の多項式の比で表わされるので

$$G_d = \frac{P_{d1}}{P_{d2}}, \quad G = \frac{P_{01}}{P_{02}}$$

とおいてみれば

$$\frac{G_d}{1+G} = \frac{P_{d1} P_{02}}{P_{d2}(P_{01}+P_{02})}.$$

そして G_d は安定運動をすると仮定する伝達装置の伝達函数であるから，ふつうは正の実数部の極をもたない．

よって安定性に関係するのは

$$1+G(s)=0$$

の根すなわち $1+G(s)$ の零点である．

これを**特性方程式**とよぶ．よって特性方程式の根の実数部がすべて負であるかどうかをたしかめ，もし正の実数部のものがあればそれが $G_d(s)$ の零点（$G(s)$ の極では $1+G(s)=0$ となることはない）と相殺されるかどうかをみれば系の安定であるか否かの判定ができる．

特性方程式の根のどれかが純虚数となる場合が安定と不安定の境になっている．すなわち安定限界のときである．

特性方程式（実数係数）

$$a_0 s^n + a_1 s^{n-1} + \cdots + a_{n-1} s + a_n = 0$$

の根がすべて負の実数部をもつための必要十分条件は次の 1, 2 である：

1. すべての係数 $a_0, a_1, a_2, \cdots, a_{n-1}, a_n$ が正であること；

2. 次のフルウィツ行列式 $H_1, H_2, \cdots, H_n$ がすべて正であること.[1] フルウィツ行列式とは方程式の係数から次のようにつくられるものである：

$$H_i = \begin{vmatrix} a_1 & a_3 & a_5 & a_7 & \cdots & a_{2i-1} \\ a_0 & a_2 & a_4 & a_6 & \cdots & a_{2i-2} \\ 0 & a_1 & a_3 & a_5 & \cdots & a_{2i-3} \\ 0 & a_0 & a_2 & a_4 & \cdots & a_{2i-4} \\ 0 & 0 & a_1 & a_2 & \cdots & a_{2i-5} \\ 0 & 0 & a_0 & a_2 & \cdots & a_{2i-6} \\ \cdots & \cdots & \cdots & \cdots & \cdots & \cdots \\ \cdots & \cdots & \cdots & \cdots & \cdots & \cdots \\ 0 & 0 & \cdots & \cdots & a_{i-2} & a_i \end{vmatrix},$$

$$i = 1, 2, 3, \cdots, n.$$

ナイキストの条件[2]

目標値を $x_i(t)$, 制御量を $x_0(t)$ とするとき

$$X_0(s) = \frac{G(s)}{1+G(s)H(s)} X_i(s).$$

$G(s), H(s)$ は多項式の比として表わされる場合が多いからこれを

$$G(s) = \frac{P_{G1}}{P_{G2}}, \quad H(s) = \frac{P_{H1}}{P_{H2}}$$

とするとき

$$\frac{X_0(s)}{X_i(s)} = W(s) = \frac{G(s)}{1+G(s)H(s)}$$

から

$$W(s) = \frac{P_{G1}P_{H2}}{P_{G2}P_{H2}+P_{G1}P_{H1}}.$$

よって $P(s) = P_{G2}P_{H2} + P_{G1}P_{H1} = 0$ が特性方程式である.

普通の場合 $P(s)=0$ の係数はすべて実数であり, そして P_{G1} の次数より P_{G2} の次数の方が高く, P_{H1} の次数より P_{H2} の次数の方が高い.

それゆえ $G(s)H(s)$ は $s \to \infty$ のとき零に収束する. 以下のことは零でなくても -1 以外のある値に収束すれば成立する.

---

[1] 証明は例えば高木貞治, 代数学講義, p.446, 共立出版 1944.
[2] ここで考えている系はもちろん線型の系である.

§29. 制御系の安定，不安定

今 $S(s)=1+G(s)H(s)$ とおけば

$$S(s) = \frac{P(s)}{P_{G2}(s)P_{H2}(s)}.$$

$P(s)=0$ の根を r_k $(k=1,2,\cdots,n)$ とし $P_{G2}(s)P_{H2}(s)=0$ の根を p_h $(h=1, 2,\cdots,m)$ とすれば定数をのぞいて

$$P(s) = \prod_{k=1}^{n}(s-r_k), \quad P_{G2}(s)P_{H2}(s) = \prod_{h=1}^{m}(s-p_h)$$

とかくことができる．よって

$$S(s) = \frac{\prod_{k=1}^{n}(s-r_k)}{\prod_{h=1}^{m}(s-p_h)}.$$

$s-r_k=\rho_k e^{i\alpha_k}$, $s-p_h=\mu_h e^{i\beta_h}$ とかけば

$$S(s) = \frac{\rho_1\cdots\rho_n}{\mu_1\cdots\mu_m} e^{i(\alpha_1+\cdots+\alpha_n)-i(\beta_1+\cdots+\beta_m)}.$$

今 $r_1, r_2, \cdots, r_u$ および $p_1, p_2, \cdots, p_v$ までを内部に含む閉曲線 C をかいて s を C 上を時計の針の方向に一周させると ρ_1 から ρ_n および μ_1 から μ_m まではみなもとの値にもどる．しかしその偏角 α と β とについては，$\alpha_{u+1},\cdots,\alpha_n$ と $\beta_{v+1},\cdots,\beta_m$ とはもとにもどるが C の内部にある点 r_k, p_h に対する偏角のうち $\alpha_1,\cdots,\alpha_u$ はいずれも -2π だけ変化(減少)し，$\beta_1,\cdots,\beta_v$ はいずれも 2π だけ変化(増加)する．よって $S(s)$ は s が C 上を時計の針の方向に一周すると絶対値 $\rho_1,\cdots,\rho_n, \mu_1,\cdots,\mu_m$ は変わらないが偏角の方は $-2\pi u+2\pi v$ だけ変化する．

そのことはいいなおすと，複素数平面で $S(s)$ は s が C 上を時計の針の方向に一周すると $v-u$ 回だけ，$v-u>0$ ならば正の向きに，$v-u<0$ ならば負の向きに，原点のまわりをまわるということである．

$S(s)=1+G(s)H(s)$ であるから S が複素数平面で原点のまわりを $v-u$ 回まわるということは $G(s)H(s)\equiv T(s)$ とおくとき $T(s)$ の T が複素数平面で $(-1,0)$ という点のまわりを $v-u$ 回まわるということである．

いま閉曲線として複素数平面上の虚数軸にそって $-jR$ から $+jR$ までの直線部分と，原点を中心とする半径 R の円の $\Re s>0$ の部分の半円をとりこれを

C とする. この閉曲線 C 上を s が動くとすると $R \to \infty$ のとき $s \to \infty$ となり GH は零または -1 以外の一定値に収束するから $R \to \infty$ のとき C のうちの半円上では s は零に近い値かまたは -1 以外の一定値に近い値しかとらない.

よって s が C 上を一周するとき R が十分に大であれば s が C のうちの半円上を動くときは S は -1 のまわりをまわることはあり得ない.

よって S が $(-1, 0)$ のまわりを $v-u$ 回まわるのは s が虚数軸上を $-jR$ から $+jR$ まで動くときに限る.

よっていま s を $-j\infty$ から $+j\infty$ まで虚軸にそって動かしてみて S が $(-1, 0)$ を時計の針と反対にまわる回数を r とすれば $r=v-u$.

系が安定であるためには $u=0$ でなければならず,また $u=0$ ならば系は安定であるから $r=v$ が安定条件である.

いま GH は実数係数の多項式としたから $s=j\omega$ とかいて ω を 0 から単調に $+\infty$ まで動かしたときの S の画く曲線と,ω を 0 から単調に $-\infty$ まで動かしたときの S の画く曲線とは実軸に関し全く共役である.

よって次の安定条件の判別法ができる.

1. $G(s)H(s)$ において $s=j\omega$ とおき ω を 0 から $+\infty$ まで変えるときのベクトル軌跡を画く.虚軸上に $G_L(s)$ の極があるときは図 48 の如く半円をかいてこれをよけて S を変えねばその部分が閉曲線にはならない.

2. 点 $(-1, 0)$ とこのベクトル軌跡上の点を結ぶベクトルが ω を $-\infty$ から $+\infty$ まで変えるとき $(-1, 0)$ を何回まわるかを数える(これを反時計方向に R 回であるとする).

3. $P_{G_2}(s)P_{H_2}(s)=0$ の根のうちその実数部が正のものの数が P 個あったとする(m 重根は m 個と数える).

4. そのとき $R=P$.

以上のときのみ安定である.

ループ伝達函数が

$$G_L(s) = \frac{K}{(T_1 s+1)(T_2 s+1)(T_3 s+1)}$$

なる場合

§29. 制御系の安定, 不安定

$$T_1 T_2 T_3 = A_3, \quad T_1 T_2 + T_2 T_3 + T_3 T_1 = A_2, \quad T_1 + T_2 + T_3 = A_1$$

とおくと, $s = j\omega$ とおき

$$= \frac{K}{(1 - A_2 \omega^2) + j(A_1 - A_3 \omega^2)\omega}$$

$$= \frac{K\{(1 - A_2 \omega^2) - j\omega(A_1 - A_3 \omega^2)\}}{(1 - A_2 \omega^2)^2 + \omega^2 (A_1 - A_3 \omega^2)^2}$$

である. よって s が $-jR$ から 0, さらに jR, さらに s が右の大きな半円 C

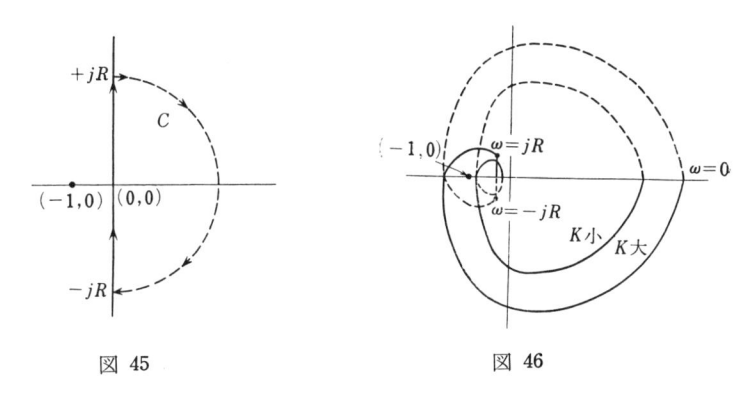

図 45

図 46

をまわるとき G のえがく軌跡は $\dfrac{1}{A_2} < \dfrac{A_1}{A_3}$ であるから図 46 のごとくなる. 次に $R = \infty$ にやった極限では図 47 のようになる. K が小さいときは $(-1, 0)$ から軌跡までひいたベクトルは $(-1, 0)$ のまわりを負の向きに一周しないからこの系は安定である. しかし K が大となると $(-1, 0)$ のまわりを負の向きに二周するから不安定である.

ループ伝達函数が

$$G_L(s) = \frac{K}{s(T_1 s + 1)(T_2 s + 1)}$$

の場合.

図 47

$T_1 T_2 = B_2, \quad T_1 + T_2 = B_1, \quad s = j\omega$ とおけば

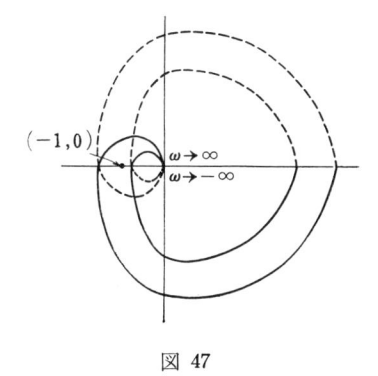

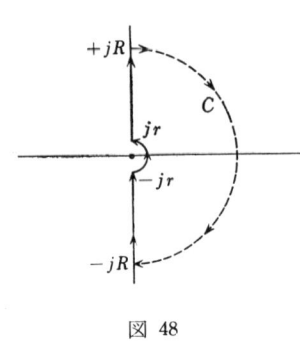

原式 $= \dfrac{-jK}{\omega(-B_2\omega^2+i\omega B_1)}$

$= \dfrac{-KB_1+iK\left(B_2\omega-\dfrac{1}{\omega}\right)}{(1-B_2\omega^2)^2+\omega^2 B_2^2}$

このときは虚軸上に極があるから図48のようにsがまわらないと閉曲線はかかない．その図は図49．$R\to\infty$にやった極限では半径Rの大きな半円に対応する部分は原点の近くに近づく．そして

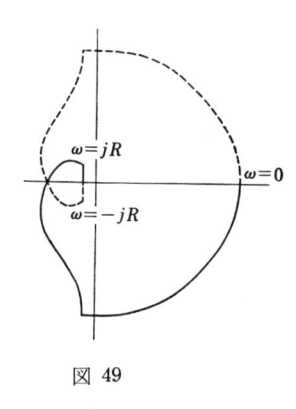

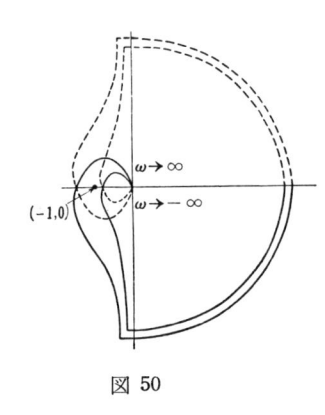

図48

図49　　　図50

図50のようになる．この場合も，Kが小さい間は$(-1,0)$から軌跡にひいたベクトルは$(-1,0)$のまわりをまわらないがKが大きくなると$(-1,0)$のまわりをまわる．よってKが小さいときは系は安定であるがKが大きくなると不安定となる．

非常に複雑なサーボメカニズムではループ伝達関数が複雑な函数となり，s平面で図45のような変化をsがするときSが図51のように$(-1,0)$のまわりをまわっているような軌跡をえ

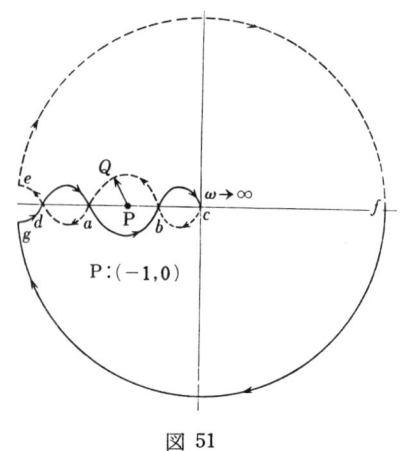

図51

§29. 制御系の安定, 不安定

がくことがある．しかしこのとき $(-1,0)$ のまわりをまわっているか否かを判断するのは s が負の方向に図45のような閉曲線をえがくとき $(-1,0)$ から軌跡までのベクトルが何回か $(-1,0)$ のまわりをまわるか否かをみればよい．

図51の場合でははじめ $\vec{PQ}$ ベクトルが矢の方向にまわり $\vec{Pa}$ の位置から $\vec{Pb}, \vec{Pc}, \vec{Pb}$ をへてふたたび $\vec{Pa}$ の位置までで負の向きに一回 $(-1,0)$ のまわりをまわる．その $\vec{Pa}$ の位置から $\vec{Pd}, \vec{Pe}, \vec{Pf}, \vec{Pg}, \vec{Pd}$ の位置をへて $\vec{Pa}$ の位置まですなわち二回目の $\vec{Pa}$ の位置から $\vec{Pa}$ の位置までとで一回正の向きに $(-1,0)$ のまわりをまわったことになる．差し引きして $(-1,0)$ のまわりをまわっていないことからこの図のような場合は安定なのである．どのような混雑した軌跡がかけても同様な考え方をすれば $(-1,0)$ から軌跡までのベクトルが $(-1,0)$ のまわりをまわっているか否かを判断することができる．

しかし完全に線型な系であればそうであるが現実の系は大きい入力に対しては非線型となるので振動が成長するといつまでも不安定な状態に止まる場合がよくおこる．

またループの中にループをもつような多重ループ系では内部のフィードバック系が不安定であると多重ループ系の伝達函数は s 平面の右半面に極をもつ．

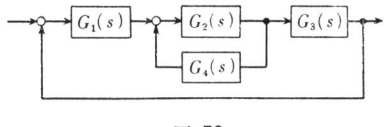

図 52

$G_L(s)=\dfrac{G_1(s)G_2(s)G_3(s)}{1+G_2(s)G_4(s)}$ でこのときはナイキストの判定条件のところで $(-1,0)$ を反時計方向にまわる回数 R と $G_L(s)$ の実数部正なる根の数 P とが $R=P$ ならばこの多重ループ系は全体としては安定となることがわかる．

問．ループ伝達函数が

$$G_L(s)=\frac{T_3s+1}{s^2(T_1s+1)(T_2s+1)}$$

なるときナイキストの図をかき安定か否かをしらべよ．

§30. 諸 特 性

自動制御系では安定性がわかったのみでは十分ではない. 一般に安定性がますときはその定常状態に達する過渡的な時間が余計にかかることになる. さらに応答特性のよさを表現する手段も必要となる. これに対しては普通定常応答, 過渡応答などに着目してそれぞれについての特性の定数をきめて規準とする.

応答特性も目標値に対するものと外乱など制御状態を乱す入力に対するものとでは異なるから区別して考える.

§28 に述べた系においては例えば (28.3) について偏差 $\varepsilon(t)$ のラプラス変換したものを $E(s)$ とすれば

$$E(s) = \frac{1}{1+G_L(s)} V(s) - \frac{G_d(s)}{1+G_L(s)} D(s)$$

であった ($G_L(s) = G_1(s) G_d(s)$ とおいた).

目標値 $V(s)$ と外乱 $D(s)$ とにより生ずる偏差 $E(s)$ の目標値に関する成分 $E_v(s)$ は

$$E_v(s) = \frac{1}{1+G_L(s)} V(s).$$

外乱に関する成分 $E_d(s)$ は

$$E_d(s) = \frac{G_d(s)}{1+G_L(s)} D(s).$$

目標値が階段状に変わるとき単位階段函数を $u(t)$ とすれば $v(t) = au(t)$. これを入力とするときの偏差を $\varepsilon_v(t)$ とすれば $V(s) = \dfrac{a}{s}$ となるから

$$\begin{aligned}
\varepsilon_v &= \lim_{t \to \infty} \varepsilon_v(t) \\
&= \lim_{s \to 0} \left[s \cdot \frac{1}{1+G_L(s)} \frac{a}{s} \right] = \frac{a}{1+G_L(0)}. \quad [1]
\end{aligned}$$

ε_v を定常位置偏差, $\eta \equiv \dfrac{\varepsilon_v}{a} = \dfrac{1}{1+G_L(0)}$ を制御係数という.

定常偏差が小さくできてもその偏差に落ちつくまでの時間が長くてはよい制

---

[1] 定理 19.3 参照.

§30. 諸　特　性

御といえない．それで過渡特性に関する定数をきめる．

もし $G_L(0)=\infty$ ならば $\varepsilon_v=0$ となるが，そうでなければ有限の値が定常位置偏差としてのこる．次に目標値をかえずに外乱に対する修正動作では $V(s)=0$, $D(s)=\dfrac{a}{s}$ として

$$E_d(s) = \frac{-G_d(s)}{1+G_L(s)} D(s).$$

よって

$$\varepsilon_d = \lim_{t\to\infty} \varepsilon_d(t)$$
$$= \lim_{s\to 0}\left[s\frac{-G_2(s)}{1+G_L(s)}\frac{a}{s}\right] = \frac{-G_2(0)\,a}{1+G_L(0)}.$$

これから $G_L(0)$ を大にするために $G_d(0)$ を大きくしても，かえって定常偏差は大きくなる．したがって外乱はなるべく制御系の出力側に入る方が処置がしやすい．

もし外乱が制御系の出力側に入るとすると定常偏差は

$$\varepsilon_d = \frac{-a}{1+G_L(0)}$$

であることがわかる．

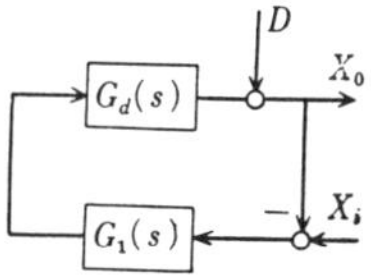

図 53

過渡特性に関して偏差 $\varepsilon(t)$ をラプラス変換した $E(s)$ から逆変換して偏差 $\varepsilon(t)$ を求めるとき §22 の定理を適用するが $\varepsilon(t)$ の応答成分の時間的経過特性の主部分は特性方程式

$$1+G(s)H(s)=0$$

によってきまる（$G(s)H(s)$ はループ伝達函数である）．$G(s)H(s)$ のうちに含まれる係数はすべて実数であるから $G(s)H(s)$ が有理式ならば特性方程式は

$$\prod_j (s+a_j) \prod_i (s^2+2\zeta_i\omega_{n_i}s+\omega_{n_i}^2)=0$$

に分解される．

$\varepsilon(t)$ の応答の減衰性をみるため s 平面上における根の存在する位置をみる系が安定なら §29 で論じたように根はすべて虚軸の左側にある．

減衰性を示す定数として特性方程式の根の実数部分を考え，根を $s_h=-\sigma_h+j\omega_h$ とおけば σ_h が対数減衰率であった．特性方程式の根のうちの対数減衰率の最小のものをもって減衰性の限界を表わすとすることができる．しかし特性方程式には必ず共役根があるから，もし対数減衰率の同じ2組の共役根があったとすると虚数部分の大きな方は小さな方にくらべて振動数が多いから減衰性の性質が同じではない．一組の共役根を $-\zeta_i\omega_{ni}\pm j\omega_{ni}\sqrt{1-\zeta_i^2}$ とすると $\varepsilon(t)$ の応答成分として

$$B_i e^{-\zeta_i\omega_{ni}t}\sin\{\sqrt{1-\zeta_i^2}\,\omega_{ni}t+\phi_i\}$$

であるからわかる．

今 $\sigma_h=k_h\omega_h$ なる k_h を減衰度とよぶと，$s_n=(-k_h+j)\omega_h$ となり応答成分は

$$B_h e^{-k_h\omega_h t}\sin(\omega_h t+\phi_h)$$

となるから同一の対数減衰率をもっていても虚数部分の大な方の k_a は小な方の k_b に比して

$$k_a < k_b$$

となり減衰性の差がでる．

過渡応答の特性をみるには入力信号（目標値または外乱など）として階段函数 $au(t)$ をとることが多い．そして応答の性質を評価するのに応答成分の減衰性と過渡偏差 $\varepsilon_v(t)$ または $\varepsilon_d(t)$ の制御面積とよばれる積分値とではかる．

制御系へ入る入力信号が階段函数で変化したときの偏差 $\varepsilon(t)$ に対して制御面積

$$F_1=\int_0^\infty |\varepsilon(t)-\varepsilon(\infty)|dt,$$

または二乗制御面積

$$F_2=\int_0^\infty (\varepsilon(t)-\varepsilon(\infty))^2 dt$$

を計算し F_1 または F_2 が最小な系が望ましい．

また安定不安定の判定に際しナイキストの条件でループ伝達函数 $G_L(j\omega)$ のベクトル軌跡が $(-1,0)$ の付近で実数軸をきるとき $(-1,0)$ が軌跡がわける

§30. 諸　特　性

面の左にあるか，右にあるかだけで安定不安定のきまる場合が多かった．

それで負の実数軸を軌跡が切る点でのゲインが（-1,0）点のゲインまでどれだけの余有をのこしているかで安定の度合をはかる．また同様にベクトルの絶対値の大きさが1で位相180°に近い点の位相が（-1,0）点の位相にどれだけの余有を残しているかでも安定の度合をはかる．前者をゲイン余有，後者を位相余有という．いままでループ伝達関数 $G(j\omega)$ について安定度を考えたがサーボ系ではこのような開回路系の周波数特性からでなく，系全体の閉回路系の周波数伝達関数

$$W(j\omega) = \frac{G(j\omega)}{1+G(j\omega)}$$

から特性を論ずることも多い．

$|W(j\omega)|$ を M とし，M の軌跡を画いてその特性をみる．そして M の最大値を M_p と表わし M_p 基準とよぶ．

自動制御系が一つのループをもつブロック線図にかかれたとき，これらのループ伝達関数を調整してその系の要求される事項をなるべく満たすようにしなければならない．制御装置の制御特性は制御対象の動特性の欠点を補償するものでなくてはならない．いいかえると制御装置の伝達関数は制御対象の伝達関数を補償して系全体としてよい伝達関数をもつようにする必要がある．補償要素を付加するときは外乱に対する制御特性を検討しなければならない．それは補償要素の付加により目標値に対する特性や減衰性が良好となっても挿入位置と外乱の侵入位置との関係で外乱に対する特性が悪くなることがあるからである．

補償，調整の方法としてはまず第一に目標値と制御量との差に比例した操作量を制御対象に与える方法がある．これらループ伝達関数のゲイン定数を増減する方法はもっとも簡単な方法であって，ゲイン定数と制御性に関する定数ゲイン余有，位相余有，定常偏差，M_p，減衰係数などが関係する．

このような操作を比例動作またはP動作またはゲイン調整という．

多くの場合過渡応答と定常応答とは相反する性格をもっていて，ゲイン調整により過渡応答を安定なものにしようとすると定常偏差が増大したりする．

そしてこれだけでは制御性は十分とはいえないことが多い．たとえば定常偏差を階段函数入力についてみると本節の初めのように

$$\varepsilon_v = \lim_{s \to 0} sE(s) = \lim_{s \to 0} s \frac{1}{1+KG(s)} \frac{1}{s} = \frac{1}{1+KG(0)}$$

外乱の場合も同様で

$$\varepsilon_d = \lim_{s \to 0} \frac{G(s)}{1+KG(s)} = \frac{G(0)}{1+KG(0)}.$$

$\varepsilon_v, \varepsilon_d$ を小さくするためにはゲイン定数 K を大きくしなければならず，また §29 で述べたように K を大にすれば不安定になるという矛盾のため次のおくれ補償，すすめ補償などが必要となる．

K が大きくなって不安定となるのを避けるためにはループ伝達函数 $G(s)$ に掛けられる要素を $\omega \to 0$ で ∞ に，$\omega \to \infty$ で $(-1, 0)$ の左側にベクトル軌跡がこえてしまわぬようにすればよい．ボーデ線図をかけば明らかに $\dfrac{1}{Ts}$ の要素はその性質がある．位相おくれは $\omega \to \infty$ で $-90°$ だからおくれ要素である．サーボ系のこの種の動作をおくれ補償動作，プロセス系では積分動作または I 動作という．

操作端の動きを V，偏差を θ とすると

$$\frac{dV}{dt} = K_1 \theta \quad \text{または} \quad V = K_1 \int_0^t \theta \, dt.$$

積分動作の強さは比例動作では $V = K\theta$ であるから $K\theta$ に等しくなる時間 T_1 できめる θ を一定とすると

$$K_1 T_1 \theta = K\theta.$$

よって

$$K_1 = \frac{K}{T_1}.$$

よってラプラス変換で

$$\frac{V(s)}{\theta(s)} = \frac{K}{T_1 s}.$$

これが積分動作を行なう制御装置の伝達函数になる．

比例動作に積分動作を入れると全体としておくれをもつことはさけられな

§30. 諸 特 性

い．負荷の変化が急激におこる系や，伝達おくれ，むだ時間の大きいプロセスでは，はじめは偏差が大きいままであるからたとえ最後には偏差はなくなっても制御性が悪い．これをとりもどすためには次の進め補償が加えられる．

進め補償では位相を進め位相余有，ゲイン余有を大きくするものである．

進め補償動作はまた微分動作またはD動作ともいう．

これは操作量が偏差の変化速度に比例する制御動作で

$$V = K_D \frac{d\theta}{dt}.$$

このときも偏差を一定割合に変化したときP動作による調節器の出力信号がD動作によるそれに等しくなるまでの時間をもってはかる．

$$K\theta = K_D \frac{d\theta}{dt}, \qquad \frac{d\theta}{dt} = k$$

として

$$KkT_D = K_D k,$$

$$T_D = \frac{K_D}{K}, \qquad K_D = KT_D.$$

ラプラス変換によって

$$\frac{V(s)}{\theta(s)} = KT_D s.$$

これが微分制御の伝達函数である．

微分動作を加えると制御系の応答度を高めることで P, I 動作にさらにD動作を加える（これを PID 動作という）と一応満足すべき制御動作を得ることになる．

これら三動作は加え合せるのであるから三項動作調節器の伝達函数は

$$\frac{V(s)}{\theta(s)} = K\left(1 + \frac{1}{T_I s} + T_D s\right).$$

K, T_I, T_D は入力の形によって適当なものがえらばれる．

これらの補償動作はループ経路中に従属（直列）に付加される場合と，補償要素をとおしてフィードバックすることにより特性をよくしようとするフィードバック補償とがある．

自動制御に関し簡単に基本的なことを述べたが制御系の設計や調整をする基

礎となるものである.

　制御系を解析してブロック線図をつくり諸要素を決定するわけであるが，それだけで十分でないときは補償要素の挿入様式および特性をきめる．これらの方法を繰り返して要求が満足されるようにする．

　実際の設計や調整にあたってはこれらが重要な仕事であるがここでは理論的の部分だけについて述べた．

　注意. 本章は自動制御の理論のうち連続線型制御について理論的な初歩を述べたものである．応用上はさらに具体的な方法が述べられなければならないが，それらの基礎の部分に止めてある．

　本章では福島弘毅，自動制御理論，近代科学社，1960；上滝致孝，自動制御概説*；伊沢計介，自動制御入門* の三書を主として参考している．

付録　ベッセル函数，ルジャンドル函数

線型二階常微分方程式

(付.1) $$\frac{d^2y}{dx^2}+p_1(x)\frac{dy}{dx}+p_2(x)y=f(x).$$

線型二階常微分方程式（付.1）は次の斉次方程式

(付.2) $$\frac{d^2y}{dx^2}+p_1(x)\frac{dy}{dx}+p_2(x)y=0$$

の解が求められれば初等的に積分できるから[1] 以下（付.2）の斉次方程式について述べる．

　方程式（付.2）は二つの線型独立な解 $y_1(x), y_2(x)$（これらを**基本解**ともいう）がわかれば一般の解[2] は

$$y(x)=C_1y_1(x)+C_2y_2(x)$$

なる形で表わされる（ここに C_1, C_2 は定数）．

　$p_1(x), p_2(x)$ が $x=x_0$ を中心とする[3] $|x-x_0|<\rho$ で正則ならば解は $x=x_0$

---

1) 小堀憲，微分方程式（朝倉数学講座），朝倉書店，1961.
2) 同上．
3) 本論では x, y は複素変数の函数として考えている．しかし実変数として考えても殆ど同様である．

を中心とする $|x-x_0|<\rho$ で正則な冪級数で表わされる.[1]

二階常微分方程式の解は $x=x_0$ において $y(x_0), y'(x_0)$ を与えれば一意に決定するから,

$$y(x) = \sum_{n=0}^{\infty} a_n(x-x_0)^n$$

は a_0, a_1 を与えれば確定する.

したがって $y(x)$ の展開を方程式（付.2）の左辺に代入し, $p_1(x), p_2(x)$ も $(x-x_0)$ の冪級数に展開して両辺の $(x-x_0)$ の冪の等しい係数を零とおけば $a_2, a_3, \cdots$ はすべて求めることができる.[2]

（付.2）の基本解 $y_1(x), y_2(x)$ は初期値を

$$\begin{vmatrix} y_1(x_0) & y_2(x_0) \\ y_1'(x_0) & y_2'(x_0) \end{vmatrix} \neq 0$$

なるように与えることによって求められる.

$p_1(x), p_2(x)$ が $|x-x_0|<\rho$ で正則でないときには一般には解の状態はわからないが $0<|x-x_0|<\rho$ でローラン展開できる[3] ときには解は

$$y(x) = (x-x_0)^\omega \sum_{n=-\infty}^{\infty} a_n(x-x_0)^n.$$

または

$$y(x) = (x-x_0)^\omega \left\{ \sum_{n=-\infty}^{\infty} a_n(x-x_0)^n + \sum_{n=-\infty}^{\infty} b_n(x-x_0)^n \log(x-x_0) \right\}$$

の形に表わされることがフックスの理論からわかる.[4] ここで ω は一般には複素数である.

特別の場合として

$$p_1(x) = \frac{1}{x-x_0} \sum_{n=0}^{\infty} a_n(x-x_0)^n, \text{[5]}$$

---

1) 係数が $|x-x_0|<\rho$ で正則なとき解も $|x-x_0|<\rho$ で正則となることは線型微分方程式だからいえることであって，線型でない方程式では必ずしもそうならない.
2) 小堀憲，微分方程式.
3) ローラン展開とは $\sum_{n=-\infty}^{\infty} a_n(x-x_0)^n$ のような展開である．小松勇作，函数論.
4) 藤原松三郎，常微分方程式論．岩波書店 1930.
5) ここの $\sum_{n=0}^{\infty} a_n(x-x_0)^n$ は冪級数（テイラー級数ともいう）である．ここで $p_1(x)$ は多くとも一次の極, $p_2(x)$ は多くとも二次の極（分子が $x=x_0$ で零となると極の次数が減ることがある）ということが重要なのである.

$$p_2(x) = \frac{1}{(x-x_0)^2} \sum_{n=0}^{\infty} b_n(x-x_0)^n$$

と表わされるときは解は

$$y(x) = (x-x_0)^\omega \left\{ \sum_{n=0}^{\infty} c_n(x-x_0)^n + \sum_{n=0}^{\infty} d_n(x-x_0)^n \log(x-x_0) \right\}$$

なる形に表わされることがわかる[1]（ここで $d_0 = d_1 = \cdots = d_n = \cdots = 0$ のこともある）．

このような微分方程式の基本解 $y_1(x), y_2(x)$ のうち少なくとも一つは，$\log(x-x_0)$ の項のない

$$y(x) = (x-x_0)^\omega \sum_{n=0}^{\infty} c_n(x-x_0)^n$$

で表わすことができる．

ベッセル微分方程式[2]

（付.3） $$x^2 \frac{d^2y}{dx^2} + x \frac{dy}{dx} + (x^2 - n^2)y = 0.$$

ここで n は実数または複素数である．

$x_0 = 0$ の場合であるから $y(x) = x^\lambda(a_0 + a_1 x + \cdots)$ として求めると[3] $\lambda = n$ に対し

$$y_1(x) = \sum_{m=0}^{\infty} \frac{(-1)^m x^{n+2m}}{2^{n+2m} m! \, \Gamma(n+m+1)} = J_n(x).$$

この級数は $-\infty < x < \infty$ で収束し，**第一種の n 次ベッセル函数**と呼ばれ $J_n(x)$ で表わされる．

$\lambda = -n$ に対して

$$y_2(x) = \sum_{m=0}^{\infty} \frac{(-1)^m x^{-n+2m}}{2^{-n+2m} m! \, \Gamma(-n+m+1)} = J_{-n}(x).$$

n が整数でないときは $J_n(x)$ と $J_{-n}(x)$ とは基本解となり一般解は

---

1) 藤原松三郎，常微分方程式．
2) 本節以下の証明については R. V. Churchill, Fourier Series and Boundary Value Problems* をみよ．邦書では城憲三，応用数学解析*（同書も Churchill の書物に拠っている）．
3) 小堀憲，微分方程式，p. 148．n は整数と限らないから $\Gamma(n+m+1)$ はガンマ函数である．n が正整数ならば $\Gamma(n+m+1) = (n+m)!$．

付録 ベッセル函数, ルジャンドル函数

$$y(x) = C_1 J_n(x) + C_2 J_{-n}(x)$$

と表わされる.

n が整数のときは $J_{-n}(x) = (-1)^n J_n(x)$ となり線型独立でないので $J_n(x)$ と線型独立な解として

$$y_2(x) = J_n(x) \log x - \frac{1}{2} \sum_{r=0}^{n-1} \frac{(n-r-1)! x^{-n+2r}}{2^{-n+2r} r!}$$

$$- \frac{1}{2} \sum_{m=0}^{\infty} \frac{(-1)^m x^{n+2m}}{2^{n+2m} m!(n+m)!} \left[1 + \frac{1}{2} + \cdots + \frac{1}{m} + 1 + \frac{1}{2} + \cdots + \frac{1}{n+m} \right].$$

これをノイマンの**第二種 n 次ベッセル函数**という.

$y_1(x)$ と $y_2(x)$ とが基本解であるが, 広く用いられるのは $y_2(x)$ と $y_2(x) = \frac{\pi}{2} Y_n(x) + (\log 2 - \gamma) J_n(x)$ の関係にある

$$Y_n(x) = \frac{2}{\pi} \left\{ \gamma + \log\left(\frac{x}{2}\right) \right\} J_n(x) - \frac{1}{\pi} \sum_{r=0}^{n-1} \frac{(n-r-1)! x^{-n+2r}}{2^{-n+2r} r!}$$

$$- \frac{1}{\pi} \sum_{m=0}^{\infty} \frac{(-1)^m x^{n+2m}}{2^{n+2m} m!(n+m)!} \left[1 + \frac{1}{2} + \cdots + \frac{1}{m} + 1 + \frac{1}{2} + \cdots + \frac{1}{n+m} \right]$$

である. $Y_n(x)$ はウェーバー函数とよばれる. 一般解は

$$y(x) = C_1 J_n(x) + C_2 Y_n(x).$$

n が正整数のときは

$$\exp\left[\frac{x}{2}\left(t - \frac{1}{t}\right)\right] = \sum_{n=-\infty}^{\infty} J_n(x) t^n,$$

$$J_0(t) = \sum_{m=0}^{\infty} (-1)^m \frac{x^{2m}}{2^{2m}(m!)^2}.$$

一般の n に対し次の恒等式が成り立つ.

$$J_n'(x) = J_{n-1}(x) - \frac{n}{x} J_n(x),$$

$$J_n'(x) = \frac{n}{x} J_n(x) - J_{n+1}(x).$$

特別の場合として $J_0'(x) = -J_1(x) = J_{-1}(x)$.

---

1) n は正整数としてある. $m=0$ のときは $1 + \frac{1}{2} + \cdots + \frac{1}{m}$ 項はないものとする.
2) γ はオイレルの定数.

$J_n(x)$ はまた次のような積分形に表わされる：

$$J_n(x) = \frac{\left(\dfrac{x}{2}\right)^n}{\Gamma\left(\dfrac{1}{2}\right)\Gamma\left(n+\dfrac{1}{2}\right)} \int_0^\pi \sin^{2n}\theta \cos(x\cos\theta)\,d\theta.$$

これをロンメルの積分表示という.

　特別の場合として

$$n=0 \text{ のとき } J_0(x) = \frac{1}{\pi}\int_0^\pi \cos(x\cos\theta)\,d\theta.$$

また $n=0,1,2,\cdots$ のとき

$$J_n(x) = \frac{1}{\pi}\int_0^\pi \cos(n\theta - x\sin\theta)\,d\theta \quad (n=0,1,2,\cdots).$$

$n=0,1,2,\cdots$ のとき上の式から実数の x に対し

$$|J_n(x)| \leq 1, \quad \left|\frac{d^k}{dx^k}J_n(x)\right| \leq 1.$$

実数値の n に対し $J_n(x)=0$ は無限に多くの正根 $x_1 < x_2 < \cdots < x_m < \cdots$ ($x_m \to \infty$) をもつことが証明される.

　n を 0 または正の実数とし λ_j ($j=1,2,\cdots$) を $J_n(\lambda c)=0$ の正根で $\lambda_1 < \lambda_2 < \cdots < \lambda_j < \cdots$ とすれば $J_n(\lambda_1 x), J_n(\lambda_2 x), \cdots, J_n(\lambda_j x), \cdots$ は $0 \leq x \leq c$ で

$$\int_0^c x J_n(\lambda_j x) J_n(\lambda_k x)\,dx = 0 \quad (j \neq k),$$

$$\int_0^c x[J_n(\lambda_j x)]^2 dx = \frac{c^2}{2}[J_{n+1}(\lambda_j c)]^2 \equiv N_{nj}$$

とおこう.

　以上の関係式から $0 \leq x \leq c$ で区分的連続で極大極小が有限個である実函数 $f(x)$ に対し

$$\varphi_{nj}(x) = \frac{J_n(\lambda_j x)}{\sqrt{N_{nj}}}$$

とおくとき

$$\int_0^c x\varphi_{nj}(x)\varphi_{nk}(x)\,dx = \begin{cases} 0 & (j \neq k), \\ 1 & (j = k) \end{cases}$$

付録 ベッセル函数, ルジャンドル函数

であるから
$$c_{nj} = \int_0^c x\varphi_{nj}(x)f(x)\,dx$$
とおけば

(付.4) $\quad \dfrac{1}{2}[f(x+0)+f(x-0)] = \sum\limits_{j=0}^{\infty} c_{nj}\varphi_{nj}(x) = \sum\limits_{j=0}^{\infty} A_j J_n(\lambda_j x);$

ここで
$$A_j = \frac{2}{c^2[J_{n+1}(\lambda_j c)]^2} \int_0^c x J_n(\lambda_j x) f(x)\,dx$$
が成立する. これを**フーリエ・ベッセル展開式**という.

ベッセル微分方程式
$$t^2 \frac{d^2 y}{dt^2} + t\frac{dy}{dt} + (t^2 - n^2)y = 0$$
で $t = \lambda x$ とおき λ を定数とすれば

(付.5) $\quad x^2 \dfrac{d^2}{dx^2} y(\lambda x) + x \dfrac{d}{dx} y(\lambda x) + (\lambda^2 x^2 - n^2) y(\lambda x) = 0$

となる. よって (付.5) の解は
$$y = C_1 J_n(\lambda x) + C_2 J_{-n}(\lambda x)$$
$$= C_1 J_n(\lambda x) + C_2 Y_n(\lambda x) \quad (n\text{ は整数})$$
となる.
$$\frac{d^2 y}{dx^2} + \frac{1}{x}\frac{dy}{dx} - \left(1 + \frac{n^2}{x^2}\right) y = 0$$
は

(付.6) $\quad x^2 \dfrac{d^2 y}{dx^2} + x \dfrac{dy}{dx} + (i^2 x^2 - n^2)y = 0$

となる. (付.6) は $J_n(ix)$ が解となる.
$$i^{-n} J_n(ix) \equiv I_n(x)$$
で表わし $I_n(x)$ を第一種 n 次変形ベッセル函数という.
$I_{-n}(x)$ も同様に定義されるが n が整数のときは普通
$$K_n(x) = \lim_{\nu \to n} \frac{\pi}{2} \frac{I_{-\nu}(x) - I_\nu(x)}{\sin \nu \pi} \quad (\nu \text{ は整数でない})$$

で定義される $K_n(x)$ を第二種 n 次変形ベッセル函数という．

(付.7) $$x^2\frac{d^2y}{dx^2}+x\frac{dy}{dx}+(-ix^2-n^2)y=0$$

の解は

$$y=C_1I_n(\pm\sqrt{i}\,x)+C_2K_n(\pm\sqrt{i}\,x).$$

普通には

$$y=C_1J_n(i^{3/2}x)+C_2K_n(i^{1/2}x).$$

n が正整数のとき実変数 x に対し $J_n(i^{3/2}x)$ を実部と虚部に分けて

$$J_n(i^{3/2}x)=\text{ber}_nx+i\,\text{bei}_nx$$

とおき，n 次の ber 函数，bei 函数という．

同様に

$$K_n(i^{1/2}x)=\text{ker}_nx+i\,\text{kei}_nx$$

とおき，n 次の ker 函数，kei 函数という．

偏微分方程式

(付.8) $$\frac{\partial u}{\partial t}=k\left(\frac{\partial^2 u}{\partial r^2}+\frac{1}{r}\frac{\partial u}{\partial r}\right) \quad (0\leq r<c,\ t>0)$$

を

(付.9) $\quad\quad\quad\quad u(c-0,t)=0 \quad (t>0),$

(付.10) $\quad\quad\quad\quad u(r,+0)=f(r) \quad (0<r<c)$

なる初期条件，境界条件のもとに解くためにフーリエ・ベッセル級数をつかう．ここに $f(r),f'(r)$ は $0<r<c$ で区分的連続で極大極小は有限個しかなく $\frac{1}{2}[f(r+0)+f(r-0)]$ を $f(r)$ と定義したものとする．

$$u(r,t)=R(r)T(t)$$

とおき（付.5）へ代入すれば

$$\frac{T'}{kT}=\frac{1}{R}\left(R''+\frac{R'}{r}\right)=-\lambda^2$$

とおき

$$rR''+R'+\lambda^2rR=0, \quad\quad T'+k\lambda^2T=0.$$

第一方程式は $J_0(\lambda c)=0$ の正根を $\lambda_j\ (j=1,2,\cdots)$ とすれば（付.9）を満足

する．このベッセル方程式の特解は $J_0(\lambda_j r)$ である．

第二方程式の特解は $e^{-k\lambda^2 t}$ であるから
$$u = J_0(\lambda_j r) e^{-k\lambda_j^2 t}.$$

（付.8），（付.9）を満足する解は
$$u(r,t) = \sum_{j=1}^{\infty} A_j J_0(\lambda_j r) e^{-k\lambda_j^2 t}.$$

もし
$$f(r) = \sum_{j=1}^{\infty} A_j J_0(\lambda_j x) \quad (0 \leqq r < c)$$

ならば（付.10）も満足される．そのためには
$$A_j = \frac{2}{c^2 [J_1(\lambda_j c)]^2} \int_0^c r f(r) J_0(\lambda_j r) \, dr \quad (j=1, 2, \cdots).$$

よって求める（付.8），（付.9），（付.10）の形式解は[1]
$$u(r,t) = \frac{2}{c^2} \sum_{j=1}^{\infty} \frac{J_0(\lambda_j r)}{[J_1(\lambda_j c)]^2} e^{-k\lambda_j^2 t} \int_0^c r' f(r') J_0(\lambda_j r') \, dr'.$$

ルジャンドル微分方程式

（付.11） $$(1-x^2)\frac{d^2 y}{dx^2} - 2x \frac{dy}{dx} + n(n+1) y = 0.$$

この微分方程式の特解は n が正整数のときは
$$P_n(x) = \frac{(2n-1)(2n-3)\cdots 1}{n!} \Big[x^n - \frac{n(n-1)}{2(2n-1)} x^{n-2} + \frac{n(n-1)(n-2)(n-3)}{2 \cdot 4 (2n-1)(2n-3)} x^{n-4} - \cdots \Big].$$

これは n が偶数のときは偶函数，奇数のときは奇函数で多項式である．

これを**ルジャンドル多項式**または**第一種帯球函数**という．

これと線型独立な解は $|x|<1$ で収束する．

n が偶数のとき
$$Q_n(x) = a_0 \Big[x - \frac{(n-1)(n+2)}{3!} x^3 + \frac{(n-1)(n-3)(n+2)(n+4)}{5!} x^5 - \cdots \Big].$$

n が奇数のとき

---

1) これが真の解であることも証明される．

$$Q_n(x) = a_1 \left[1 - \frac{n(n+1)}{2!} x^2 + \frac{n(n-2)(n+1)(n+3)}{4!} x^4 - \cdots \right],$$

$$a_1 = (-1)^{(n+1)/2} \frac{2 \cdot 4 \cdots (n-1)}{1 \cdot 3 \cdot 5 \cdots n}, \quad a_0 = (-1)^{n/2} \frac{2 \cdot 4 \cdots n}{1 \cdot 3 \cdot 5 \cdots (n-1)}.$$

$P_n(x)$ は $|x|<\infty$ で正則であるが $|x|>1$ に対しては $P_n(x)$ と線型独立な解は

$$Q_n(x) = \frac{n!}{1 \cdot 3 \cdot 5 \cdots (2n+1)} \left[\frac{1}{x^{n+1}} + \frac{(n+1)(n+2)}{2(2n+3)} \frac{1}{x^{n+3}} \right.$$
$$\left. + \frac{(n+1)(n+2)(n+3)(n+4)}{2 \cdot 4(2n+3)(2n+5)} \frac{1}{x^{n+5}} + \cdots \right].$$

これを**第二種帯球函数**という.

ルジャンドル多項式に関しては重要な性質が知られている.

$$P_n(x) = \frac{1}{2^n n!} \frac{d^n}{dx^n} (x^2-1)^n.$$

これをロードリグの公式という.

また

$$(1-2xt+t^2)^{-\frac{1}{2}} = \sum_{n=0}^{\infty} P_n(x) t^n.$$

この式で $x = \cos\theta = \dfrac{e^{i\theta}+e^{-i\theta}}{2}$ とおき t^n の係数をみると

$$P_n(\cos\theta) = \frac{1 \cdot 3 \cdots (2n-1)}{n! 2^{n-1}} \left[\cos n\theta + \frac{1 \cdot n}{1 \cdot (2n-1)} \cos(n-2)\theta \right.$$
$$\left. + \frac{1 \cdot 3 \cdot n(n-1)}{1 \cdot 2(2n-1)(2n-3)} \cos(n-4)\theta + \cdots + T_n \right].$$

T_n は n が奇数のときは $\cos\theta$ を含む項で n が偶数のときは定数である.

ルジャンドル多項式 $P_0(x), P_1(x), \cdots, P_n(x), \cdots$ は $-1 \leq x \leq 1$ で

$$\int_{-1}^{1} P_m(x) P_n(x) \, dx = \begin{cases} 0 & (m \neq n), \\ \dfrac{2}{2n+1} & (m=n). \end{cases}$$

$\varphi_n(x) = \sqrt{n+\dfrac{1}{2}} P_n(x)$ なる函数列は $-1 \leq x \leq 1$ で正規直交系をつくるから $-1 \leq x \leq 1$ で区分的連続, 極大極小が有限個しかない函数 $f(x)$ を展開す

付録　ベッセル函数，ルジャンドル函数

ることができる．$\frac{1}{2}[f(x+0)+f(x-0)]$ を $f(x)$ と書くと

$$a_n=\int_{-1}^{1}\varphi_n(x)f(x)\,dx=\sqrt{n+\frac{1}{2}}\int_{-1}^{1}f(x)P_n(x)\,dx \quad (n=0,1,2,\cdots)$$

とおけば

$$f(x)=\sum_{n=0}^{\infty}a_n\varphi_n(x)=\sum_{n=0}^{\infty}A_nP_n(x),\quad A_n=\frac{2n+1}{2}\int_{-1}^{1}f(t)P_n(t)\,dt.$$

偏微分方程式

(付.12) $$r\frac{\partial^2}{\partial r^2}(rV)+\frac{1}{\sin\theta}\frac{\partial}{\partial\theta}\left(\sin\theta\frac{\partial V}{\partial\theta}\right)=0$$

を境界条件

(付.13) $$\lim_{r\to c}V(r,\theta)=F(\theta)\quad(0\leq\theta\leq\pi),$$

(付.14) $$\lim_{r\to\infty}V(r,\theta)=0$$

のもとに解くため $V=R(r)\Theta(\theta)$ とおき（付.12）に代入する．

$$\frac{r}{R}\frac{d^2}{dr^2}(rR)=-\frac{1}{\Theta\sin\theta}\frac{d}{d\theta}\left(\sin\theta\frac{d\Theta}{d\theta}\right)=\lambda$$

とおくと

(付.15) $$r\frac{d^2}{dr^2}(rR)=\lambda R,$$

(付.16) $$\frac{1}{\sin\theta}\frac{d}{d\theta}\left(\frac{1-\cos^2\theta}{\sin\theta}\frac{d\Theta}{d\theta}\right)+\lambda\Theta=0.$$

（付.15）の方程式は

$$r^2R''+2rR'-\lambda R=0.$$

これはオイレル方程式であるから

$$R=Ar^{-\frac{1}{2}+\sqrt{\lambda+\frac{1}{4}}}+Br^{-\frac{1}{2}-\sqrt{\lambda+\frac{1}{4}}}.$$

$-\frac{1}{2}+\sqrt{\lambda+\frac{1}{4}}=n$ とおけば $\lambda=n(n+1)$ となり

$$R=Ar^n+\frac{B}{r^{n+1}}.$$

（付.16）は $x=\cos\theta$ とおけば

$$\frac{d}{dx}\left[(1-x^2)\frac{d\Theta}{dx}\right]+n(n+1)\Theta=0$$

となりルジャンドル方程式となる。n を $n=0,1,2,\cdots$ とすれば
$$\Theta(\theta)=P_n(x)=P_n(\cos\theta).$$
（付.12）の特解として $r^n P_n(\cos\theta)$, $r^{-(n+1)} P_n(\cos\theta)$.

$r<c$ に対して

（付.17） $$V(r,\theta)=\sum_{n=0}^{\infty} A_n r^n P_n(\cos\theta)$$

は（付.12）の解で

$$F(\theta)\equiv f(\cos\theta)=\sum_{n=0}^{\infty} A_n c^n P_n(\cos\theta)$$

なるように A_n が定まれば（付.13）も満足される。それには

$$A_n=\frac{1}{c^n}\frac{2n+1}{2}\int_0^{\pi} f(\cos\theta)P_n(\cos\theta)\sin\theta d\theta.$$

（付.17）は（付.12）の解で（付.13）を満足する。すなわち $r\leqq c$ に対し

（付.18） $$V(r,\theta)=\sum_{n=0}^{\infty}\frac{2n+1}{2}\frac{r^n}{c^n}P_n(\cos\theta)\int_{-1}^{1} f(x)P_n(x)dx$$

$$(r\leqq c,\ F(\theta)=f(\cos\theta)).$$

$r\geqq c$ に対しては第二の特解 $r^{-(n+1)}P_n(\cos\theta)$ を用いる。これは（付.14）を満足している。（付.13）を満足している（付.12）の解を

（付.19） $$V(r,\theta)=\sum_{n=0}^{\infty} B_n \frac{c^{n+1}}{r^{n+1}} P_n(\cos\theta)$$

の形におけば $r=c$ のとき右辺は

$$\sum_{n=0}^{\infty} B_n P_n(\cos\theta)=f(\cos\theta)$$

となるべきであるから

$$B_n=\frac{2n+1}{2}\int_{-1}^{1} f(x)P_n(x)dx$$

である。

（付.18），（付.19）が求める形式解である。これが真の解であることも証明せられる。

第2編　経済，経営方面への応用数学の手法
（オペレーションズ・リサーチ）

　オペレーションズ・リサーチとは経済，経営方面はもちろんあらゆる方面の仕事を科学的に処理しその成果の向上をはかる方法と考えられる．したがって非常な広範囲にわたって応用されるものであるが，たとえば経営方面についていえば調査または過去の経験からその重要なる要素を抽出し，その要素の状態を知るためにデーターを収集する．そしてそれらから検討すべき対象をモデル化してここにあらゆる数学的方法を応用してその行動の最適なる道を発見し，それによって行動を決定する．

　したがって個々の問題に対して最適なる方法を発見するには広い知識と経験とを必要とする．しかしそれに用いられる数学には当然いくつかの型があり，オペレーションズ・リサーチの手法とされている．ここではそれらの数学的手法を論じるのであって個々の具体的問題を考察するのではない．一般にその手法の応用ができるようになれば，本書の目的は達せられる．

第5章　ゲームの理論

§31. 純粋方策

　フォン-ノイマンによって 20 年ばかり前に体系づけられたゲームの理論は経済学の問題などにも応用をみようとしているが，ここにはその初歩的な部分につきゲームの問題として扱う．

　ここに扱うゲームは技量や駈引きが結果に及ぼす策略のゲームについてであって，全く偶然に支配されるゲーム，すなわち偶然性のゲームは確率論の扱うところでこれらとは趣を異にする．策略のゲームではその参加者たちが行動の結果得る利益，あるいは効用は数値で表わされるものとし，ここでは参加者がゲームの結果に応じてそれぞれ何円かを受け取り，あるいは支払うものと考える．結果いかんにかかわらずつねに参加者達の利得（損失は負の利得とする）

の総和が零であるゲームを**零和ゲーム**,そうでないものを**非零和ゲーム**という.またゲームの参加者の数に応じて2人ゲーム,3人ゲーム,…,n人ゲームと分類する.

ここではもっとも単純な零和2人ゲームについて論ずる.

例 1. AとBとがジャンケンをして勝てば1円貰い,負ければ1円支払うとし,勝負のないときは引分けで支払いをしないとすると次の表を得る.

A \ B	(1) 紙	(2) 石	(3) 鋏
(1) 紙	0	1	−1
(2) 石	−1	0	1
(3) 鋏	1	−1	0

ここで A, B がそれぞれ紙,石,鋏を出すことを(1),(2),(3)という手(方策)で表わした.

この表は A が(1),B が(2)の手をうてば A が B から1円貰うことを示すものである.B の方からいえば上の表の 0, 1, −1 を 0, −1, 1 と書き替えたものとなるが,零和ゲームであるということからそれぞれの和は常に零すなわち B の方の表はいつも A の方の表の正を負に,負を正にかえたものにすぎないので以下でも一方の方の表のみをかくことにする.

例 2. 次のようなゲームを考える.A は三つの方策 s_1, s_2, s_3 をもち B は二つの方策 t_1, t_2 をもつ.ゲームの規則はそれぞれの方策がとられたとき次表のような支払いが行なわれるものとする.

選ばれる方策	支払い方法
$s_1\ t_1$	AはBに2円を支払う
$s_1\ t_2$	BはAに2円を支払う
$s_2\ t_1$	AはBに1円を支払う
$s_2\ t_2$	BはAに3円を支払う
$s_3\ t_1$	BはAに1円を支払う
$s_3\ t_2$	BはAに2円を支払う

これを例1のような表で表わすと

§31. 純 粋 方 策

A \ B	t_1	t_2
s_1	-2	2
s_2	-1	3
s_3	1	2

　AもBも賢い競技者だとすればAはその利得を最大にする方策 s_2 をうつことはできない．なぜならばもしそうすればBは方策 t_1 をとるであろうからである．同様にBもその利得を最大にする方策 t_1 をとることはできない．一方Aが s_1, s_2, s_3 をとるときそれぞれの最悪の利得は $-2, -1, 1$ で，そのもっともよい場合は s_3 をとるときの1円の利益である．またBが t_1, t_2 をとるときそれぞれの最悪の利得は $-1, -3$ であってそのうちのもっともよい場合は t_1 をとるときの1円の損失である．したがって A, B はそれぞれ s_3, t_1 の方策をとることによりAは少なくとも1円の利得は確実にすることができBはAをして1円より多くの利得を得させないようにすることができる．このような方策 s_3, t_1 の組をゲームの**最適の方策**といい，その方策に対する値1円を**そのゲームの値**という．

　しかし次の例3のような表で表わされるゲームでは上のような最適の方策は存在しない．

例 3.

A \ B	t_1	t_2
s_1	10	-10
s_2	-10	10

　このゲームではAが s_1, s_2 の方策に対して最悪の利得はともに -10 であるが，Bの方も t_1, t_2 の方策に対し最悪の利得はともに -10 である．零和ゲームであるからもし例2のような最適の方策があるとすればAの利得が -10 である方策に対してBの利得も最悪の利得のうちのもっともよい場合の利得が 10 でなければならない．ところがBにとってはそれは明らかに -10 であって

一致しない．すなわちこのようなゲームでは最適の方策というものはあり得ない．それで一般に有限個の方策をもつ零和2人ゲームについて以下考えよう．一般の場合には次のような表で表わされる．a_{ij} の表を**清算行列**という．

	B	t_1	t_2	$\cdots$	t_n
A					
s_1		a_{11}	a_{12}	$\cdots$	a_{1n}
s_2		a_{21}	a_{22}	$\cdots$	a_{2n}
$\vdots$		$\cdots\cdots\cdots\cdots$			
		$\cdots\cdots\cdots\cdots$			
s_m		a_{m1}	a_{m2}	$\cdots$	a_{mn}

清算行列は数字の記号をつかって

$$\begin{bmatrix} a_{11} & a_{12} & \cdots & a_{1n} \\ a_{21} & a_{22} & \cdots & a_{2n} \\ \multicolumn{4}{c}{\cdots\cdots\cdots\cdots} \\ a_{m1} & a_{m2} & \cdots & a_{mn} \end{bmatrix}$$

と表わすこともある．

A の方策は m 個，B の方策は n 個でその一つ s_i, t_j に対して A は a_{ij} 円の利得があるものとする．

今 A が一つの方策 s_i をとれば A は i 行目の要素の最小すなわち $\min_{1 \leq j \leq n} a_{ij}$ だけの利得があることは確実である．ところが A は i を任意にえらぶことができるのであるから $\min_{1 \leq j \leq n} a_{ij}$ をできるだけ大きくなるように選ぶことができる．よって A は少なくとも $\max_{1 \leq i \leq m} \min_{1 \leq j \leq n} a_{ij}$ を得るような方策をえらぶことができる．同様に B の利得は上の要素の符号を変えたものであるから B は少なくとも $\max_{1 \leq j \leq n} \min_{1 \leq i \leq m} \{-a_{ij}\}$ を得るような方策をえらぶことができる．明らかに $\max_{1 \leq j \leq n} \min_{1 \leq i \leq m} \{-a_{ij}\} = -\min_{1 \leq j \leq n} \max_{1 \leq i \leq m} a_{ij}$．ところがそれらの量の間には一般に次の関係が成り立つ．

定理 31.1. $\quad \max_{1 \leq i \leq m} \min_{1 \leq j \leq n} a_{ij} \leq \min_{1 \leq j \leq n} \max_{1 \leq i \leq m} a_{ij}$.

証明. 任意の番号 i, j に関して最少，最大の定義から

$$\min_{1 \leq j \leq n} a_{ij} \leq a_{ij} \leq \max_{1 \leq i \leq m} a_{ij}.$$

この不等式の左辺は j については最小の値をとってしまっているから j には無関係である．よって右辺の j をいろいろかえることにより

$$\min_{1\leq j\leq n} a_{ij} \leq \min_{1\leq j\leq n} \max_{1\leq i\leq m} a_{ij}.$$

この不等式の右辺は i には無関係であるから左辺の i をいろいろかえることにより

$$\max_{1\leq i\leq m} \min_{1\leq j\leq n} a_{ij} \leq \min_{1\leq j\leq n} \max_{1\leq i\leq m} a_{ij}.$$

したがって上の一般のゲームにおいてもつねに

$$\max_{1\leq i\leq m} \min_{1\leq j\leq n} a_{ij} \leq \min_{1\leq j\leq n} \max_{1\leq i\leq m} a_{ij}$$

であるが次の二つの場合がある．

（1） $\quad\max\min a_{ij} = \min\max a_{ij},$

（2） $\quad\max\min a_{ij} < \min\max a_{ij}.$

（1）の場合においては例2でみたように $\max\min a_{ij}$ は A が s_i という方策をとったときの最悪の利得 $\min\limits_{1\leq j\leq n} a_{ij}$ のうちで，採りうる最善の利得 $\max\min a_{ij}$ に相当し，$\min\max a_{ij}$ は B が t_j という方策をとったときの最悪の利得 $\max a_{ij}$ のうちで採りうる最善の利得 $\min\max a_{ij}$ に相当する．

よって

$$\max\min a_{ij} = \min\max a_{ij} = v$$

とおけば v 円は A がそのゲームで少なくとも確保できる最高の金額であり B は A をしてそれ以上には確保できないような方策をうつことのできる金額である．そして v に等しくなる i, j の番号を i_0, j_0 とすれば s_{i_0}, t_{j_0} がそのゲームの最適の方策であり v がゲームの値である．

（2）の場合

$$\underline{v} = \max\min a_{ij} < \min\max a_{ij} = \overline{v}$$

においては例3のように最適の方策はあり得ない．A のとり得る最悪中の最善の利得 $\underline{v}$ を得る方策と B のそれに相当する $-\overline{v}$ を得る方策とが一致しないからゲームは一つの方策に落着くことができないはずである．

これらのように一般な零和2人ゲームでは，ある場合には最適の方策のある

ゲームであり，ある場合にはそのような方策のないゲームとなる．

注意． $\max \min a_{ij} = \min \max a_{ij}$ となるゲームにおいては

$$\min \max a_{ij} = \max a_{ij_0}, \quad \max \min a_{ij} = \min a_{i_0 j}$$

ならしめる j_0 と i_0 とが必ずあるから

$$\max a_{ij_0} = \min a_{i_0 j}.$$

ところが

$$\min a_{i_0 j} \leq a_{i_0 j_0}, \quad \max a_{ij_0} \geq a_{i_0 j_0}$$

であるからすぐ上の等式から

$$\max a_{ij_0} \leq a_{i_0 j_0}, \quad \min a_{i_0 j} \geq a_{i_0 j_0}.$$

よってすべての i に対して $a_{ij_0} \leq a_{i_0 j_0}$，すべての j に対し $a_{i_0 j_0} \leq a_{i_0 j}$ である．したがってこのような性質をもつ点 i_0, j_0 が必ず存在する（このような点を**鞍点**という）．逆に鞍点では $\max \min a_{ij} = \min \max a_{ij}$ である．鞍点 i_0, j_0 では $\max \min a_{ij}$ という性質と $\min \max a_{ij}$ という性質とを持ち $a_{i_0, j_0} = v$ である．s_{i_0}, t_{j_0} が最適の方策を与えることは明らかである．

鞍点は一つとは限らず二つ以上あることもある．しかしそこにおける a_{ij} の値はみな v に等しい．なんとなれば一つの清算行列では $\max \min a_{ij}$, $\min \max a_{ij}$ という値はただ一つずつしかなく，それが等しいのであるから鞍点における値はすべて v に等しい．しかし v に等しくなる a_{ij} の点 i, j はいつも鞍点とは限らない．そこでは $\max \min a_{ij}$ という性質，$\min \max a_{ij}$ という性質の一方しかもたぬこともあり，また両方の性質をもたないこともある．このような場合には i, j に相当する s_i, t_j なる方策は最適の方策にはなっていない．

ゲームが最適の方策のあるときそれをえらぶ方策を**純粋方策**という．それに対し最適の方策がない場合には一つの最良のプランはあり得ない．このとき各プレーヤーはかれの得ることのできる利益を最大化するかあるいは損失を最小化するための方策を考えねばならない．それでそれぞれが採る方策に確率を考え清算行列からの期待値を計算すると，最適の方策がえられることがわかる．このような方策を**混合方策**という．

最適の方策のあるゲームではゲームの値 v はゲームに固有の値である．もしやりなおしのきかぬゲームでは A は B の方策を探知したりまたは B のミスに乗じてさらに大きな利益をあげることはできるかもしれないが，やりなおしのできるゲームでは，やりなおしさえすれば A は結局 v より大きな利益はえられず最悪の場合でも v だけの利益はえられることが保証されているわけである．一方 B は最悪の場合でも v より多くの損失はなく，v だけの損失はやむ

を得ないことがわかる．

いま，最適の方策のないゲームすなわち $\underline{v} < \bar{v}$ なるゲームでは何回やりなおしをしてみても上のような結論には到達し得ないことがわかる．しかし2人零和ゲームでは次のような方法すなわち数多くゲームをやるとみて，その方策をとる確率を考えると v に相当するものがあることがわかる．つまり最適な方策として確率を考える数学的方法を採用するのである．

問 1. 次の清算行列をもつゲームで最適の方策およびゲームの値を求めよ．

A\B	T	U	V	W
P	2	−1	1	−1
Q	1	1	−1	2
R	2	1	3	2
S	−1	0	1	0

注意． 横の列の最小値が同時に縦の列の最大値になっているか否かをみればよい．

問 2. 清算行列で鞍点が一つより多い例をあげよ．鞍点の値を v とするとき v に等しい a_{ij} で (i,j) が鞍点とならぬ例をあげよ．（次の三例について考えよ．）

1	2	1
0	−4	−1
−1	3	−2

1	2	1
0	−4	−1
1	3	−2

2	2	1
0	−4	−1
1	3	−2

§32. 混 合 方 策

一般の零和2人ゲームでは最適の方策はあるとは限らないが A が方策 s_i をとる確率を x_i，B が方策 t_j をとる確率を y_j として清算行列から A, B の期待値を計算してみると期待値をゲームの値とするような最適の方策は必ず存在することが示される．

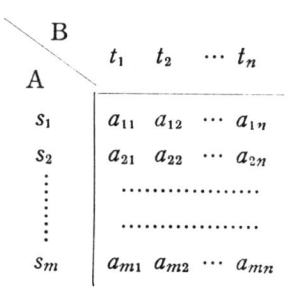

A\B	t_1	t_2	$\cdots$	t_n
s_1	a_{11}	a_{12}	$\cdots$	a_{1n}
s_2	a_{21}	a_{22}	$\cdots$	a_{2n}
$\vdots$	$\cdots$	$\cdots$		$\cdots$
s_m	a_{m1}	a_{m2}	$\cdots$	a_{mn}

なる清算行列で与えられた零和2人ゲームを考える．このとき m 個の実数 $(x_1, x_2, \cdots, x_m)$ ただし $x_1+x_2+\cdots+x_m=1$, $x_i \geqq 0$ $(i=1, 2, \cdots, m)$ をAに関する混合方策とよび，Aが方策 $s_1, s_2, \cdots, s_m$ を選ぶ確率が $x_1, x_2, \cdots, x_m$ であるとする．同様に B に関する混合方策は n 個の実数 $(y_1, y_2, \cdots, y_n)$ ただし $y_1+y_2+\cdots+y_n=1$, $y_j \geqq 0$ $(j=1, 2, \cdots, n)$ である．$(x_1, x_2, \cdots, x_m)$, $(y_1, y_2, \cdots, y_n)$ は x を変化させ y の値を変化させることにより無限に多くの組を考えられるがその全体をそれぞれ S_m, T_n と表わすことにする．そして一つの組 $(x_1, x_2, \cdots, x_m)$, $(y_1, y_2, \cdots, y_n)$ をそれぞれ X, Y で表わす．

そうすると純粋方策 s_i, t_j は $x_i=1$, $x_k=0$ $(k \neq i)$, $y_j=1$, $y_l=0$ $(l \neq j)$ となり混合方策の特別の場合であることがわかる．

今 A, B の混合方策をそれぞれ X, Y とするとき A の数学的期待値は

$$E(X, Y) = \sum_{j=1}^{n} \sum_{i=1}^{m} a_{ij} x_i y_j$$

で与えられる．

定理 32.1. 上の混合方策においては $\max \min E(X, Y), \min \max E(X, Y)$ がともに存在してつねに

$$\max \min E(X, Y) = \min \max E(X, Y).$$

これはフォン-ノイマンによって得られたものであるが証明は本書の程度を超えるので省略する．[1]

この定理により混合方策においては純粋方策の場合と異なって常に最適の混合方策が存在することがわかる．純粋方策のときの注意と全く同様にして $\max \min E(X, Y) = \min \max E(X, Y) = V$ とおくとき $V = E(X_0, Y_0)$ となる混合方策 X_0, Y_0 が存在してすべての $X \in S_m$，すべての $Y \in T_n$ に対して

$$E(X, Y_0) \leqq E(X_0, Y_0) \leqq E(X_0, Y)$$

となるものがある．混合方策 X_0, Y_0 を最適の混合方策といい V をゲームの値という．すなわち A は方策 X_0 をとることによりBが何をえらぶとも少なくとも $E(X_0, Y_0)$ を得ることが期待でき，他方 B は方策 Y_0 をとることによ

---

[1] J. von Neumann, O. Morgenstern, Theory of Games and Economic Behavior*; J. Mckinsey, Introduction to the Theory of Games*.

り A が $E(X_0, Y_0)$ より多くを期待することができないようになし得る.

混合方策においてその最適方策を求める方法を説明する. これにはもっとも一般な方法として行列を使う方法[1] が知られているが, ここでは初等的に不等式を解く方法を説明する.

$x_i=1$, $x_k=0$ $(k \neq i)$ なる方策を X_i, $y_j=1$, $y_l=0$ $(l \neq j)$ なる方策を Y_j とすると

$$E(X_i, Y) = \sum_{j=1}^{n} a_{ij} y_j,$$

$$E(X, Y_j) = \sum_{i=1}^{m} a_{ij} x_i.$$

また

$$E(X, Y) = \sum_{i=1}^{m} E(X_i, Y) x_i = \sum_{j=1}^{n} E(X, Y_j) y_j.$$

定理 32.2. $E(X_0, Y_0)$ がゲームの値となり X_0, Y_0 がそれぞれ A, B に関する最適の方策であるための必要十分な条件はすべての $1 \leq i \leq m$, $1 \leq j \leq n$ に対して $E(X_i, Y_0) \leq V \leq E(X_0, Y_j)$ となることである.

証明. 条件が必要であることは, 混合方策において特別の組として X を X_i, Y を Y_j とすれば明らかである.

次に十分であることは, もしこの条件が満たされたとすると S_m の任意の要素 X に対して

$$\sum_{i=1}^{m} E(X_i, Y_0) x_i \leq \sum_{i=1}^{m} V x_i = V.$$

よって $\qquad E(X, Y_0) \leq V.$

同様に T_n の任意の要素 Y に対して

$$V \leq E(X_0, Y).$$

よって $E(X_0, Y_0) \leq V \leq E(X_0, Y_0)$ すなわち $V = E(X_0, Y_0)$.

ゆえに

$$E(X, Y_0) \leq E(X_0, Y_0) \leq E(X_0, Y).$$

定理 32.3. X_0, Y_0 をそれぞれ A, B に関する最適の混合方策とするとき

---

[1] J. McKinsey, Introduction to the Theory of Games*, p.59 以後.

$E(X_i, Y_0) < V$ となるような番号 i については最適方策 X_0 の i 番目の要素 $x_{0i} = 0$ となり $V < E(X_0, Y_j)$ となるような番号 j については最適方策 Y_0 の j 番目の要素 $y_{0j} = 0$ となる.

証明. 帰謬法による. いま $E(X_h, Y_0) < V$ なる X_h に対し最適方策 X_0 の h 番目の要素を $x_{0h} \neq 0$ とすると, $E(X_h, Y_0) x_{0h} < V x_{0h}$. また $k = 1, 2, \cdots, h-1, h+1, \cdots, m$ に関しては $E(X_k, Y_0) \leq V$.

ゆえに $\qquad E(X_k, Y_0) x_{0k} \leq V x_{0k}$.

したがって
$$\sum_{i=1}^{m} E(X_i, Y_0) x_{0i} < \sum_{i=1}^{m} V x_{0i} = V.$$

すなわち $E(X_0, Y_0) < V$ となって矛盾する. ゆえに $E(X_k, Y_0) < V$ ならば $x_{0k} = 0$. 同様にして y_{0k} についてもいえる.

上の二つの定理を用いて最適の混合方策を求める方法を示す.

例 1. 清算行列が次のような零和 2 人ゲームを考える.

A＼B	t_1	t_2
s_1	-3	7
s_2	6	1

このゲームには鞍点はないから純粋方策には最適のものがない. それで混合方策 $x_1 + x_2 = 1$, $x_1 \geq 0$, $x_2 \geq 0$, $y_1 + y_2 = 1$, $y_1 \geq 0$, $y_2 \geq 0$ を考える. 期待値は
$$E(X, Y) = -3 x_1 y_1 + 7 x_1 y_2 + 6 x_2 y_1 + x_2 y_2.$$

ゲームの値を V とするとき定理 32.2 により最適の混合方策を与える x, y は次の式を満足することが必要で十分である:

$$x_1 + x_2 = 1, \quad x_1 \geq 0, \quad x_2 \geq 0, \quad y_1 + y_2 = 1, \quad y_1 \geq 0, \quad y_2 \geq 0,$$
$$-3 x_1 + 6 x_2 \geq V,$$
$$7 x_1 + x_2 \geq V,$$
$$-3 y_1 + 7 y_2 \leq V,$$
$$6 y_1 + y_2 \leq V.$$

定理から V は必ず存在してただ一つであることがわかるから, まずそれをみ

§32. 混合方策

つけることができればよい．それで最後の四つの式の不等号と等号とのあらゆる組合せでできる $2^4=16$ 通りの式を解けば必ず解が得られるはずであるが，まず簡単な場合として全部が等号である場合を求めてみよう．

$$-3x_1+6x_2=V, \quad 7x_1+x_2=V, \quad -3y_1+7y_2=V, \quad 6y_1+y_2=V.$$

未知数は x_1, x_2, y_1, y_2, V の五つに対し満足すべき式は六つあるが，まず上の五つの式から解くと

$$x_1=\frac{1}{3}, \quad x_2=\frac{2}{3}, \quad V=3, \quad y_1=\frac{2}{5}, \quad y_2=\frac{3}{5}.$$

これは第六式をも満足するし $x_1\geqq 0,\ x_2\geqq 0,\ y_1\geqq 0,\ y_2\geqq 0$ をも満足するから求める解である．

よって最適の混合方策は $\left(x_1=\dfrac{1}{3},\ x_2=\dfrac{2}{3}\right),\ \left(y_1=\dfrac{2}{5},\ y_2=\dfrac{3}{5}\right)$ であってゲームの値は $V=3$ となる．

例 2. 清算行列が次の零和 2 人ゲーム

A \ B	t_1	t_2	t_3
s_1	$+3$	-2	4
s_2	-1	4	2
s_3	2	2	6

例 1 と同様に

$$x_1+x_2+x_3=1, \quad x_1\geqq 0,\ x_2\geqq 0,\ x_3\geqq 0,$$
$$y_1+y_2+y_3=1, \quad y_1\geqq 0,\ y_2\geqq 0,\ y_3\geqq 0,$$
$$3x_1-x_2+2x_3\geqq V, \quad 3y_1-2y_2+4y_3\leqq V,$$
$$-2x_1+4x_2+2x_3\geqq V, \quad -y_1+4y_2+2y_3\leqq V,$$
$$4x_1+2x_2+6x_3\geqq V, \quad 2y_1+2y_2+6y_3\leqq V.$$

この場合は全部を等号の式として

$$3x_1-x_2+2x_3=V, \quad 3y_1-2y_2+4y_3=V,$$
$$-2x_1+4x_2+2x_3=V, \quad -y_1+4y_2+2y_3=V,$$
$$4x_1+2x_2+6x_3=V, \quad 2y_1+2y_2+6y_3=V$$

として解くと $x_1=x_2=1,\ x_3=-1$ がでて条件を満たさないからこれからは解

が求められない.

そこで

$$3x_1-x_2+2x_3 > V, \qquad 3y_1-2y_2+4y_3 = V,$$
$$-2x_1+4x_2+2x_3 = V, \qquad -y_1+4y_2+2y_3 = V,$$
$$4x_1+2x_2+6x_3 = V, \qquad 2y_1+2y_2+6y_3 = V$$

なる場合を考えると $3x_1-x_2+2x_3 > V$ であるから定理 32.3 により $y_1=0$ でなければならない. ところが $y_1=0$ とすると $-2y_2+4y_3=V$, $4y_2+2y_3=V$, $2y_2+6y_3=V$, $y_2+y_3=1$ は同時には成立しない. よって他の場合を考えねばならない. しかし定理によって存在することが保証されているのであるから手数でも上のような方法を順次しらべていくと必ず解が得られるはずである. この場合は次の

$$3x_1-x_2+2x_3 = V, \qquad 3y_1-2y_2+4y_3 < V,$$
$$-2x_1+4x_2+2x_3 = V, \qquad -y_1+4y_2+2y_3 = V,$$
$$4x_1+2x_2+6x_3 > V, \qquad 2y_1+2y_2+6y_3 = V$$

なる場合に解を求めることができる. すなわちこのときは定理 32.3 から $x_1=0$, $y_3=0$. よって

$$-x_2+2x_3 = V, \qquad -y_1+4y_2 = V,$$
$$4x_2+2x_3 = V, \qquad 2y_1+2y_2 = V,$$
$$x_2+x_3 = 1, \qquad y_1+y_2 = 1$$

を解けばよく $x_2=0$, $x_3=1$, $y_1=\dfrac{2}{5}$, $y_2=\dfrac{3}{5}$, $V=2$.

A, B の最適の方策は $(0, 0, 1)$, $\left(\dfrac{2}{5}, \dfrac{3}{5}, 0\right)$ でゲームの値は 2 であることがわかる.

以上で零和 2 人ゲームを解く方法を述べたがこれは方策の数が増加すると大そうな手数を要する.

次に零和 2 人ゲームの解法は次章に述べる線型計画法の解法に帰し得ることを示そう.

清算行列が一般に $m \times n$ の場合にも全く同様であるから 3×2 の清算行列

§32. 混合方策

$$\begin{bmatrix} a_{11} & a_{12} \\ a_{21} & a_{22} \\ a_{31} & a_{32} \end{bmatrix}$$

について証明しよう. このゲームの値は V とする. (y_1, y_2) を B の, (x_1, x_2, x_3) を A のそれぞれ最適方策とする.

V は y_1, y_2 ($y_1 + y_2 = 1$, $y_1 \geq 0$, $y_2 \geq 0$) に対し

(32.1)
$$a_{11}y_1 + a_{12}y_2 \leq z,$$
$$a_{21}y_1 + a_{22}y_2 \leq z,$$
$$a_{31}y_1 + a_{32}y_2 \leq z$$

を満足する z の値の最小値である.

定理 32.1 により一つの方策 (y_1, y_2) は z を V でおきかえるとき y_1, y_2 が (32.1) を満足するとき, かつそのときに限って B の最適の方策となる.

そして y_1, y_2, z は

(32.2)
$$a_{11}y_1 + a_{12}y_2 + z_1 = z,$$
$$a_{21}y_1 + a_{22}y_2 + z_2 = z,$$
$$a_{31}y_1 + a_{32}y_2 + z_3 = z$$

を y_1, y_2, z_1, z_2, z_3 (ただし $z_1 \geq 0$, $z_2 \geq 0$, $z_3 \geq 0$) が満足するときかつそのときに限って (32.2) を満足する.

(32.2) はさらに次の (32.3) と同値である.

(32.3)
$$z = a_{11}y_1 + a_{12}y_2 + z_1,$$
$$(a_{21} - a_{11})y_1 + (a_{22} - a_{12})y_2 + z_2 - z_1 = 0,$$
$$(a_{31} - a_{11})y_1 + (a_{32} - a_{12})y_2 + z_3 - z_1 = 0.$$

かくて

(32.4)
$$z = a_{11}y_1 + a_{12}y_2 + z_1,$$
$$(a_{21} - a_{11})y_1 + (a_{22} - a_{12})y_2 + z_2 - z_1 = 0,$$
$$(a_{31} - a_{11})y_1 + (a_{32} - a_{12})y_2 + z_3 - z_1 = 0,$$
$$y_1 + y_2 = 1, \quad y_1 \geq 0, \quad y_2 \geq 0,$$
$$z_1 \geq 0, \quad z_2 \geq 0, \quad z_3 \geq 0$$

を考えると V はある数の組 y_1, y_2, z_1, z_2, z_3 に対し (32.4) が満足されるよう

な z の値の最小値となることがわかる．いいかえれば方策 (y_1, y_2) は z を V でおきかえたところの式 (32.4) を y_1, y_2, z_1, z_2, z_3 が満足するときかつそのときに限って B の最適の方策となる．

かくて B の最適方策およびゲームの値を見いだす方法は，(32.4) の下の八式を満足する y_1, y_2, z_1, z_2, z_3 の値で $z = a_{11}y_1 + a_{12}y_2 + z_1$ を最小にするものを見いだすことに帰着した．後者の方法が次章に述べる線型計画法にほかならない．

全く同様に A に対する最適方策をみつける問題もある条件下で，ある量を最大にする線型計画法の問題に帰着する．

すなわち零和2人ゲームの解法は次のような線型計画法の一種に帰着する．

$$z = p_1 u_1 + \cdots + p_n u_n,$$
$$a_{11} u_1 + \cdots + a_{1n} u_n \geqq b_1,$$
$$\cdots\cdots\cdots\cdots\cdots\cdots\cdots\cdots\cdots,$$
$$a_{m1} u_1 + \cdots + a_{mn} u_n \geqq b_m,$$
$$u_1 \geqq 0,$$
$$\cdots\cdots\cdots,$$
$$u_n \geqq 0.$$

上の場合では $n = 5, u_1 = y_1, u_2 = y_2, u_3 = z_1, u_4 = z_2, u_5 = z_3,$ である．

問 1. 清算行列が

B A	t_1	t_2	t_3
s_1	2	-2	3
s_2	-3	5	-1

なる零和2人ゲームの方策を求めよ．

注意．例1，例2にならった方法で解けるが
$$x_1 + x_2 = 1, \quad y_1 + y_2 + y_3 = 1$$
なる確率の関係式と
$$2x_1 - 3x_2 \geqq V, \quad -2x_1 + 5x_2 \geqq V, \quad 3x_1 - x_2 \geqq V,$$
$$2y_1 - 2y_2 + 3y_3 \leqq V, \quad -3y_1 + 5y_2 - y_3 \geqq V$$
とで x の関係するものだけから x_2 を消去すると V と x_1 との領域の関係となり，V をできるだけ大きくするという方針から $x_1 = \dfrac{2}{3}$ が求められ，$x_2, y_3 = 0, y_1, y_2$ が求められる：

§32. 混合方策

$$x_1=\frac{2}{3},\quad x_2=\frac{1}{3},\quad y_1=\frac{7}{12},\quad y_2=\frac{5}{12},\quad y_3=0,\quad V=\frac{1}{3}.$$

問 2. 清算行列

$$\begin{bmatrix} -2 & -4 \\ -1 & 3 \\ 1 & 2 \end{bmatrix}$$

なる零和2人ゲームの方策を求めよ.

注意. 鞍点があるから純粋方策でよいが混合方策として考えると全部を等式としたのでは条件に矛盾がでる. 一部を不等式とすることによって解がえられるが, どれを不等式とするかはいろいろやってみるより方法がない. しかしこの場合には純粋方策で解けるのであるから $y_2=0$, $x_1=0$, $x_2=0$ となるように不等式をえらべばよいにちがいないことがわかる. 定理 32.3 を参照すれば明らかであろう.

解は $x_1=0$, $x_2=0$, $x_3=1$, $y_1=1$, $y_2=0$, $V=1$.

問 3. 清算行列が

$$\begin{bmatrix} 2 & 4 & 0 \\ 1 & 0 & 4 \end{bmatrix}$$

なる零和2人ゲームの方策を求めよ.

$$x_1=\frac{3}{5},\quad x_2=\frac{2}{5},\quad y_1=\frac{4}{5},\quad y_2=0,\quad y_3=\frac{1}{5},\quad V=\frac{8}{5}.$$

本章のゲームでは方策は有限個しかなかったが応用上では方策が無限にある場合も考えられる. 例えば A の方策は区間 $0 \leq x \leq 1$ の一つの x をえらぶことで B の方策も区間 $0 \leq y \leq 1$ の一つの y をえらぶとする. A, B の選択がそれぞれ一組の x, y のとき A の利益, すなわち B の損失を $f(x, y)$ とする.

この場合もある数の組 x_0, y_0 が存在して

$$f(x, y_0) \leq f(x_0, y_0) \leq f(x_0, y)$$

が成り立つとき (x_0, y_0) は鞍点であって x_0, y_0 をそれぞれ A, B の最適方策といい $f(x_0, y_0)$ がゲームの値である. もし鞍点が存在しないときは混合方策を考える. 混合方策は区間 $0 \leq x \leq 1$ 内の各数に確率が対応するわけで確率分布函数で表わされる. A, B の混合方策がそれぞれ $X(x), Y(y)$ ならば A の利益, B の損失の期待値は

$$E(X(x), Y(y)) = \int_0^1 \int_0^1 f(x, y)\, dX(x)\, dY(y).$$

この場合は最適の混合方策の存在しないこともあり得る.

しかし $f(x, y)$ が連続ならばゲームの最適方策があることが証明されてい

$$\max_X \min_Y E(X(x), Y(y)) = \min_X \max_Y E(X(x), Y(y)) = V$$

であり，

$$E(X(x), Y_0(y)) \leq E(X_0(x), Y_0(y)) \leq E(X_0(x), Y(y))$$

が成り立つ $X_0(x), Y_0(y)$ が存在する(McKinsey の書物* 参照).

3人以上のゲーム，あるいは零和とならないゲームもいろいろ研究されているが確定的な理論はいまだあまりない．

注意. 本章は C. W. Churchman, R. L. Ackoff, E. L. Arnoff, Introduction to Operations Research*; 森口繁一他四名共訳，オペレーションズ・リサーチ，下巻* などを参考としているがさらに進んで研究したい読者は J. C. C. McKinsey, Introduction to the Theory of Game*; J. von Neumann and O. Morgenstern, Theory of Games and Economic Behavior* などを参照されたい．

第6章 線型計画法
（リニヤー・プログラミング）

§33. 簡単な例

二種類の原料 a, b を混合して三種類の製品 A, B, C を製造している工場があるとする.

製品 A, B, C をつくるための原料 a, b の混合率の規格は

	混合率規格	
	a	b
A	55%	45%
B	75%	25%
C	30%	70%

A, B, C の単位当り売価はそれぞれ 70 円, 85 円, 55 円であって, 原料 a, b には一日当り使用制限量があり a, b はそれぞれ一日 1000 単位, 600 単位までしか使用できないとする. そして a, b の単位当りの購入価格はそれぞれ 60 円, 40 円であるとする. 設備その他の関係でこの工場では一日 A, B, C を合わせてちょうど 1500 単位ずつ生産するものとする. そのとき一日当り A, B, C を何単位ずつ生産すれば利潤が最大となるかという問題を考えよう. もちろんこれはモデルであるから実際問題に関連した複雑な事情はすべて省略されているものとする.

A, B, C の一日当りの生産量をそれぞれ x_1, x_2, x_3 単位とすれば一日の生産量, 原料 a, b の使用制限から次の式が導かれる:

$$x_1 \geqq 0, \quad x_2 \geqq 0, \quad x_3 \geqq 0,$$

$$x_1 + x_2 + x_3 = 1500,$$

$$\frac{55}{100}x_1 + \frac{75}{100}x_2 + \frac{30}{100}x_3 \leqq 1000,$$

$$\frac{45}{100}x_1 + \frac{25}{100}x_2 + \frac{70}{100}x_3 \leqq 600.$$

利潤 X は

$$X = 70x_1 + 85x_2 + 55x_3 - 60\left(\frac{55}{100}x_1 + \frac{75}{100}x_2 + \frac{30}{100}x_3\right)$$
$$- 40\left(\frac{45}{100}x_1 + \frac{25}{100}x_2 + \frac{70}{100}x_3\right)$$
$$= 19x_1 + 30x_2 + 9x_3.$$

第一式から x_3 を消去すると,

(33.1)
$$X = 10x_1 + 21x_2 + 13500,$$
$$25x_1 + 45x_2 \leqq 55000,$$
$$25x_1 + 45x_2 \geqq 45000.$$

(33.1) の三式のうち下の二つの不等式を満足して X の値を最大にする x_1, x_2 を求めればよいことになる.

x_1, x_2 を変数と考えると $25x_1 + 45x_2 = 55000$ と $25x_1 + 45x_2 = 45000$ は二直線となり (33.1) を満足するのは斜線をひいた領域である. よってこの領域の境界の点をとおる $10x_1 + 21x_2 = X - 13500$ なる直線が X の最大値を与えるはずであるから次のような簡単な作図で解が求められる.

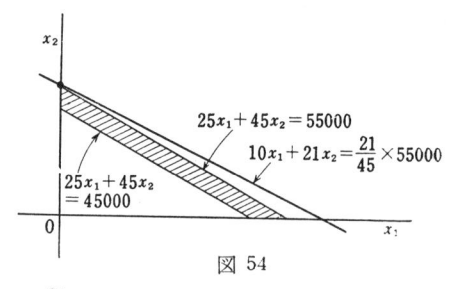

図 54

求める X は $X = \frac{21}{45} \times 55000 + 13500 = 39166.66$ 円.

$$x_1 = 0, \quad x_2 = 1222.22\cdots, \quad x_3 = 277.7\cdots.$$

使用制限量の僅少の超過がゆるされるならば生産は B を $x_2 = 1223$, C を $x_3 = 277$ 単位つくることにあるが, もし超過がゆるされなければ B を $x_2 = 1222$, C を $x_3 = 278$ が求める答となる. これでみると原料 a は使用制限ぎりぎりまで使用されているが原料 b の方は余裕が生じている. 単位当り一番利潤の少ないのはCであるにもかかわらず使用量の制限のため生産しないのは A である

ことなどからみて，これらの問題は変量が多くなると決して常識では解決つかないことがわかる．

なお上の第一式から x_2 を消去すれば
$$20x_1+45x_3 \geqq 12500,$$
$$20x_1+45x_3 \leqq 22500.$$

$X=45000-11x_1-21x_3$ となり X を最大にするためには $11x_1+21x_3-45000$ を最小にすればよいから前と同様にして $x_1=0$, $x_3=277.7\cdots$ となる．

しかし第一式から x_1 を消去すると
$$20x_2-25x_3 \leqq 17500,$$
$$20x_2-25x_3 \geqq 7500.$$

$X=28500+11x_2-10x_3$ となってこれだけからは X を最大にする x_2, x_3 は求め得ない．しかしこの場合は x_1 を消去したとき
$$x_1=1500-(x_2+x_3)\geqq 0$$

でなければならないから上の条件のほかに $1500 \geqq x_2+x_3$ がつけ加わっているはずである．

三つの不等式から X を最大にする x_2, x_3 が定まって前の結果と同じになる．はじめ x_2, x_3 を消去したときは $x_2\geqq 0$, $x_3\geqq 0$ の条件は当然満足されたことになっていたのである．

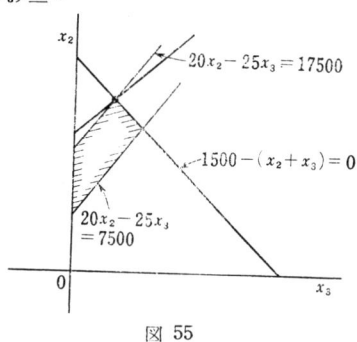

図 55

問 1. a, b 二食品があり，a は 400 グラムにつき 150 カロリー，脂肪 15 単位，300 円とし，b は 400 グラムにつき 200 カロリー，脂肪 5 単位，500 円とする．医師の勧告により 1 食ごとに少なくともこれらの食品から 200 カロリーを摂取しなければならないが脂肪は 14 単位までしか許されないとする．上の勧告にしたがい a, b 食品をそれぞれ x, y グラム摂取して，支払う金額を最小にするには x, y をいかにすればよいか．
$$x=133.5 \text{ グラム}, \quad y=355.5 \text{ グラム}.$$

問 2. ある軽電機会社でつくる製品のうちラジオとテレビの二種の製品だけについて考えるものとする．各製品 1 個当たりの生産に必要な機械工場，電気部品工場，組立工場の作業量，外注資金の量およびそれら 1 個の生産，販売によって得られる利益，各工場の月間能力および使用可能な外注資金の枠が次表のように与えられているものとする．

これらの条件下で，ラジオ，テレビおのおのをいくらずつ生産するのがもっとも有利か．

単位	ラジオ	テレビ	月間能力
機械工場	man hour	1	2	5,800
電気部品工場	〃	2	8	13,600
組立工場	〃	0.5	5	5,800
外注資金	1,000 円	0	6	6,000
利益	1,000 円	1.8	12	

最適計画：ラジオ 3600 台，テレビ 800 台，利益 16,080,000 円.[1]

§34. 輸送問題

輸送の問題といわれるものは次のようなものである．

たとえば生産工場と販売所との間の輸送費用を最小にする場合の例をあげる．

工場が F_1, F_2, F_3 の三個所，販売所が G_1, G_2, G_3, G_4, G_5 の五個所あって，F_1, F_2, F_3 の生産量がそれぞれ 20, 16, 8 に比例し，G_1, G_2, G_3, G_4, G_5 における販売量がそれぞれ 10, 9, 12, 5, 8 に比例するとする．工場 F_i から販売所 G_j に製品 1 単位輸送する費用が c_{ij} であるとする；c_{ij} の数字は次表のようであるとする．

表 1

販売所 工場	G_1	G_2	G_3	G_4	G_5	生産量
F_1	8	16	9	12	20	$20k$
F_2	10	6	10	16	3	$16k$
F_3	12	9	16	6	10	$8k$
販売量	$10k$	$9k$	$12k$	$5k$	$8k$	$44k$

k は比例定数である．

生産工場と販売所との間の輸送費用を最小にするということは次の条件式を満足する $x_{ij}, i=1,2,3 ; j=1,2,3,4,5$ を求めることである．x_{ij} は F_i から

---

1) 渡辺浩，リニヤプログラミング，経営数学叢書*．

§34. 輸 送 問 題

G_j へ輸送する量を表わす.

$$\sum_{i=1}^{3} x_{ij} = s_j \quad (j=1,2,3,4,5),$$

$$\sum_{j=1}^{5} x_{ij} = t_i \quad (i=1,2,3), \quad ただし \sum_{j=1}^{5} s_j = \sum_{i=1}^{3} t_i,$$

$$s_j \geqq 0, \quad t_i \geqq 0, \quad x_{ij} \geqq 0 \quad (i=1,2,3; \; j=1,2,3,4,5);$$

$$g = \sum_{i,j} c_{ij} x_{ij} \text{ を最小にすること}.$$

前頁の表において比例定数 k で割ったものをあらためて x_{ij} とおけばよいから(あるいは k を 1 と考えても同じ)以下そのようにおく.

この場合は方程式の数は 8 で,未知数は 15 あるから適当に消去しても前の問題のようには求められない.輸送の問題に対しては簡単な方法があって F_1, $F_2, \cdots, F_m, G_1, G_2, \cdots, G_n$ なる一般の場合にもあてはまる方法があるのでここではその方法を上の $i=1,2,3; \; j=1,2,3,4,5$ の場合について述べよう(一般の場合も全く同様にできる).

まず g を最小にするという条件だけを除いたほかの条件をすべて満足する解(x_{ij} は整数)を求める.

その一つの方法はまず左肩上から順次に生産量と販売量とをみあわせて少ない方をみたしてしまうように左肩上から右へ輸送量を配列しそれが終ったら,次にそのところで上から下へと配列しふたたび左から右へ,上から下へと配列していく.この方法は縦横の小な方の数値を左肩上から順次に上の手続で配置するのであるから $\sum s_j = \sum t_i$ が満足されていればいかなる場合でも常に可能である.

上例の場合は下の表のようにすればよいことは明らかであろう.

表 2

	G_1	G_2	G_3	G_4	G_5	
F_1	⑩	⑨	①			20
F_2			⑪	⑤	⓪	16
F_3					⑧	8
	10	9	12	5	8	44

すなわち $x_{11}=10$, $x_{12}=9$, $x_{13}=1$, $x_{23}=11$, $x_{24}=5$, $x_{35}=8$, ほかはすべて零. これが条件を満足することは明らかで，i, j がいくつあっても全く同様にして一組の解が求められる.

しかしこのとき g の値は
$$g = 8\times10+16\times9+9\times1+10\times11+16\times5+10\times8 = 503.$$

さてそれらの解が総輸送費用を最小にしているか否かはわからないので，今度は上にえられた解について次の方法で総輸送費用を減少させていく.

いま輸送量を配置した $(1,1)$, $(1,2)$, $(1,3)$, $(2,3)$, $(2,4)$, $(2,5)$, $(3,5)$ の中同志だけで数値を変えることは縦横の計が合わなくなってしまうのでできないから，ほかの輸送方法を考えようとすれば上の○のついている場所以外のところへ輸送量を移さねばならない．それでたとえば $(3,2)$ へ a だけ移すとすれば $(1,2)$ は a だけ減じ，$(3,5)$ も a だけ減ぜねばならない．したがって $(2,5)$, $(1,3)$ は a だけ増し，したがって $(2,3)$ は a だけ減ぜねばならない．そのときの輸送費用の変化は
$$-10a+3a-10a+9a-16a+9a$$
だけである．これは一単位移すと費用に $-10+3-10+9-16+9=-15$ の変化があることになる.

このことから表1と表2とをみて次の表3をつくる.

そのつくり方はたとえば $(3,2)$ へ書きこむ数値は，まずそれから横をみて上または下に○のあるもっとも近い⑧へいき，次に横に○のある上または下の⓪へいく．次に縦に○のある⑪へいき①へいき⑨へいく．次に $(3,2)$ へかえる．その際標示した○の位置の輸送費用につき順次−，＋の符号をつけて和を計算してその数値(正または負)を $(3,2)$ のところへ書き入れる．今の場合は明らかに $-10+3-10+9-16+9=-15$.

また $(3,3)$ ならば⑧から⓪へ次に⑪へ次に $(3,3)$ へかえる．このときは
$$-10+3-10+16=-1.$$

$(3,1)$ ならば⑧, ⓪, ⑪, ①, ⑩から $(3,1)$ へかえり
$$-10+3-10+9-8+12=-4.$$

$(1,4)$ ならば①, ⑪, ⑤から $(1,4)$ へかえり

§34. 輸送問題

$$-9+10-16+12=-3.$$

かようにしてできる表3は

表 3

				-3	18	
	1	-11				
	-4	-15	-1	-17		

表2の○は左肩上から右下まで順次並んでいるから表3に書きこむ数値を求めることは常に可能である．

上の説明からわかるように○のない所へ輸送量 a を移したならば，総輸送費用がそこの数値の a 倍だけ増減することになる．よって負で絶対値のもっとも大きなところ(この場合は $(3,4)$) へできるだけ大きな数量を，縦または横から $(3,4)$ のところ)の数値を計算した○のところから移す．すなわち奇数番目で負号をつけた位置の縦か横かの数を移すのであるが，そのとき小さな方の数を移す．大きな方を移すと縦横の合計があわなくなる．この場合は上の5を $(3,4)$ へ移す．$i=3$ が5増したから⑧を3にして5を⑧の上へ移すと表4ができる．

表 4

	⑩	⑨	①			
			⑪		⑤	
				⑤	③	

このときの g は

$$g=8\times10+16\times9+9\times1+10\times11+3\times5+6\times5+10\times3=503-17\times5=418.$$

次にまた表1と表4とによって表3をつくったと同様なことを繰り返して表5をつくる．

○同志だけで数値を入れかえればそれは解でなくなってしまうから解であっ

て輸送費用を減少させようとすれば必ず○以外のところへ数値を配置しなければならない．

いま任意の一つの位置(○でない)へ1単位の輸送量をうつすとするとその縦および横の○のうち一つずつが1だけ減少する．その減少したものの横縦の○に必ず一つずつ増加するものがあるはずである．そのとき縦横に一つずつ減少するものがある．このように何回か繰り返えすときついに同一要素の○に到達するはずである．よって表5のような表は必ずつくることができる．

表 5

			14	18	
	1	−11	17		
	−4	−15	−1		

表4は縦横の計を満足しているから

表5の $(1,4)$ の数値は①,⑪,⑤,③,⑤から $(1,4)$ へかえり
$$-9+10-3+10-6+12=14.$$
$(2,4)$ は⑤,③,⑤から $(2,4)$ へかえったもので，$(3,1), (3,2)$ などは⑤の上には○がないから③から上の⑤へいきけっきょく表3をつくったと同じ数値となる．

表5をみると明らかに (3.2) のところへ輸送量をまわすのが有利であるから表4の $(1,2)$ の9から3だけまわしてみる．(このとき横の⑤の5は $(3,2)$ の数値に関係のない量だからまわせない．横の③の3をまわしてもさしつかえない．) そして順次関係のところを修正して横縦の計のあうようにすると表6ができる．

表 6

	⑩	⑥	④		
			⑧		⑧
		③		⑤	

§34. 輸送問題

このときの g は

$$g = 8\times10 + 16\times6 + 9\times4 + 10\times8 + 9\times3 + 3\times8 + 6\times5 = 418 - 15\times3 = 373.$$

また表1と表6とから表7をつくる.

表 7

			14	18
	1	−11	17	
	11		14		15

表7の $(2,2)$ のところへ輸送量6を配置して横縦の計のあうようにすると表8

表 8

	⑩		⑩		
		⑥	②		⑧
		③		⑤	

$$g = 8\times10 + 9\times10 + 6\times6 + 10\times2 + 9\times3 + 3\times8 + 6\times5 = 373 - 11\times6 = 307.$$

表1と表8とから次の表9をつくると

表 9

	11		14	18
	1		12	
	0		3		4

表9をみるとどこにも負の数値はみられない. 表8の○からほかに輸送量を配当すれば g は必ず増加することがわかる ($(3,1)$ は0であるからここへ輸送量を配置すれば g の値は不変である).

すなわち表8のように輸送量をきめれば最小費用の解がえられたことになる. (この場合は上のように解は一意ではない.)

この g の値 $g=307$ が最小であることはもしほかに何かの配置があってそれが最小であったとすれば，表8の○同志で数を変更すれば条件を満足しなくなるから表8の○以外の位置に数値が配置されなければならない．それがもし $(3,1)$ 以外のところであったら必ず g は増加する．そして後に述べる一般論からわかるように異なった極小値が二つまたはそれ以上存在することがないからである．

上の方法はたしかに総輸送費用を最小にする解を求める方法であるが，最初の表2の配置は輸送費用を全く無視した配置の方法で最小費用からははるかに離れていた．それではじめから輸送費用を考えに入れながら表2をつくった方法を採用すれば g の値ははるかに小さくなっており，その後何回か上と同様の方法をつかって最小値を求めるにしても配置換をする手数は一般に少なくて目的を達するはずである．

次にそのような方法を考えよう．

まず表1において輸送費用の最小なのは $(2,5)$ の3であるからこれを $(1,1)$ の位置に移し，次に $i=2$ のうちの次の最小値6を $(1,2)$ の位置にうつす．次の最小値は $(3,4)$ の6であるがこれを $(2,2)$ の位置にうつすことはできないから $(3,2)$ の9を $(2,2)$ の位置にうつし，以下同様な方法をつかって，表2をつくったような輸送量の配置をすれば，表10が得られる．

表 10

	G_5	G_2	G_4	G_1	G_3	
F_2	⑧	⑧				16
F_3		①	⑤	②		8
F_1				⑧	⑫	20
	8	9	5	10	12	

このときの g は

$$g = 3 \times 8 + 6 \times 8 + 9 \times 1 + 6 \times 5 + 12 \times 2 + 8 \times 8 + 9 \times 12 = 307.$$

これは偶然 g の最小値を与える解となってしまったが一般には g の最小値よりは大であっても，表2の配置よりは g の値は小さくなるはずである．この表か

ら出発して表2以下の表を求めたと同様の手数を繰り返せば一般には前よりは少ない手数で g の最小値に達するはずである.

なお表10は $F_1, F_2, F_3, G_1, G_2, G_3, G_4, G_5$ の順序が表1とは異なっているが表1のように書きなおすと表8の (3,2) の位置の③のうち2だけ (3,1) の位置にうつし, 横縦の計を合わせるように配置しなおした表11と同じものであることがわかる.

表 11

	G_1	G_2	G_3	G_4	G_5
F_1	⑧		⑫		
F_2		⑧	⓪		⑧
F_3	②	①		⑤	⓪

問 1. 出発地 F_1, F_2, F_3 にはそれぞれ空いた余分の貨車が9台, 4台, 8台あり一方目的地 G_1, G_2, G_3, G_4, G_5 にはそれぞれ3台, 5台, 4台, 6台, 3台の空いた貨車が必要であるという. i 番目の出発地から j 番目の目的地へ1台の貨車を送る際の単位費用の表が下記のようである. 指定された移動上の要求を満足しかつ移動の総費用を最小にするような配置を求めよ.[1]

出発地＼目的地	G_1	G_2	G_3	G_4	G_5	余分台数
F_1	10	20	5	9	10	9
F_2	2	10	8	30	6	4
F_3	1	20	7	10	4	8
不足台数	3	5	4	6	3	21

解. F_3 から G_1 へ3台, F_3 から G_2 へ1台, F_3 から G_4 へ1台, F_3 から G_5 へ3台, F_2 から G_2 へ4台, F_1 から G_3 へ4台, F_1 から G_4 へ5台, 最小総費用 150 円

問 2. 四つの工場と四つの販売所があって, ある製品につき各工場の生産量と販売所の要求量, 各工場から各販売所へのその製品の単位当り輸送費が次の表のようであるとき, 各販売所へ各工場からいかに輸送すれば輸送費総額が最小となるか.[2]

---

1) この問題は C. W. Churchman, R. L. Ackoff, E. L. Arnoff, Introduction to Operations Research*, 森口繁一他四名訳, オペレーションズ・リサーチ入門*.
2) 岡見賢一, 輸送計画の一例, 経営科学, 1956 年 3 月号.

第6章 線型計画法

	販売所				工場生産量
	大阪	東京	福岡	札幌	
工場 大阪	0	11	12	25	20,000
東京	11	0	19	23	5,000
光	10	16	5	30	10,000
札幌	25	23	32	0	3,000
販売所要求量	9,000	10,000	9,000	10,000	38,000

解． 最適輸送計画は二つあって，次のようである（上の表と同じ配列）．

9,000	5,000		6,000
	5,000		
		9,000	1,000
			3,000

9,000	4,000		7,000
	5,000		
	1,000	9,000	
			3,000

総輸送費用 280,000．

問 3． A, B, C, D 四つの倉庫から E, F, G, H, I, J 六つの売店に送る運賃が下記の表のとおりで，各倉庫の余剰高，各売店の必要高もその表にあるようなとき最適解（総費用を最小にする解）を求めよ．

	売店						余剰高
	E	F	G	H	I	J	
倉庫 A	9	12	9	6	9	10	5
B	7	3	7	7	5	5	6
C	6	5	9	11	3	11	2
D	6	8	11	2	2	10	9
必要高	4	4	6	2	4	2	

解． 最適解は

		5			
	3	1			2
1	1				
3			2	4	

		5			
	4				2
1		1			
3			2	4	

総費用 112．

§35. 線型計画法

いろいろの問題からわかるように，リニヤー・プログラミングの問題とは求める変数の組を $x_1, x_2, \cdots, x_n$ としたとき一次不等式

$$a_{11}x_1 + a_{12}x_2 + \cdots + a_{1n}x_n \leqq b_1,$$
$$\cdots\cdots\cdots\cdots\cdots\cdots\cdots\cdots\cdots\cdots\cdots\cdots,$$
$$a_{m1}x_1 + a_{m2}x_2 + \cdots + a_{mn}x_n \leqq b_m$$

を考えて，これらの不等号の向きは一部または全部 $\geqq$ となったものあるいは不等号でなく一部または全部 $=$ となった式であってもよく，それらを満たすという条件のもとで一次式

$$P = c_1x_1 + c_2x_2 + \cdots + c_nx_n$$

を最大または最小にするような非負（$\geqq 0$）の $x_1, x_2, \cdots, x_n$ を求める問題である．

リニヤー・プログラミングではそれらの不等式を等式になおして考える．

例えば j を 1 と m との間の任意の整数として

$$a_{j1}x_1 + a_{j2}x_2 + \cdots + a_{jn}x_n \leqq b_j$$

のときは

$$a_{j1}x_1 + a_{j2}x_2 + \cdots + a_{jn}x_n + y_j = b_j,$$
$$a_{j1}x_1 + a_{j2}x_2 + \cdots + a_{jn}x_n \geqq b_j$$

のときは

$$a_{j1}x_1 + a_{j2}x_2 + \cdots + a_{jn}x_n - y_j = b_j$$

のように非負の変数 y_j を入れて方程式として考える．制限条件はいくつかの一次方程式として一般性を失なわない．このように不等式を等式にするために導入した変数で本来求められた変数でない y_i を調整変数（スラック・バリアブル）という．調整変数を加えて等式にして問題を解いたときに，最後の解に調整変数が現われなければ問題はないが，もし解にそれらが現われたとしてもその場合にはやはり制限条件をみたし，目的の一次式を最適にする必要な変数の値が求まっているのである．そのとき解に現われた調整変数の値だけ本来必要な変数としては余裕分として残っているのであって，それは未使用量と考え

られる.

求める変数は輸送量とか,生産量とかを表わすものであるからすべて非負としたが,x_i が非負と限らなくても

$$x_i = x_i' - x_i'',$$

$$x_i' = \begin{cases} x_i & (x_i > 0 \text{ のとき}), \\ 0 & (x_i \leqq 0 \text{ のとき}); \end{cases} \quad x_i'' = \begin{cases} -x_i & (x_i < 0 \text{ のとき}), \\ 0 & (x_i \geqq 0 \text{ のとき}) \end{cases}$$

として x_i を非負の二変数 x_i' と x_i'' との差として表わすことができるから数学の理論としてはすべての変数が非負であるとしても一般性を失なわない.

P を最大にするということは $-P$ を最小にすることであるから理論的には一方だけ考えれば十分である.

制限条件は必要ならば調整変数を導入して等式で与えられたとしておき,非負という条件を考慮せずにこれらの制限条件を満足するような x_i の値の組を解とよび,これらがすべて非負であるとき,これらを実行可能解(feasible solution)という. m 個の制限条件において係数でつくったマトリックスが非特異であるような m 個の変数の組を基底(basis)といいそのおのおのの変数のことを基底変数(basic variable)という. このとき基底変数でないようなそのほかの変数を非基底変数(non-basic variable)とよぶ. 非基底変数をすべて零とおけば制限条件は m 個の基底変数に関する m 個の一次連立方程式となり,その係数の行列式の値は零とならないから,これら m 個の基底変数の値が連立方程式をとくことによって求められる. これらの解を基底解(basic solution)という. 基底解は必ずしも非負とは限らないが,これらがすべて非負であるとき,それらを基底実行可能解(basic feasible solution)とよぶ. これらがさらに一次式 P を最適化するものであるときこれらを最適基底実行可能解(optimal basic feasible solution)という. リニヤー・プログラミングの一般解法は一つの基底実行可能解から出発して次々とすすんで最適基底実行可能解に達するものである.

解法の数学的意味を考えるために基底実行可能解の幾何学的な意味を考えよう.

制限条件が等式で与えられたとするとき,それは m 次元のベクトル[1]

§35. 線型計画法

$$A_i = \begin{bmatrix} a_{1i} \\ a_{2i} \\ \vdots \\ a_{mi} \end{bmatrix} \quad (i=1,2,\cdots n), \quad B = \begin{bmatrix} b_1 \\ b_2 \\ \vdots \\ b_m \end{bmatrix}$$

で表わせば

$$\sum_{i=1}^{n} A_i x_i = B$$

と表わされる.この条件をみたす n 次元(非負の座標)の点 $x=(x_1, x_2, \cdots, x_n)$ の全体を考えよう.

今もし二つの点 $\alpha=(\alpha_1, \alpha_2, \cdots, \alpha_n)$, $\beta=(\beta_1, \beta_2, \cdots, \beta_n)$ が上の制限条件式を満足しているとすれば

$$\sum A_i \alpha_i = B,$$
$$\sum A_i \beta_i = B.$$

λ を $0 \leq \lambda \leq 1$ なる任意の数とすると

$$\sum A_i \{\lambda \alpha_i + (1-\lambda)\beta_i\} = \lambda \sum A_i \alpha_i + (1-\lambda) \sum A_i \beta_i$$
$$= \lambda B + (1-\lambda) B = B.$$

であるから $\lambda\alpha+(1-\lambda)\beta$ という点も条件をみたしており,α および β のすべての座標が非負で $0 \leq \lambda \leq 1$ であるから $\lambda\alpha+(1-\lambda)\beta$ の各座標も非負である.

よって制限条件を満足する点 x の集合は凸集合である.

A_i は m 次元のベクトルであるが m 次元空間では一次独立なベクトルは多くとも m 個しかないことが知られているから $A_1, A_2, \cdots, A_n$ のうち一次独立のものは m 個しかなく,$A_1, A_2, \cdots, A_k$ が一次独立であるとして,これに応じて $\alpha_1, \alpha_2, \cdots, \alpha_k$ が零でなく $\alpha_{k+1}=\alpha_{k+2}=\cdots=\alpha_n=0$ なる点 $\alpha=(\alpha_1, \alpha_2, \cdots, \alpha_k, 0, 0, \cdots, 0)$ が制限条件を満たしているとする.

いまもし α が端点[2]でなく凸集合内のほかの二点 β, γ で $\alpha=\lambda\beta+(1-\lambda)\gamma$ $(0<\lambda<1)$ と表わされたとすると,β, γ ともに非負の座標をもち,α の $k+1$

---

1) ここでは調整変数も技巧的変数も同じく x_i で表わしている.したがって n ははじめ与えられた条件式における n よりは増しているものとなる.

2) 凸集合の点であってその点以外のほかの二点 α, β をどのようにとってもこの点が $\lambda\alpha+(1-\lambda)\beta$ $(0<\lambda<1)$ と表わされないときこの点を凸集合の端点という($\lambda=0, \lambda=1$ は除いてあることに注意).

番目から先の座標は零，また $0<\lambda<1$ により $\lambda,(1-\lambda)$ はともに正であるから β,γ もともに $k+1$ 番目から先の座標はすべて零であるはずとなる．

また α と β とは制限条件式を満足しているから

$$\sum_{i=1}^{n} A_i \alpha_i = \sum_{i=1}^{k} A_i \alpha_i = B,$$

$$\sum_{i=1}^{n} A_i \beta_i = \sum_{i=1}^{k} A_i \beta_i = B.$$

よって

$$\sum_{i=1}^{k} A_i(\alpha_i - \beta_i) = 0.$$

ところが $A_1, A_2, \cdots, A_k$ は一次独立であったからこの式が成り立つためには

$$\alpha_i = \beta_i \quad (i=1,2,\cdots,k)$$

でなければならない．

全く同様にして

$$\alpha_i = \gamma_i \quad (i=1,2,\cdots,k)$$

となる．

したがって β と γ とは α と一致し α が $\alpha = \lambda\beta + (1-\lambda)\gamma$ $(0<\lambda<1)$ で表わされないことになる．すなわち α はこの解のつくる凸集合の端点である．

次に逆に点 α が条件を満たす凸集合の点でしかもその端点であるとし，その座標のうち $\alpha_1, \alpha_2, \cdots, \alpha_k$ が零でないとする：

$$\alpha = (\alpha_1, \alpha_2, \cdots, \alpha_k, 0, 0, \cdots, 0).$$

このとき

$$\sum_{i=1}^{n} A_i \alpha_i = \sum_{i=1}^{k} A_i \alpha_i = B$$

であるが，もし仮に $A_1, A_2, \cdots, A_k$ が一次独立でないとすると，全部は零ではない d_i があって $\sum_{i=1}^{k} d_i A_i = 0$ となっているはずである．

そこで e を正の任意の定数とすると

$$\sum_{i=1}^{k}(\alpha_i \pm ed_i) A_i = \sum_{i=1}^{k} A_i \alpha_i \pm e\sum_{i=1}^{k} d_i A_i = B$$

となり点 $d=(d_1, d_2, \cdots, d_k, 0, 0, \cdots, 0)$ を考えると，点 $\alpha+ed, \alpha-ed$ は α と

は異なる二点でともに制限条件をみたす凸集合の点である．ところが

$$\alpha = \frac{1}{2}(\alpha + ed) + \frac{1}{2}(\alpha - ed)$$

と表わされ $\lambda = \frac{1}{2}$ にあたるから α は端点ではないことになる．この矛盾は $A_1, A_2, \cdots, A_k$ が一次独立でないとしたことから生じたのである．よって α が端点でその座標 $\alpha_1, \alpha_2, \cdots, \alpha_k$ が零でないときにはベクトル $A_1, A_2, \cdots, A_k$ は一次独立となる．

けっきょく

$$\sum_{i=1}^{n} A_i x_i = B$$

の座標が非負の解の点のつくる凸集合の一点がこの凸集合の端点であるための必要十分条件は α の座標の零でないものに対応するベクトル A_i が一次独立であることである．

リニヤー・プログラミング解法で基底解を求めていくことは凸集合の端点を求めることに相当していて，ベクトル A_i の中で一次独立なものは多くとも m 個しかなく，その m 個のえらび方も ${}_nC_m$ しかないから，この凸集合は端点を有限個しかもたない凸多面体である．

さて制限条件のもとで $P = \sum c_i x_i$ の値は点 $x = (x_1, x_2, \cdots, x_n)$ の函数であるから $P(x) = \sum_{i=1}^{n} c_i x_i$ とかく．

いま点 α が端点でなければ，β, γ があって

$$\alpha = \lambda \beta + (1-\lambda)\gamma \quad (0 < \lambda < 1)$$

と表わされる．そのとき

$$P(\alpha) = \sum c_i \alpha_i = \sum c_i (\lambda \beta_i + (1-\lambda)\gamma_i)$$
$$= \lambda \sum c_i \beta_i + (1-\lambda) \sum c_i \gamma_i = \lambda P(\beta) + (1-\lambda) P(\gamma).$$

よって $P(\beta) \geqq P(\gamma)$ ならば $P(\beta) \geqq P(\alpha) \geqq P(\gamma)$．

すなわち $P(\beta) = P(\gamma)$ でない限り $P(\beta) > P(\alpha) > P(\gamma)$，よって $P(x)$ は端点以外の点で極大(または極小)となることはない．

いま二つの端点 e_1, e_2 で極大(または極小)となったとしてもその極大値(または極小値)が異なる，すなわち $P(e_1) > P(e_2)$ となることはない．

なぜならば $e_1=(e_1{}',e_1{}'',\cdots,e_1{}^{(n)})$, $e_2=(e_2{}',e_2{}'',\cdots,e_2{}^{(n)})$ として $\beta=\lambda e_1+(1-\lambda)e_2$ とおけば λ を 0 から 1 まで増せば点は e_2 から e_1 に変わる.

そのとき前と同様にして $P(\beta)=\lambda P(e_1)+(1-\lambda)P(e_2)$ であるから e_1 または e_2 が極大（または極小）となることができない.

よって極大値（または極小値）はもしあればただ一つでそれは制限条件のもとで $P=\sum c_i x_i$ の最大値（または最小値）である.

もし二つ以上の点 $e_1, e_2, \cdots, e_k$ で $P(x)$ が同じ値 M になったとすれば点 $e_1, e_2, \cdots, e_k$ で作られる凸多面体に属する任意の点 x は

$$x=\sum_{j=1}^{k}\lambda_j e_j,\ 0\leq\lambda_j\leq 1,\ \sum_{j=1}^{k}\lambda_j=1$$

と表わされるからこの点 x では

$$P(x)=\sum c_i x_i=\sum c_i\left(\sum_{j=1}^{k}\lambda_j e_j{}^{(i)}\right)$$
$$=\sum_{j=1}^{k}\lambda_j\left(\sum_{i=1}^{n}c_i e_j{}^{(i)}\right)=\sum_{j=1}^{k}\lambda_j P(e_j)=M\sum_{j=1}^{k}\lambda_j=M.$$

よって端点 $e_1, e_2, \cdots, e_k$ で $P(x)$ が最大値（または最小値）となったとすれば $e_1, e_2, \cdots, e_k$ で作られる凸多面体の任意の点でその最大値（または最小値）となっている.

一次式 $P=\sum c_i x_i$ を最適にするような点は制限条件をみたす非負座標の解の作る凸多面体の端点であることがわかった. ゆえに凸多面体の端点だけで P の値をしらべればよいことがわかり，端点の求め方はベクトル A_i のうちで一次独立なものをみつければよく，すなわち基底実行可能解の中でさがせばよいことがわかる.

基底解のちがったえらび方は有限個しかないから，順次基底解を取りかえて P の値をしらべていけばついには最適解に到達する. なお一つの基底解から出発して P の値が極大（または極小）になったらそれはすなわち最大（または最小）値であることもわかるわけである.

以下では制限条件がすべて等式 $\sum_{i=1}^{n}a_{ji}x_i=b_j\ (j=1,2,\cdots,m)$ で与えられ，制限式の右辺の b_j はすべて非負とする（もし b_j のどれかが負であったら両

辺にマイナスを掛けて非負としてから等式になおしたとする).

[一つの基底実行可能解の求め方]

m 個の制限条件式でただ一つの方程式にしか現われず，しかもその係数が正であるような変数をさがす（もちろんそのような変数が一つもないこともある）．それがあれば番号を適当につけかえて $x_1, x_2, \cdots, x_k$ $(k \leq m)$ とする．そこでこれら以外の変数をすべて零とおけば k 個の方程式は

$$a_{ji}x_i = b_j \quad (j = 1, 2, \cdots, k).$$

$a_{ji} > 0$, $b_j \geq 0$ から

$$x_i = \frac{b_j}{a_{ji}} \geq 0.$$

ところが残りの $m-k$ 個の方程式においては無理に

$$\sum_{i=1}^{n} a_{ji}x_i + y_j = b_j \quad (j = k+1, k+2, \cdots, m)$$

として余分に変数 $y_{k+1}, y_{k+2}, \cdots, y_m$ なる $m-k$ 個の変数をつけ加える．これらは技巧的変数(artificial variable)とよばれる．技巧的変数も非負という制限はつけるが，これは等式であるものに無理に挿入したもので調整変数とは異なる．技巧的変数 y_j を入れれば，残りの $m-k$ 個の方程式は $x_1, x_2, \cdots, x_k$ 以外の x_i はすべて零とおいたのであるから

$$y_j = b_j \geq 0 \quad (j = k+1, k+2, \cdots, m).$$

そのとき $x_1, x_2, \cdots, x_k, y_{k+1}, \cdots, y_m$ の係数からなる行列式は正であるからこれらは一つの基底実行可能解になっている．

しかし技巧的変数は使用すべからざるところへ導入したものであるから最後の解にこれらが残ってきては不都合である．それで目的とする一次式 P の形を変形して

$$P = \sum_{i=1}^{n} c_i x_i \pm M(y_{k+1} + y_{k+2} + \cdots + y_m)$$

とおく．ここで M は定数ではあるが前もって与える数ではなく計算途上で数値の比較をする必要が生じたとき，どの比較する数よりも大きい値であるとする．M の式の符号の $\pm$ は P を最大にするときにはマイナス$(-)$，P を最小にする問題ではプラス$(+)$の方を用いる．そのことは，P を最大にするとき

には技巧的変数を増加させれば P が減少することになり，P を最小にするときには技巧的変数の減少によって P が増大し，けっきょく技巧的変数のとる値が最後の解では零にならざるを得ないことを要求している．

技巧的変数は解法出発のために便宜上導入されたもので調整変数が最終解に余裕分として残る可能性があるのに反し，技巧的変数は最終解には残り得ない．ところがもし最終解に技巧的変数が残ったとすればはじめの制限条件の組が実行可能解をもたないということを意味する．制限条件の間に矛盾があることを示している．

最初の基底実行可能解の求め方は一般には上述のようであるが，もしただ一つの式のみに現われて係数が正のものが m 個すぐみつかればそれが求めるものであり，また制限条件がすべて $\sum_{i=1}^{n} a_{ji} x_i \leqq b_j \ (b_j \geqq 0)$ だけからなれば調整変数を一つの基底実行可能解ととればよく，またすべて $\sum_{i=1}^{n} a_{ji} x_i \geqq b_j \ (b_j \geqq 0)$ のときは技巧的変数 y_j を求めるものとすればよい．

一組の基底実行可能解から出発しそれがすでに最適解になっているか否かをしらべ，そうでなければ基底から一つの変数を除いてその代りに非基底変数の一つを基底にもってきて，そこでふたたび最適解になっているか否かを調べる．順次そのようにすすめると，

（1）　最適解に到達する；

（2）　目的の一次式が有界でない（最小にするときはいくらでも（代数的に）小さくなり，最大にするときにはいくらでも大きくなる）；

（3）　制限条件の組に矛盾がある．

のいずれかの場合におちつくことがわかる．

まず上のようにして求めた一組の基底実行可能解を $y_1, y_2, \cdots, y_m$ とすると

$$y_j = b_j - \sum_{i=1}^{n} a_{ji} x_i \quad (j=1, 2, \cdots, m)$$

となっている．（制限条件が $\sum a_{ji} x_i \leqq b_j$ のときは $y_1, \cdots, y_m$ は調整変数，$\sum a_{ji} x_i = b_j$ のときは技巧的変数，$\sum a_{ji} x_i \geqq b_j$ のときは技巧的変数であるが $\sum a_{ji} x_i - y_j$（y_j は調整変数）を $\sum a_{ji} x_i$ の形に書いたと考える．またそれらの変数を導入しなくてもすぐに基底実行可能解のみつかるときはその係数（正）

で割ったものを $b_j - \sum a_{ji} x_i$ と書いたと考える.)

そして目的とする一次式 P は

$$P = \sum_{i=1}^{n} c_i x_i + \sum_{j=1}^{m} c_{n+j} y_j$$

(y_j が技巧的変数でない場合は $c_{n+j} = 0$ である).

そこで P の式に y_j の式を代入すると

$$P = \sum_{i=1}^{n} c_i x_i + \sum_{j=1}^{m} c_{n+j} \left(b_j - \sum_{i=1}^{n} a_{ji} x_i \right)$$

$$= \sum_{j=1}^{m} c_{n+j} b_j + \sum_{i=1}^{n} \left(c_i - \sum_{j=1}^{m} c_{n+j} a_{ji} \right) x_i,$$

$$u_i = \sum_{j=1}^{m} c_{n+j} a_{ji}$$

とおくと

$$P = \sum_{j=1}^{m} c_{n+j} b_j + \sum_{i=1}^{n} (c_i - u_i) x_i.$$

$y_1, y_2, \cdots, y_m$ を基底実行可能解としたからほかの $x_1, x_2, \cdots, x_n$ はすべて零と考えている. よって

$$y_j = b_j,$$

$$P = \sum_{j=1}^{m} c_{n+j} b_j$$

がそれぞれ y_j, P の値である.

もし $y_1, y_2, \cdots, y_m$ の中に技巧的変数がなくすべてが調整変数などであれば $c_{n+j} = 0$ であるから

$$u_i = 0,$$

$$P = 0.$$

今もし P を最小にする問題ならば $u_i - c_i \leqq 0$ なる番号の x_i を 0 から正に増加しても意味がない. よって $u_i - c_i > 0$ なる x_i を増加させればよい. したがってすべての $i = 1, 2, \cdots, n$ について $u_i - c_i \leqq 0$ であれば, これが最適解であって $x_1 = x_2 = \cdots = x_n = 0$ が解である. もし P を最大にする問題ならば $u_i - c_i < 0$ なる x_i を増加させればよい. それで P を最小(最大)にするときは $u_i - c_i > 0$ ($u_i - c_i < 0$) なるもののうち絶対値の最も大なものをみつけそれを $i = k$

であったとする．そのとき $x_k=0$ であったものを x_k を正の値にふやすことにする．k 以外の x_i は依然零としておく．そのとき

$$y_j = b_j - a_{jk}x_k \quad (j=1, 2, \cdots, m)$$

となる．x_k を零から正の値にすれば y_j が $y_j=b_j$ から $y_j=b_j-a_{jk}x_k$ に変わる．ところで $b_j \geqq 0$ であるから $y_j \geqq 0$ であったが，変わった後にも $y_j \geqq 0$ でなければならない．x_k は正とするのであるから $a_{jk} \leqq 0$ であるような j については y_j はつねに非負である．いまもし $j=1, 2, \cdots, m$ のすべての j について

$$a_{jk} \leqq 0$$

であったとすれば，すべての y_j は依然として非負であって，x_k の値を増加させればさせるほど，y_j も増加する．したがってこのときは実行可能解の条件を保ちながらいくらでも x_k を増加せしめ得る．そのことは P をいくらでも小さくすることができることを意味する．すなわち P が有界でない場合である．

またもしある j について

$$a_{jk} > 0$$

のものがあったとすれば $y_j=b_j-a_{jk}x_k \geqq 0$ なるためには $x_k \leqq \dfrac{b_j}{a_{jk}}$ までしか x_k を増加できない．すべての j について $y_j \geqq 0$ なのであるから $a_{jk} > 0$ なるすべての j について

$$x_k \leqq \frac{b_j}{a_{jk}}$$

が成り立たねばならない．したがって x_k を増加させ得る限度は $a_{jk} > 0$ なるような j の中で $\dfrac{b_j}{a_{jk}}$ の最小値であるということになる．

それで $a_{jk} > 0$ なる j について $\dfrac{b_j}{a_{jk}}$ の最小値となる j がただ一つの場合と二つ以上ある場合とがでる．

1) 上の最小値となる j がただ一つの場合．

$j=l$ とおくと

$$\frac{b_l}{a_{lk}} = \min_{(a_{jk}>0)} \left\{ \frac{b_j}{a_{jk}} \right\}.$$

そのとき x_k は $\dfrac{b_l}{a_{lk}}$ まで増加せしめ得るが y_j の値は

§35. 線型計画法

$$y_l = b_l - a_{lk}x_k$$

で $x_k = \dfrac{b_l}{a_{lk}}$ とおくから $y_l = 0$. x_k を 0 から $\dfrac{b_l}{a_{lk}}$ まで増加した代りに y_l が b_l から 0 に減少したことでけっきょく基底として y_l と x_k とを交換したことになる.

このとき $j \neq l$ なる j について y_j の値は x_i のうち $i \neq k$ なる i につき $x_i = 0$, $x_k = \dfrac{b_l}{a_{lk}}$ であるから

$$y_j = b_j - a_{jk}\dfrac{b_l}{a_{lk}}.$$

この関係は $j=1, 2, \cdots, m$ のすべての j につき成立している.

こうしてはじめの基底実行可能解 $y_1, \cdots, y_m$ の値が $y_j = b_j$ $(j=1, 2, \cdots, m)$ であったのが新しい基底実行可能解 $y_1, \cdots, y_{l-1}, x_k, y_{l+1}, \cdots, y_m$ においては

$$x_k = \dfrac{b_l}{a_{lk}}, \quad y_j = b_j - a_{jk}\dfrac{b_l}{a_{lk}} \quad (j=1, 2, \cdots, l-1, l+1, \cdots, m).$$

ところで係数 a_{ji} は基底変数 $y_1, y_2, \cdots, y_m$ と非基底変数 $x_1, x_2, \cdots, x_n$ とによって

$$y_j + \sum_{i=1}^{n} a_{ji}x_i = b_j$$

と表わされたときの非基底変数 $x_1, x_2, \cdots, x_n$ の係数であったから, 新しい基底変数 $y_1, y_2, \cdots, y_{l-1}, x_k, y_{l+1}, \cdots, y_m$ と非基底変数 $x_1, x_2, \cdots, x_{k-1}, y_l, x_{k+1}, \cdots, x_n$ に対する始めの係数 a_{ji} に相当する a_{ji}' はここでの基底変数を非基底変数で表わしたときの非基底変数の係数である. 上の式で $j=l$ として

$$y_l + \sum_{i=1}^{n} a_{li}x_i = b_l$$

を新しい基底変数と非基底変数とに分解すれば

$$a_{lk}x_k + y_l + \sum_{\substack{i=1 \\ i \neq k}}^{n} a_{li}x_i = b_l$$

となり

$$x_k + \dfrac{1}{a_{lk}}y_l + \sum_{\substack{i=1 \\ i \neq k}}^{n} \dfrac{a_{li}}{a_{lk}}x_i = \dfrac{b_l}{a_{lk}}$$

を得る．

　これが新しい基底変数 x_k を新しい非基底変数 $x_1, x_2, \cdots, x_{k-1}, y_l, x_{k+1}, \cdots, x_m$ で表現した形である．したがって新しく第 l 番目の基底変数としてはいった x_k に対する係数 a_{li}' としては k 番目の非基底変数が y_l となっていて，その他は従前通りであるから

$$a_{li}' = \frac{a_{li}}{a_{lk}} \quad (i=1,2,\cdots,k-1,k+1,\cdots,n \text{ すなわち } i \neq k),$$

$$a_{lk}' = \frac{1}{a_{lk}}$$

である．

　当然のことであるが上の x_k を $x_1, x_2, \cdots, y_l, \cdots, x_n$ で表わした式で非基底変数 $x_1, \cdots, x_{k-1}, y_l, x_{k+1}, \cdots, x_n$ をすべて 0 とおけば $x_k = \dfrac{b_l}{a_{lk}}$ として今の x_k の値がえられている．

　今は新しく変わった基底変数 x_k の係数 a_{li}' を求めたが，その他の係数 a_{ji}' ($j \neq l$) を求めねばならない．それには

$$y_j + \sum_{i=1}^{n} a_{ji} x_i = b_j \quad (j \neq l)$$

の式をふたたび基底変数と非基底変数とに分解して

$$y_j + a_{jk} x_k + \sum_{\substack{i=1 \\ i \neq k}}^{n} a_{ji} x_i = b_j$$

となるが，ここでは基底変数の y_j を非基底変数の $x_1, \cdots, x_{k-1}, y_l, x_{k+1}, \cdots, x_n$ で表わさねばならない．そのためにはこの式の x_k のところに x_k を非基底変数で表現した式

$$x_k = \frac{b_l}{a_{lk}} - \frac{1}{a_{lk}} y_l - \sum_{\substack{i=1 \\ i \neq k}}^{n} \frac{a_{li}}{a_{lk}} x_i$$

を代入すればよい．

　そのとき

$$y_j + a_{jk}\left(\frac{b_l}{a_{lk}} - \frac{1}{a_{lk}} y_l - \sum_{\substack{i=1 \\ i \neq k}}^{n} \frac{a_{li}}{a_{lk}} x_i\right) + \sum_{\substack{i=1 \\ i \neq k}}^{n} a_{ji} x_i = b_j$$

となり整頓すると

$$y_j - \frac{a_{jk}}{a_{lk}} y_l + \sum_{\substack{i=1 \\ i \neq k}}^{n} \left(a_{ji} - \frac{a_{li}}{a_{lk}} a_{jk} \right) x_i = b_j - a_{jk} \frac{b_l}{a_{lk}}$$

となる．

これが基底変数 $y_j\,(j \neq l)$ を非基底変数 $x_1, \cdots, x_{k-1}, y_l, x_{k+1}, \cdots, x_n$ で表現した式である．かくて新しい係数 a_{ji}' は

$$a_{jk}' = -\frac{a_{jk}}{a_{lk}},$$

$$a_{ji}' = a_{ji} - \frac{a_{li}}{a_{lk}} a_{jk} \quad (i=1,2,\cdots,k-1,k+1,\cdots,n \text{ すなわち } i \neq k)$$

となる．ここでも非基底変数 $x_1, \cdots, x_{k-1}, y_l, x_{k+1}, \cdots, x_n$ をすべて 0 とおけば基底変数 $y_j\,(j \neq l)$ の新しい値

$$y_j = b_j - a_{jk} \frac{b_l}{a_{lk}}$$

が得られることを示している．

以上で基底変数の交換によって基底変数の値および基底変数を非基底変数で表現したときの係数がどのようにかわるかが完全にわかった．ところでこのとき P の値はどのように変わったかをみるには，前に出した式の

$$P = \sum_{j=1}^{m} c_{n+j} b_j + \sum_{i=1}^{n} (c_i - u_i) x_i$$

において，$i \neq k$ の $x_i = 0$ で

$$x_k = \frac{b_l}{a_{lk}}$$

とするのであるから，新しい P の値は

$$P = \sum_{j=1}^{m} c_{n+j} b_j - (u_k - c_k) \frac{b_l}{a_{lk}}$$

であって，はじめの P の値

$$P = \sum_{j=1}^{m} c_{n+j} b_j$$

よりも小さくなっている ($u_k - c_k > 0$ としているから)．

以上をまとめた表が，一般にシンプレックス表 (Simplex tableau) と呼ばれ

ている。[1]

まず第一段の表は，問題で与えられた係数の b_j と a_{ji} および c_i をすべて書き並べたもので，左に縦に並べて基底変数を，上に横に並べて非基底変数を書く．そして u_i および $u_i - c_i$ を計算しておく．

	c			c_1 ……… c_l ……… c_k ……… c_n
				x_1 ……… x_l ……… x_k ……… x_n
	c_{n+1}	y_1	b_1	a_{11} …… a_{1l} …… a_{1k} …… a_{1n}
	c_{n+j}	y_j	b_j	a_{j1} …… a_{jl} …… a_{jk} …… a_{jn}
←	c_{n+l}	y_l	b_l	a_{l1} …… a_{ll} …… a_{lk}^* …… a_{ln}
	c_{n+m}	y_m	b_m	a_{m1} …… a_{ml} …… a_{mk} …… a_{mn}
	u_i		u_0	u_1 ……… u_l ……… u_k ……… u_n
	$u_i - c_i$			u_1-c_1 … u_l-c_l … u_k-c_k … u_n-c_n

ただし，ここで

$$u_i = \sum_{j=1}^{m} c_{n+j} a_{ji} \quad (i=1,2,\cdots,n),$$

$$u_0 = \sum_{j=1}^{m} c_{n+j} b_j.$$

これが第一段階の表であり，$u_0, u_1, u_2, \cdots, u_n$ はそれぞれ $b, x_1, \cdots, x_n$ の列の要素とそれに対応する左側の c_{n+j} とを乗じて縦に加え合わせればよい．ここで u_0 ははじめの P の値を意味する．最後の行の $u_i - c_i$ をみてすでに述べたように P を最小にするには $u_i - c_i > 0$ のもので最大の $u_k - c_k$ をみつける．

そのとき*印をつけたところが基底と非基底とを交換する行の列と列の交わりの点であって，この値 a_{lk} のことを変換の軸(pivot)と呼ぶ．第二段の表は今までに出した値を総括して作られたものである．

---

[1] ここで最適解を求めている方法をシンプレックス法という．

§35. 線型計画法

c			c_1 ...... c_l ...... c_{n+l} ...... c_n					
			x_1 ...... x_l ...... y_l ...... x_n					
c_{n+1}	y_1	$b_1-a_{lk}\dfrac{b_l}{a_{lk}}$	$a_{11}-\dfrac{a_{l1}}{a_{lk}}a_{1k}$	$a_{1l}-\dfrac{a_{ll}}{a_{lk}}a_{1k}$	$\cdots$	$-\dfrac{a_{1k}}{a_{lk}}$	$\cdots$	$a_{1n}-\dfrac{a_{ln}}{a_{lk}}a_{1k}$
$\vdots$	$\vdots$	$\vdots$	$\vdots$	$\vdots$		$\vdots$		$\vdots$
c_{n+j}	y_j	$b_j-a_{jk}\dfrac{b_l}{a_{lk}}$	$a_{j1}-\dfrac{a_{l1}}{a_{lk}}a_{jk}$	$a_{jl}-\dfrac{a_{ll}}{a_{lk}}a_{jk}$	$\cdots$	$-\dfrac{a_{jk}}{a_{lk}}$	$\cdots$	$a_{jn}-\dfrac{a_{ln}}{a_{lk}}a_{jk}$
$\Rightarrow\ c_k$	x_k	$\dfrac{b_l}{a_{lk}}$	$\dfrac{a_{l1}}{a_{lk}}$	$\dfrac{a_{ll}}{a_{lk}}$		$\dfrac{1}{a_{lk}}$		$\dfrac{a_{ln}}{a_{lk}}$
$\vdots$	$\vdots$	$\vdots$	$\vdots$	$\vdots$		$\vdots$		$\vdots$
c_{n+m}	y_m	$b_m-a_{mk}\dfrac{b_l}{a_{lk}}$	$a_{m1}-\dfrac{a_{l1}}{a_{lk}}a_{mk}$	$a_{ml}-\dfrac{a_{ll}}{a_{lk}}a_{mk}$	$\cdots$	$-\dfrac{a_{mk}}{a_{lk}}$	$\cdots$	$a_{mn}-\dfrac{a_{ln}}{a_{lk}}a_{mk}$
u_l		$u_0{}'$	$u_1{}'$	$\cdots\cdots$	$u_i{}'$	$\cdots\cdots$	$u_k{}'$	$\cdots\cdots u_n{}'$
u_l-c_l			$u_1{}'-c_1$	$\cdots\cdots$	$u_i{}'-c_i$		$u_k{}'-c_{n+l}$	$\cdots u_n-c_n$

この表ではつねに軸の値 a_{lk} の逆数が現われており，新しい基底の x_k の行の値はもとの値 $a_{l1}, \cdots, a_{ln}$ を a_{lk} で割ったもので，軸のところだけが $\dfrac{1}{a_{lk}}$ となっている．また新しい非基底の y_l の列の値はもとの値 $a_{1k}, \cdots, a_{mk}$ を a_{lk} で割ったもののマイナスの値であり，一般の (i,j) のところはその行の x_k の値 a_{jk} とその列の y_l の値 a_{li} とをとってこれを掛けたものを a_{lk} で割って，それをもとの a_{ji} から引けばよい．このようにして，新しい $a_{ji}{}'$ の値が機械的に計算される．さらにここで，$u_0{}', u_1{}', \cdots, u_n{}'$ の値はふたたびおのおのの列の値と左の列の対応する c の値とを掛けて縦に加え合わせたものである．

ところでこれらが前の u_i-c_i で表わされることを示そう．

$$\begin{aligned}
u_0{}' &= \sum_{\substack{j=1\\j\neq l}}^{m}\left(b_j-a_{jk}\frac{b_l}{a_{lk}}\right)c_{n+j}+c_k\frac{b_l}{a_{lk}}\\
&= \sum_{j=1}^{m}\left(b_j-a_{jk}\frac{b_l}{a_{lk}}\right)c_{n+j}-\underbrace{\left(b_l-a_{lk}\frac{b_l}{a_{lk}}\right)}_{\parallel\ 0}c_{n+l}+c_k\frac{b_l}{a_{lk}}\\
&= \sum_{j=1}^{m}b_jc_{n+j}-\frac{b_l}{a_{lk}}\sum_{j=1}^{m}c_{n+j}a_{jk}+c_k\frac{b_l}{a_{lk}}
\end{aligned}$$

$$=u_0-(u_k-c_k)\frac{b_l}{a_{lk}}$$

となりこれはすでに求めた新しい P の値である．次に一般の $u_i'-c_i$ については

$$u_i'-c_i=\sum_{\substack{j=1\\j\neq l}}^{m}c_{n+j}\left(a_{ji}-\frac{a_{li}}{a_{lk}}a_{jk}\right)+c_k\frac{a_{li}}{a_{lk}}-c_i$$

$$=\sum_{j=1}^{m}c_{n+j}\left(a_{ji}-\frac{a_{li}}{a_{lk}}a_{jk}\right)-c_{n+l}\underbrace{\left(a_{li}-\frac{a_{li}}{a_{lk}}a_{lk}\right)}_{\parallel \atop 0}+c_k\frac{a_{li}}{a_{lk}}-c_i$$

$$=u_i-\frac{a_{li}}{a_{lk}}u_k+c_k\frac{a_{li}}{a_{lk}}-c_i$$

$$=(u_i-c_i)-(u_k-c_k)\frac{a_{li}}{a_{lk}}$$

$(i=1, 2, \cdots, k-1, k+1, \cdots, n$ すなわち $i\neq k)$,

$$u_k'-c_{n+l}=\frac{1}{a_{lk}}c_k-\sum_{\substack{j=1\\j\neq l}}^{m}c_{n+j}\frac{a_{jk}}{a_{lk}}-c_{n+l}$$

$$=\frac{1}{a_{lk}}c_k-\sum_{j=1}^{m}c_{n+j}\frac{a_{jk}}{a_{lk}}+c_{n+l}-c_{n+l}$$

$$=-(u_k-c_k)\frac{1}{a_{lk}}$$

となる．

このように新しい表の $u_0', u_i'-c_i$ などはこの表の値からその列の値と c の値をかけて加え合わせることによって得られるが，一方前の表の値だけからも

$$u_0'=u_0-(u_k-c_k)\frac{b_l}{a_{lk}},$$

$$u_i'-c_i=(u_i-c_i)-(u_k-c_k)\frac{a_{li}}{a_{lk}},$$

$$u_k'-c_{n+l}=-(u_k-c_k)\frac{1}{a_{lk}}$$

として求められる．この事実によってこれらの数値の検算ができる．

またこの新しい表の数値からわかるようにもとの数値 a_{ji} において軸 a_{lk} の

ある行または列で a_{li} または a_{jk} の中で0のものがあれば $a_{li}=0$ のある列または $a_{jk}=0$ のある行の値はすべてもとの値のままである.

以上でシンプレックス表の第一段,第二段の表が作られたが,計算としては第一段階を行なったにすぎない.そこで次にはこの第二段階の表をもとにしてそこの数 a_{ji}' とか $u_i'-c_i$ とかを改めて a_{ji} と u_i-c_i と考えて以前と同じ手続きによって進める.このようにしてもし P を最小にするものであれば $u_i-c_i>0$ となるものがなくなるまで,もし P を最大にするのであれば $u_i-c_i<0$ なるものがなくなるまで行なえば,そこではじめて最終解に達するのである.そのときの P の最大値(または最小値)が u_0 として表に求められ,そのときの x_i の値が最初の列において与えられている.

退化の場合

シンプレックス法の公式でいままで考えたことで次の問題が残る.一次式 P を最小(または最大)にするには $u_i-c_i>0$ (または $u_i-c_i<0$)のものの中で絶対値の最大な $i=k$ をみつけ x_k の係数の中で $a_{jk}>0$ であるような j のうちで $\dfrac{b_j}{a_{jk}}$ の最小となるような $j=l$ をみつければ基底として y_l と x_k を交換することによりシンプレックス表の一段階が進んだのである.そしてそのときの新しい基底 x_k の値が0から $\dfrac{b_l}{a_{lk}}$ に増加したかわりにもとの基底 y_l の値が b_l から0に減少し,そのとき P の値が最大化最小化に応じてその目的に近づいたのである.ところがすべての b_j ははじめの制限式の不等号の向きを考慮すれば常に $b_j \geqq 0$ としてもよく,そのようにして考えてきた.そこで上の x_k の係数の $a_{jk}>0$ の中で $b_j=0$ であるものがあるとすると,そのときの $\dfrac{b_j}{a_{jk}}$ の最小値は当然0である.するとそのときには新しい基底 x_k の値は少しも増加しておらず依然0のままであって,0の値のままで y_l と x_k の基底を交換したことになっている.またそのときには新しい P の値は

$$P = \sum_{j=1}^{m} c_{n+j} b_j - (u_k - c_k) \frac{b_l}{a_{lk}}$$

$$= \sum_{j=1}^{m} c_{n+j} b_j$$

としてもとのままで全然増減しない.よってこのような場合にはシンプレック

ス表で一段階すすんでも P を最大化または最小化する目的には近づかないことがわかる.

次の問題は前に残したように $a_{jk}>0$ のものの中で $\dfrac{b_j}{a_{jk}}$ を最小にするような j が二つあるいはそれ以上あったときその中のどれを基底から除くかということである. この $\dfrac{b_j}{a_{jk}}$ を最小とする j が二つあった場合にどうなるかを考えてみよう. そのような j を l および s であったとする. すなわち $a_{jk}>0$ の中で $\dfrac{b_l}{a_{ls}}$ と $\dfrac{b_s}{a_{sk}}$ がともに $\dfrac{b_j}{a_{jk}}$ を最小にしているとする. そのとき, もし y_l を基底から取り除いたとすれば, 基底に残っている y_s の値がどうなるであろうか. y_s の新しい値は, シンプレックス表の公式によれば

$$b_s - a_{sk} \cdot \dfrac{b_l}{a_{lk}}$$

である. ところが今は

$$\dfrac{b_s}{a_{sk}} = \dfrac{b_l}{a_{lk}} = \min\left\{\dfrac{b_j}{a_{jk}}, a_{jk}>0\right\}$$

となっているから, この新しい値は

$$b_s - a_{sk} \cdot \dfrac{b_l}{a_{lk}} = 0$$

である. すなわち次の段階での基底の中に 0 のものが現われることになる.

このようにはじめからあるいは途中の段階において, 基底の中に 0 のものが現われる場合を退化(degeneracy)の場合と呼ぶ. すなわち退化の場合には, シンプレックス法で一段階すすんでも, 一次式 P の値がもとのままで, 目的に近づかない可能性がある.

そこで, 退化の場合にはどうすればよいかを考えてみよう. $y_1, y_2, \cdots, y_m$ を基底として, その値が $b_1, b_2, \cdots, b_m$ であり, b_j の中には 0 のものがあってもかまわないとしている. そのとき, ε を十分小さい正の数としておいておのおのの b_j の代りにこれに

$$\varepsilon^j + a_{j1}\varepsilon^{m+1} + a_{j2}\varepsilon^{m+2} + \cdots + a_{jn}\varepsilon^{m+n}$$

をつけ加えて

$$b_j' = b_j + \varepsilon^j + a_{j1}\varepsilon^{m+1} + a_{j2}\varepsilon^{m+2} + \cdots + a_{jm}\varepsilon^{m+n}$$

§35. 線型計画法

を考えれば，ε はきわめて小さい正の数であり，$j=1, 2, \cdots, m$ であるから，このものはたとえ b_j が 0 であってもプラスの値であって，すでに述べた理論が適用される．さらに，このようにおけば，さきほどの最小値が二つある場合

$$\frac{b_l}{a_{lk}} = \frac{b_s}{a_{sk}}$$

であっても

$$\frac{b_l'}{a_{lk}} \neq \frac{b_s'}{a_{sk}}$$

となって，すでに述べた場合になる．このようにして，退化の現象は常に除くことができる．この方法を摂動法(perturbation method)と呼ぶ．すなわち少しずらして考えるというわけである．この方法ですすんで最終解まで行なって，そこで ε を 0 とした解が求める最適解となる．

ところが，実際問題としていちいちこのような ε を導入することは不便である．幸いにしていま述べたことは一般原理であって，実際には ε を導入するまでもなく，はじめから基底の値 b_j に 0 のものがあっても，そのままシンプレックス方法ですすんでゆけばよい．基底の値の 0 のものが基底から除かれる段階では P の値は不変で，目的に近づかずに停滞していることになるだけで，そうでない段階ではつねに目的へとすすみ，一度基底へはいったものはふたたび基底から出ることはないのでけっきょくは最終解に達するのである．

ところでさきほどの $\dfrac{b_j}{a_{jk}}$ で最小を与えるものが二つ以上あったときには，ε を使用せずにどうすればよいかというと，そのときはまずそのものの中で $\dfrac{a_{j1}}{a_{jk}}$ の最小のものをみつければよい．これはもはや a_{j1} がプラスとは限らぬので，プラスかどうかはわからないが，代数的な意味での最小である(すなわち -3 は $+2$ よりも小さい)．もし $\dfrac{b_j}{a_{jk}}$ の最小を与えるものすべてが $\dfrac{a_{j1}}{a_{jk}}$ についても全部等しいときには $\dfrac{a_{j2}}{a_{jk}}$ へとすすんで比較すればよい．このようにすれば必ず最小を与えるものが決定され，それを基底から取り除けばよいことになる．その理由は

$$\frac{b_l}{a_{lk}} = \frac{b_s}{a_{sk}},$$

$$\frac{a_{li}}{a_{lk}}=\frac{a_{si}}{a_{sk}} \quad (i=1,2,\cdots,n)$$

であるならば，はじめからl番とs番目の二つの制限条件が全く同じ式であることを意味しているから，どこかで必ず異なるものがでてきて，小さい方をとればよいのである．つまり，シンプレックス表で基底にもちきたるべきx_kの係数の$a_{jk}>0$のものの中で$\dfrac{b_j}{a_{jk}}$を最小とするものが二つ以上あるときには，第一列のx_1の列へすすんで，$\dfrac{a_{j1}}{a_{jk}}$を比較して小さい方をとり，そこでもきまらなければx_2の列へすすむという具合にする．

かくして，退化の場合も，ほとんど変わりなくシンプレックス法をそのまま使えばよいことがわかる．

問 1. §32 問2の問題

$$x_1+2x_2 \leqq 5{,}800,$$
$$2x_1+8x_2 \leqq 13{,}600,$$
$$0.5x_1+5x_2 \leqq 5{,}800,$$
$$6x_2 \leqq 6{,}000,$$
$$x_1 \geqq 0,\ x_2 \geqq 0$$

なる条件のもとに$P=1.8x_1+12x_2$を最大にすることをこの一般解法にしたがって解け．

問 2. 製品RとSとは2段階の製造工程で作られるが，はじめの作業はすべて機械工場Iで行なわれ，おわりの作業は機械工場ⅡAかⅡBかのどちらかで行なうことができる．ⅡA，ⅡBの差は製品につき単位時間あたりの生産高と1個あたりの利益の違うことである．さらにⅡAでは残業ができそのため1個あたりの利益に変化が起るから別にⅡAA という工場を規定する．

製品RとSとを製作するための1個あたりの所要時間，各機械工場で利用できる総時間および1個あたりの利益が次表で与えられている．[1]

作業	工場	製品 R			製品 S			総時間
		R_1	R_2	R_3	S_1	S_2	S_3	
1	I	0.01	0.01	0.01	0.03	0.03	0.03	850
2	ⅡA	0.02			0.05			700
	ⅡAA		0.02			0.05		100
	ⅡB			0.03			0.08	900
1個あたり利益(ドル)		0.40	0.28	0.32	0.72	0.64	0.60	

---

[1] 前出 Churchmann, Introduction to Operations Research*；森口繁一他訳，オペレーションズリサーチ入門*．本問は本節で述べた理論にしたがって逐次計算を行なえば解がえられるが Churchmann の書物には理由を抜きにして表をつくり実行する手順を示し解を得る方法が丁寧に述べられている．

各工場の能力が限られていることを考慮して全体の利益を最大にするには，おのおのの製品をいくつずつ作るのがよいか．

注意． 線型計画法の様式としては $x_1, x_2, x_3, x_4, x_5, x_6$ がそれぞれ製品 $R_1, R_2, R_3, S_1, S_2, S_3$ を作る量を表わすとすれば

$$0.01x_1+0.01x_2+0.01x_3+0.03x_4+0.03x_5+0.03x_6 \leq 850,$$
$$0.02x_1+0.05x_4 \leq 700,$$
$$0.02x_2+0.05x_5 \leq 100,$$
$$0.03x_3+0.08x_6 \leq 900.$$

のもとに

$$z=0.40x_1+0.28x_2+0.32x_3+0.72x_4+0.64x_5+0.60x_6$$

を最大にすることになる．

最適計画 $x_1=35,000$, $x_2=5,000$, $x_3=30,000$, $x_4=x_5=x_6=0$, 総利益 25,000 ドル．

注意． 本章は前出 Churchman, Introduction to Operations Research* などを参考としているが，線型計画法理論は西田俊夫，線型計画法（O.R 資料プリント）未刊行によっている．

ここで述べている方法は線型計画法の一般解法を厳密に証明を与えながら解法を示しているものである．実際の計算には Churchman の書物等で述べられているように形式的にやる方が早いが，それではなぜ最適解に達しているのか否かの理由が明らかでない．なお参考書として

R. Dorfman, Application of Linear Programming to the Theory of the Firm

などがある．

第7章 待 行 列 論

§36. 生成死滅過程

　状態 $E_0, E_1, E_2, \cdots, E_n, \cdots$ があり，状態の変化が E_n からは E_{n+1} へも E_{n-1} へも変わり得るような確率過程を考える．

　仮定として状態 E_n からは E_{n+1} か E_{n-1} へしか移り得ないとする．すなわち E_n から E_{n+2} や E_{n-2} へは直接には移り得ないものとする．

　次に任意の時刻において状態 E_n にあったとして $(t, t+h)$ の時間区間の中に E_{n+1} へと移る条件付確率は $\lambda_n h + o(h)$ であり，E_{n-1} へと移る条件付確率は $\mu_n h + o(h)$ であるとし少なくとも二つの状態変化をする確率は $o(h)$ であるとする．E_0 からは E_1 へしか移れない．

　これらの仮定のもとで時刻 t に状態が E_n である確率 $P_n(t)$ の満足する関係式を求めることができる．

　時刻 $t+h$ において状態 E_n にある確率 $P_n(t+h)$ はこのような現象のおこる可能な場合として次の四つの場合が考えられ，これらはすべて排反的な事象である．

　1) 時刻 t における状態が E_n であり $(t, t+h)$ の間には全然変化が起らない．

　2) 時刻 t において状態が E_{n-1} で $(t, t+h)$ の間に一つの増加の変化が起って E_n へと移る．

　3) 時刻 t において状態が E_{n+1} で $(t, t+h)$ の間に一つの減少の変化が起って E_n へと移る．

　4) $(t, t+h)$ の間に二つあるいはそれ以上の変化が起って時刻 $t+h$ の状態が E_n となる．

　1) の場合の条件付確率は $1 - \lambda_n h - \mu_n h - o(h)$．2), 3), 4) の場合の条件付確率はそれぞれ $\lambda_n h + o(h)$, $\mu_n h + o(h)$, $o(h)$ である．したがって確率の加法性と条件付確率の定義により

$$P_n(t+h) = P_n(t)(1-\lambda_n h - \mu_n h) + P_{n-1}(t)\lambda_{n-1}h + P_{n+1}(t)\mu_{n+1}h + o(h).$$

ここで
$$\frac{P_n(t+h) - P_n(t)}{h} = -(\lambda_n + \mu_n)P_n(t) + \lambda_{n-1}P_{n-1}(t) + \mu_{n+1}P_{n+1}(t).$$

$h \to 0$ ならしめると
$$P_n'(t) = -(\lambda_n + \mu_n)P_n(t) + \lambda_{n-1}P_{n-1}(t) + \mu_{n+1}P_{n+1}(t), \quad n \geq 1,$$
なる微分方程式ができる.

$n=0$ のときには $t+h$ で $P_0(t+h)$ であるためには t で E_0 で, $(t, t+h)$ の間に変化しないか, t で E_1 で $(t, t+h)$ の間に一つ減少するか, あるいは二つ以上の増減をして $t+h$ で E_0 になったかいずれかであるから
$$P_0(t+h) = P_0(t)(1-\lambda_0 h) + P_1(t)\mu_1 h + o(h).$$

よって
$$P_0'(t) = -\lambda_0 P_0(t) + \mu_1 P_1(t).$$

そこで時刻 0 のときの初期状態を E_i とするならば初期条件は
$$P_i(0) = 1, \quad P_n(0) = 0 \quad (n \neq i).$$

上の $P_n(t), P_0(t)$ に関する微分方程式は生成死滅過程の基本方程式と呼ばれるものである.

上の微分方程式は P_n に対し P_{n-1}, P_{n+1} が入っているから普通の常微分方程式の連立方程式ではなく簡単には解けない.

それでこの場合には母函数(generating function)による方法が用いられる.

母函数とは
$$P(t, s) = \sum_{n=0}^{\infty} P_n(t) s^n$$
で定義される函数である.
$$P(t, s), \quad \frac{\partial P(t, s)}{\partial s}, \quad \frac{\partial^2 P(t, s)}{\partial s^2}, \quad \cdots$$
をつくって $s=0$ とおくと
$$P(t, 0) = P_0(t), \quad \left.\frac{\partial P(t, s)}{\partial s}\right|_{s=0} = P_1(t), \quad \left.\frac{\partial^2 P(t, s)}{\partial s^2}\right|_{s=0} = 2P_2(t), \quad \cdots$$

であり一般に
$$\left.\frac{\partial^n P(t,s)}{\partial s^n}\right|_{s=0} = n! P_n(t).$$
よって $P_n(t)$ を求める代りに $P(t,s)$ を求めればよい.

具体的に問題が与えられたときは $P(t,s)$ の満足すべき偏微分方程式が得られることがある. そうすればこれを解くことによって $P(t,s)$ が求められる.

しかし $P(t,s)$ を求めるのに困難な場合が少なくない. そのときは長い時間の経過した後にどのような状態になるかということがわかればよいことがある. それには $t \to \infty$ のときの
$$\lim_{t \to \infty} P_n(t) = P_n$$
を考える. 極限 P_n は存在して初期条件には全く無関係に定まることが証明される.

また $P_n(t)$ が t に無関係に P_n に等しいと仮定できる場合にも容易に求められる.

最後の二つの場合には P_n は t に関係しないから
$$\frac{dP_n(t)}{dt} = 0, \quad n=0,1,2,\cdots$$
でこの場合は

(36.1) $\quad 0 = \mu_{n+1} P_{n+1} + \lambda_{n-1} P_{n-1} - (\lambda_n + \mu_n) P_n \quad (n > 0),$

(36.2) $\quad 0 = -\lambda_0 p_0 + \mu_1 p_1 \quad\quad\quad\quad\quad\quad\quad (n=0)$

を解けばよい.

また一般の場合に $P_n(t)$ を求めることの困難なとき個々の $P_n(t)$ でなく $\{P_n(t)\}$ の分布の平均値 $M(t) = \sum_{n=1}^{\infty} n P_n(t)$ とか分散とかを求める場合も多い.

状態の変化が E_n からは E_{n+1} のみへしか移り得ぬ確率過程は上の特別なもので純粋生成過程という. $\mu_1 = \mu_2 = \cdots = \mu_n = \cdots = 0$ の場合である.

そのうち特に $\lambda_0 = \lambda_1 = \lambda_2 = \cdots = \lambda_n = \cdots = \lambda$ なる場合を考えよう.

そのとき基本微分方程式は

(36.3) $\quad\begin{aligned} P_n'(t) &= -\lambda P_n(t) + \lambda P_{n-1}(t), \\ P_0'(t) &= -\lambda P_0(t). \end{aligned}$

§36. 生成死滅過程

$P_0(t)$ は時間区間 t の間に一度も変化の起らない確率であり $1-P_0(t)$ はこの間に少なくとも一回現象のおこる確率を表わしている。

時間区間に幅のない場合，つまり $t=0$ のときは変化は起りようがないから $P_0(0)=1$.

よって

$$P_0'(t)\Big|_{t=0}=\lim_{h\to 0}\frac{P_0(h)-P_0(0)}{h}=-\lim_{h\to 0}\frac{1-P_0(h)}{h}=-\lambda P_0(0).$$

よって

$$1-P_0(h)=\lambda h+o(h).$$

すなわち十分小さい時間区間 h の幅で少なくとも一回変化のおこる確率は $\lambda h+o(h)$ となる。

さて (36.3) を解くと

$$\log P_0(t)=-\lambda t+C', \quad P_0(t)=Ce^{-\lambda t}.$$

$P_0(0)=1$ から $P_0(t)=e^{-\lambda t}$.

次に $P_1(t)$ を求めるには

$$P_1'(t)=-\lambda P_1(t)+\lambda e^{-\lambda t}.$$

を $P_1(0)=0$ を初期値として解けば線型一階方程式であるから

$$P_1(t)=\lambda te^{-\lambda t}.$$

同様に

$P_2(0)=P_3(0)=\cdots=0$ であるから

$$P_n'(t)=-\lambda P_n(t)+\lambda\frac{(\lambda t)^{n-1}}{(n-1)!}e^{-\lambda t}$$

から

$$P_n(t)=\frac{(\lambda t)^n}{n!}e^{-\lambda t}.$$

これをポアソン過程という。

電話の呼出数などはこのポアソン分布がよくあてはまることが知られている。

一般の純粋生成過程では同様に線型一階微分方程式を解くことによって $P_n(t)$ を求めることができる。

時刻 t までに変化が一度も起らない確率とは最初の変化が時刻 t 以後である確率のことである．時間区間 $(t, t+h)$ の間に変化の起らない確率は $e^{-\lambda h}$ であるから，少なくとも一回変化の起る，すなわちこの間にある動作時間の終る確率は

$$1-e^{-\lambda h}=1-\left(1-\lambda h+\frac{(\lambda h)^2}{2!}+\cdots\right)=\lambda h+o(h).$$

市外電話の会話時間とか，機械の修繕時間などには，この仮定がよくあてはまる．

§37. 待行列問題

電話線の問題について簡単な場合を考える．使用し得る電話の回線の数が無限に多いと仮定する．時間区間 $(t, t+h)$ の間に一会話の終る確率を $\mu h+o(h)$ とし，またこの時間に電話の申込まれる確率が，母数 λ のポアソン型すなわち一つの申込みのくる確率が $\lambda h+o(h)$ とする．

n 本の電話が使用されている状態を E_n とする．おのおのの電話の会話の継続時間は互いに独立であるとする．そこで n 本が使用される状態 E_n であるとき，その中の一本が時間区間 h の間にあく確率は，確率の加法性により $n\mu h+o(h)$ である．この時間中に 2 本以上の会話の終る確率は確率が独立としたから $(\mu h+o(h))^k$ $(k\geqq 2)$ であるから h^2 以上の小ささとなり $o(h)$ に属する．さらに h の間に二つ以上の申込みのくる確率も，一つが終了し一つ申込まれるということが同時に起る確率もともに全く同様にして $o(h)$ となる．

したがって生成死滅過程の基本方程式

$$\lambda_n=\lambda, \quad \mu_n=n\mu.$$

相当する微分方程式は

$$P_0{}'(t)=-\lambda P_0(t)+\mu P_1(t),$$
$$P_n{}'(t)=-(\lambda+n\mu)P_n(t)+\lambda P_{n-1}(t)+(n+1)\mu P_{n-1}(t).$$

ここで母函数

$$P(t,s)=\sum_{n=0}^{\infty}P_n(t)s^n$$

§37. 待行列問題

とおくと
$$\frac{\partial P}{\partial t}=P_0{}'(t)+P_1{}'(t)s+P_2{}'(t)s^2+\cdots.$$

よって
$$P_0{}'(t)=-\lambda P_0(t)+\mu P_1(t),$$
$$sP_1{}'(t)=-s(\lambda+\mu)P_1(t)+\lambda sP_0(t)+s\cdot 2\mu P_2(t),$$
$$s^2P_2{}'(t)=-s^2(\lambda+2\mu)P_2(t)+\lambda s^2P_1(t)+s^2 3\mu P_3(t).$$
$$\cdots\cdots\cdots\cdots\cdots\cdots\cdots\cdots\cdots.$$

これらの右辺を加え合わせると,
$$-\lambda\{P_0(t)+sP_1(t)+s^2P_2(t)+\cdots\}+\mu(1-s)\{P_1(t)+2sP_2(t)+\cdots\}$$
$$+\lambda s\{P_0(t)+sP_1(t)+\cdots\}$$
$$=-\lambda(1-s)P(t,s)+\mu(1-s)\frac{\partial P(t,s)}{\partial s}$$

となり母函数 $P(t,s)$ は偏微分方程式
$$\frac{\partial P}{\partial t}=(1-s)\left\{-\lambda P+\mu\frac{\partial P}{\partial s}\right\}$$

を満足することになる.

解法. 一般に非斉次線型一階微分方程式
$$P(x,y,z)\frac{\partial z}{\partial x}+Q(x,y,z)\frac{\partial z}{\partial y}=R(x,y,z)$$

を解くには, 微分方程式
$$\frac{dx}{P(x,y,z)}=\frac{dy}{Q(x,y,z)}=\frac{dz}{R(x,y,z)}$$

を解いて得られる二つの解 $u_1(x,y,z)=c_1$, $u_2(x,y,z)=c_2$ に初期条件を用いて x,y,z を消去して, c_1 と c_2 の関係を求めた後にその関係の c_1 と c_2 とにふたたび u_1 と u_2 とを代入してそれを z について解けばよい.

偏微分方程式
$$\frac{\partial P}{\partial t}-(1-s)\mu\frac{\partial P}{\partial s}=-(1-s)\lambda P$$

に対応する微分方程式は

$$\frac{dt}{1}=\frac{ds}{-(1-s)\mu}=\frac{dP}{-(1-s)\lambda}.$$

$\dfrac{ds}{-(1-s)\mu}=\dfrac{dP}{-(1-s)\lambda}$ を解くと $P=c_1 e^{\frac{\lambda}{\mu}s}$,

$\dfrac{dt}{1}=\dfrac{ds}{-(1-s)\mu}$ を解くと $(1-s)=c_2 e^{\mu t}$.

よって $c_1=e^{-\frac{\lambda}{\mu}s}P,\ c_2=e^{-\mu t}(1-s)$.

今初期の状態を E_i とする.すなわち $t=0$ のとき i 本の電話線が使用中であったとし,初期条件として $P_i(0)=1,\ P_n(0)=0\ (n\neq i)$ とする.

よって $P(0,s)=s^i$. 上の c_1, c_2 において $t=0$ とおくと

$$c_1=e^{-\frac{\lambda}{\mu}s}s^i,\ \ c_2=(1-s).$$

これらから s を消去すると

$$c_1=e^{-\frac{\lambda}{\mu}(1-c_2)}(1-c_2)^i.$$

この c_1 と c_2 とにもとの関係を代入すれば

$$e^{-\frac{\lambda}{\mu}s}P=e^{-\frac{\lambda}{\mu}\{1-e^{-\mu t}(1-s)\}}\{1-e^{-\mu t}(1-s)\}^i$$

となり

$$P(t,s)=e^{-\frac{\lambda}{\mu}(1-s)(1-e^{-\mu t})}\{1-e^{-\mu t}(1-s)\}^i.$$

$P_n(t)$ を求めるには,この式を n 回 s に関して微分して $s=0$ とおけばよく,特に初期の状態が E_0 であるならば $P(t,s)$ の式で $i=0$ とおけばよい.そのとき

$$P(t,s)=e^{-\frac{\lambda}{\mu}(1-s)(1-e^{-\mu t})}$$

である.

ところで母数が $\dfrac{\lambda}{\mu}(1-e^{-\mu t})$ のポアソン分布では

$$P_n(t)=\frac{\left\{\dfrac{\lambda}{\mu}(1-e^{-\mu t})\right\}^n}{n!}e^{-\frac{\lambda}{\mu}(1-e^{-\mu t})}$$

であるから,その母函数は

§37. 待行列問題

$$\sum_{n=0}^{\infty} P_n(t) s^n = e^{-\frac{\lambda}{\mu}(1-e^{-\mu t})} e^{\frac{\lambda}{\mu}(1-e^{-\mu t})s}$$

$$= e^{-\frac{\lambda}{\mu}(1-s)(1-e^{-\mu t})}.$$

したがって初期状態が E_0 のときは母数が $\frac{\lambda}{\mu}(1-e^{-\mu t})$ のポアソン分布になる.

もし $t \to \infty$ の極限状態のみを考えるならば $\lim_{t\to\infty} P_n(t) = P_n$ で $\frac{dP_n(t)}{dt}=0$ とおいたものを満足せねばならないから

$$0 = -\lambda P_0 + \mu P_1,$$
$$0 = \lambda P_{n-1} + (n+1)\mu P_{n+1} - (\lambda + n\mu) P_n$$

となりこの二式から

$$P_1 = \frac{\lambda}{\mu} P_0,$$

$$P_2 = \frac{1}{2}\left(\frac{\lambda}{\mu}\right)^2 P_0,$$

$$\dots\dots\dots\dots,$$

$$P_n = \frac{1}{n!}\left(\frac{\lambda}{\mu}\right)^n P_0$$

となる.

$\sum P_n = 1$ であるから

$$P_0 \sum \frac{1}{n!}\left(\frac{\lambda}{\mu}\right)^n = P_0 e^{\frac{\lambda}{\mu}} = 1, \quad P_0 = e^{-\frac{\lambda}{\mu}}$$

となり

$$P_n = \frac{1}{n!}\left(\frac{\lambda}{\mu}\right)^n e^{-\frac{\lambda}{\mu}}.$$

母数 $\frac{\lambda}{\mu}$ のポアソン分布にしたがうことがわかる.

この問題での平均値 $M(t) = \sum n P_n(t)$ を求めるには基本方程式に n を乗じて

$$nP_n'(t) = -n(\lambda + n\mu)P_n(t) + \lambda n P_{n-1}(t) + n(n+1)\mu P_{n+1}(t).$$

辺々加え合わせると

左辺 $= M'(t)$,

右辺 $= -\sum_{n=1}^{\infty} n\lambda P_n(t) - \sum_{n=0}^{\infty} \{(n+1)^2 - n(n+1)\} \mu P_{n+1}(t)$

$+ \lambda \sum_{n=1}^{\infty} P_{n-1}(t) + \lambda \sum_{n=1}^{\infty} (n-1) P_{n-1}(t) = \lambda - \mu M(t).$

よって
$$M'(t) = \lambda - \mu M(t).$$

これを解くと
$$\lambda - \mu M(t) = Ce^{-\mu t}.$$

初期の状態を E_i とすれば $M(0)=i$ であるから $C = \lambda - \mu i$ となり
$$M(t) = \frac{\lambda}{\mu}(1 - e^{-\mu t}) + ie^{-\mu t}.$$

これが時間 t に平均的に使用される電話の本数を表わしている. $i=0$ では $M(t)$ は前述のポアソン分布の母数となっている.

今度は使用し得る電話の回線の数が有限であるとする. そのときには全部の電話線が使用中ならば新しくきた申込みは待たねばならない. これを待合せ行列 (waiting line)[1] という. この待合せ行列に加わって電話線があくまで待つことになる. この問題は電話線の会話の代りに事務所の窓口の事務を考えたり, サービスの問題, そのほか多くの事例がこれに相当し一般に行列待ちの問題といわれる.

いま使用し得る電話線あるいは窓口の数を a とすれば, これらの a 個がすべてふさがっているときだけ待たねばならない. そこで電話をかけている人 (あるいは事務をしてもらっている人) と行列に並んで待っている人との合計が n 人であるとき状態が E_n であるとする. $n > a$ のときだけ行列が存在し, $n-a$ 人が行列にいる. $n > a$ のときには a 個の会話がつづけられており $n \leq a$ のときには $\mu n = a\mu$ となる.

よって基本方程式は

$n \leq a$ のときは前の式

---

[1] この行列はただ並んでいるということで, 行列式, 行列 (determinant, matrix) とは全く異なるものである.

§37. 待行列問題

$$P_n'(t) = -(\lambda+n\mu)P_n(t) + \lambda P_{n-1}(t) + (n+1)\mu P_{n+1}(t).$$

$n \geq a$ のときは

$$P_n'(t) = -(\lambda+a\mu)P_n(t) + \lambda P_{n-1}(t) + a\mu P_{n+1}(t).$$

前の例とは状態 E_n の意味は違っていて電話線が a 本しかないので E_n は使用中および待機中の人が全部で n 人いる状態を意味する（すなわち状態 E_n の意味は違っている）．

$P_n(t)$ は母函数で求められる．

$\lim_{t\to\infty} P_n(t) = P_n$ なる極限状態を考えるだけならば $n \leq a$ のときは前と全く同様

$$0 = -\lambda P_0 + \mu P_1,$$
$$0 = \lambda P_{n-1} - (\lambda+n\mu)P_n + (n+1)\mu P_{n+1}$$

であり $n \geq a$ のときは

$$0 = \lambda P_{n-1} - (\lambda+a\mu)P_n + a\mu P_{n+1}.$$

そこで $n \leq a$ のときは前と同様

$$P_n = P_0 \frac{1}{n!}\left(\frac{\lambda}{\mu}\right)^n$$

となる．

P_{a+1} については

$$0 = \lambda P_{a-1} - (\lambda+a\mu)P_a + a\mu P_{a+1}$$

から

$$P_{a+1} = P_0 \frac{1}{a!}\frac{1}{a}\left(\frac{\lambda}{\mu}\right)^{a+1}$$

となり一般に $n \geq a$ のときは

$$P_n = P_0 \frac{1}{a!}\frac{1}{a^{n-a}}\left(\frac{\lambda}{\mu}\right)^n.$$

$n \geq a$ の P_n の項は公比が $\dfrac{\lambda}{a\mu}$ の等比級数をしているから $\sum P_n$ が収束するためには $\dfrac{\lambda}{a\mu} < 1$, すなわち $\dfrac{\lambda}{\mu} < a$ でなければならない．

したがって $\dfrac{\lambda}{\mu} \geq a$ ならば $\sum P_n \leq 1$ から $P_0 = 0$. したがってすべての P_n

$=0$. このことは時間の経過とともに待行列が増大して無限の長さになることを示す.

$\dfrac{\lambda}{\mu}<a$ のときは $\sum P_n=1$ から P_0 を求めて P_n が求められる.

問 1. 入力も出力もランダムであると仮定した場合,人が窓口へきてサービスを受ける. サービスの時間が短かく人のくるより早くさばければ行列はできないが, 到着する人の方が多ければ順次待行列は長くなる. ある一定の長さの待行列のあらわれる確率と, 行列の長さの期待値とを求める.

n: 時刻 t における待行列中の単位の数,

$P_n(t)$: 時刻 t において待行列中に n 単位並んでいる確率,

$\lambda \varDelta t$: 時刻 t と $t+\varDelta t$ との間に新しい1単位が行列に加わる確率 (λ は平均到着率),

$\mu \varDelta t$: 時刻 t と $t+\varDelta t$ との間に1単位がサービスを受け終る確率 (μ は平均サービス率),

$\bar{N}$: 待行列の平均の長さ(行列中の平均単位数),

とするとき $P_n(t)$ が t に無関係で, P_n に等しいと仮定されるならば

$$0=\lambda P_{n-1}+\mu P_{n+1}-(\lambda+\mu)P_n \quad (n>0),$$
$$0=-\lambda P_0+\mu P_1 \quad\quad (n=0)$$

となることを示せ.

注意. 時刻 t に状態 E_n である確率が $P_n(t)$, $\lambda \varDelta t$ は t と $t+\varDelta t$ 間に E_n から E_{n+1} へ移る条件付確率, $\mu \varDelta t$ は E_n から E_{n-1} へ移る条件付確率なることに注意せよ.

問 2. 問1において $\sum\limits_{i=0}^{\infty}P_i=1$ なることならびに $\sum\limits_{n=0}^{\infty}\left(\dfrac{\lambda}{\mu}\right)^n=\dfrac{1}{1-\dfrac{\lambda}{\mu}}$ を注意して,

$$P_n=\left(\dfrac{\lambda}{\mu}\right)^n\left(1-\dfrac{\lambda}{\mu}\right), \quad \text{ただし}\quad \dfrac{\lambda}{\mu}<1$$

となることを示せ.

問 3. 定義から $\bar{N}=\sum\limits_{n=0}^{\infty}nP_n$ であるが

$$\bar{N}=\dfrac{\dfrac{\lambda}{\mu}}{1-\dfrac{\lambda}{\mu}}, \quad\quad \dfrac{\lambda}{\mu}<1$$

となることを示せ.

問 4. $\dfrac{\lambda}{\mu}$ が $\dfrac{1}{2},\ \dfrac{3}{4},\ \dfrac{7}{8},\ \dfrac{15}{16},\ \dfrac{31}{32},\ \cdots$ ならばそれぞれ待行列の長さの平均(期待値)は

$$1,\ 3,\ 7,\ 15,\ 31,\ \cdots$$

となることを示せ. $\dfrac{\lambda}{\mu}\to 1$ になれば待行列は無限に長くなることを示せ.

§37. 待 行 列 問 題

注意. 本章は Feller, Introduction to Probability Theory and its Applications* ならびに西田俊夫, Queuing Problem (O.R 資料プリント) 未刊行 に負うている.

待合せの問題はここに述べた確率過程的な理論の応用がその中心ではあるが, これらを実現する一つの有力な方法としてモンテカルロ法という手法が応用される. ここでは述べられなかったが, これは数値計算法の部門で採り上げられるはずである.

第8章 取替理論

§38. 再帰現象

いま二つの正数の(負でない数)数列 $\{a_n\}$ と $\{b_n\}$ $(n=1, 2, \cdots)$ が与えられたとき,第三の数列 $\{u_n\}$ が

$$u_n = b_n + (a_0 u_n + a_1 u_{n-1} + \cdots + a_n u_0) \quad (a_0 \neq 1)$$

で与えられるとする.この関係を再帰方程式(renewal equation)とよぶ.

ある事象が n 回目の試行で起る確率を u_n としその事象が n 回目の試行ではじめて起る確率を f_n とする.

特に $b_n=0$, $a_n=f_n$ $(n=1, 2, \cdots)$ で $a_0=0$, $b_0=1$ とおくと

$$u_n = u_0 f_n + u_1 f_{n-1} + \cdots + u_{n-2} f_2 + u_{n-1} f_1.$$

これが再帰現象の基本的関係式である.

再帰事象とは,相続いた試行の列とか,または時間とともに連続的に変動する偶然現象において,ある事象 E を考えたとき,与えられた試行列に対し,その事象 E が起ったか否かの判定がつき,それから一度この事象が起ったら,そのすぐ後からの状態は全くはじめから行なったのと同じ状態にもどるということがみとめられるものをいう.

再帰事象 E を考えて,その確率 u_n と f_n とを考えるとき,E が n 回目でともかく起るということは,n 回目ではじめて起ったか,あるいはそれ以前に何回目かで起り,n 回目でふたたび起ったかである.そして $n-k$ 回目で E がはじめて起り,n 回目で二度目か三度目かは問わずともかくふたたび起ったという事象の確率は再帰事象の基本性質により,一度起った後の状態がそれ以前と独立なことによって $f_{n-k} u_k$ である.したがって n 回目でともかくも起る確率は,これらの排反的な事象のいずれかから成り立つから

$$u_n = f_n + u_1 f_{n-1} + \cdots + u_{n-2} f_2 + u_{n-1} f_1.$$

ここで $u_0=1$, $f_0=0$ と定義しておくと前に得た式となる.ただしこれらの式は $n \geqq 0$ のときに成り立つのである.

§38. 再帰現象

再帰方程式は順番に解くことができる．

$$u_0 = b_0 + a_0 u_0 \quad (a_0 \neq 1), \quad u_0 = \frac{b_0}{1-a_0},$$

$$u_1 = b_1 + a_0 u_1 + a_1 u_0, \quad u_1 = \frac{b_1(1-a_0) + a_1 b_0}{(1-a_0)^2},$$

$$\cdots\cdots\cdots\cdots\cdots\cdots\cdots\cdots\cdots\cdots$$

n が増加すると一般に複雑な式となってしまうので実際問題では $n \to \infty$ のときの u_n の状態が研究される．

そのために $\{a_n\}, \{b_n\}$ の母函数を考える．$\{a_n\}, \{b_n\}$ の母函数は

$$A(s) = \sum_{n=0}^{\infty} a_n s^n, \quad B(s) = \sum_{n=0}^{\infty} b_n s^n$$

でさらに u_n の母函数 $U(s)$ を

$$U(s) = \sum_{n=0}^{\infty} u_n s^n$$

とする．

再帰方程式の $a_0 u_n + a_1 u_{n-1} + \cdots + a_n u_0$ なる項が $A(s)B(s)$ の展開における s^n の係数であることから再帰方程式の u_n の式の両辺に s^n を乗じて n につき加え合わせて

$$U(s) = B(s) + A(s) U(s)$$

がすぐわかる．

よって

$$U(s) = \frac{B(s)}{1 - A(s)}.$$

以下では $B(1) = \sum_{n=0}^{\infty} b_n$ が有限，すなわち $\sum_{n=0}^{\infty} b_n$ が収束する場合だけを考える．

数列 $\{a_n\}$ に関し $\lambda > 1$ なる整数 λ に関し $a_\lambda, a_{2\lambda}, a_{3\lambda}, \cdots$ の項だけが零でなくほかの項がすべて零であるとき周期的な場合という．そして λ を周期という．$\{a_n\}$ が周期的であってもなくても，上式で $s \to 1$ ならしめると

$$U(1) = \frac{B(1)}{1 - A(1)}.$$

よって $U(1) = \sum u_n$ が発散するか収束するかは $A(1)$ が1になるか否かによ

る.すなわち $\sum a_n = 1$ か $\sum a_n < 1$ かによる.

$\sum a_n < 1$ のときは $\sum u_n$ が収束するから $n \to \infty$ に対し $u_n \to 0$.

$\sum a_n = 1$ のとき

$$\mu = A'(1) = \sum_{n=0}^{\infty} n a_n$$

とおくと $\{a_n\}$ が周期的でないとき

$$\frac{1}{1-A(s)}$$

の s の冪級数展開で s^n の係数を v_n とすると $v_n \to \dfrac{1}{\mu}$ $(n \to \infty)$ となることが証明できる.[1]

ところで $U(s) = \dfrac{B(s)}{1-A(s)}$ であるから,両辺の s^n の係数を比較すると

$$u_n = v_n b_0 + v_{n-1} b_1 + \cdots + v_0 b_n.$$

そこで N を十分大きくとっておけば

$$u_n - (v_n b_0 + v_{n-1} b_1 + \cdots + v_{n-N} b_N) = v_{n-N-1} b_{N+1} + \cdots + v_0 b_n.$$

v_n は一定数 $\dfrac{1}{\mu}$ に収束するからある正数 M よりすべてが小である.

$$u_n - (v_n b_0 + v_{n-1} b_1 + \cdots + v_{n-N} b_N) < M(b_{N+1} + \cdots + b_n).$$

右辺のカッコ内は収束する級数 $\sum_{n=0}^{\infty} b_n$ の十分先の項の和であるから任意の正数より小さくなる.よって N を十分大きくとれば $n > N$ なる n のいかんに関せず

$$u_n - (v_n b_0 + v_{n-1} b_1 + \cdots + v_{n-N} b_N) \to 0.$$

次に n を十分大にして $n \to \infty$ ならしめれば

$$v_n b_0 + v_{n-1} b_1 + \cdots + v_{n-N} b_N \to \frac{1}{\mu}(b_0 + b_1 + \cdots + b_N).$$

よって $n \to \infty$ ならしめると

---

[1] Feller, Introduction to the Theory of Probalility and its Application* p.306 の証明にはミスプリントがある.$r_N < \varepsilon$ の代りに $\sum_{n \geq N} r_n < \varepsilon$ とせよ.Erdös, Feller, Pollard, A Theorem on Power Series, Bulletin of the American Mathematical Society 55 (1949) にも証明が載っている.

$$u_n \to \frac{1}{\mu}\sum b_n = \frac{B(1)}{\mu}.$$

$\{a_n\}$ が再帰現象の確率 $\{f_n\}$ であれば $\sum a_n > 1$ となる場合はないが，そうでなければ $\sum a_n > 1$ の場合も考えられるがここでは考えないでおこう．[1]

また $\{a_n\}$ が周期 λ の周期的で $\sum a_n = 1$ の場合には $B_j(1) = b_j + b_{\lambda+j} + b_{2\lambda+j} + \cdots$ とおくと

$$u_{n\lambda+j} \to \frac{\lambda B_j(1)}{\mu} \quad (\lambda = 0, 1, 2, \cdots, \lambda-1)$$

となることが証明される．

§39. 取替問題

電球とかフューズのような機械装置の部品で有限な寿命時間をもっていて機械を正常に運転するためには部品がだめになったときには新品と取換えねばならず，その新品もやがてまただめになってふたたび新品と取換えるようなことを繰り返す．このような部品の寿命時間は一定したものではなく偶然によって支配されると考えられる．新しく取換えられたものの寿命がどれくらいであるかは確率的に考えざるを得ない．これは寿命時間をある時間単位ではかり，各単位ごとに一つずつ試行が行なわれ，その試行の結果部品を取換えるか否かのいずれかが行なわれるとみなせばよい．これはちょうど一つの再帰事象にあたる．いま新しく取換えた部品がちょうど n 単位時間だけ保つという確率を a_n とすれば a_n は n 番目の試行ではじめて事象（だめになるという）の起る確率であり，再帰時間の確率分布が $\{a_n\}$ で与えられる．寿命時間が有限なことがわかっていれば $\sum a_n = 1$ であるが普通はさらに一定時間 m 以上保たないこともわかっている．したがって a_n は m から先はすべて零で $\{a_n\}$ の母函数 $A(s)$ は m 次以下の多項式である．

今ある時点 $t=0$ から出発して全体の部品の集りを考える．その時点で部品のどれもが全く新しいものとは考えられないから，すでに k 単位時間使用されたものの数を v_k とすると部品全体の個数 N は

---

[1] Feller, Introduction to Probability Theory and its Applications* 参照.

$$N=\sum_k v_k.$$

それで時刻 n でこれらのおのおのが取換えを必要とする確率はそれぞれ一定の値をもっており,それらの確率をこの N 個のおのおのについて加え合わせたものが時刻 n における取換えの平均数 u_n となる.出発点ではどれもまだ使用可能であるから $u_0=0$.新品がすぐだめになることはないとして $a_0=0$.

さて時刻 n で取換えられるものとして二通り考えられる.

その一つはすでにそれ以前 $t=j$ で取換えたもので時刻 n においては $n-j$ の年令に達しており,$n-j$ の年令のものがだめになる確率は a_{n-j} である.ところで時点 j で取換えを必要とする平均数は u_j であるからけっきょくこのようなものが時刻 n でふたたび取換えを必要とする平均数は $u_j a_{n-j}$.けっきょく時刻 n までに二代目に変わっていて時刻 n で三代目に変わるものの平均数は j について加え合わせて($u_0=a_0=0$)

$$u_1 a_{n-1}+u_2 a_{n-2}+\cdots+u_{n-1} a_1.$$

次に部品が初代のままで時刻 n で取換えられるものを考える.$t=0$ ですでに年令 k のものを考えるとそれは時点 $n+k$ でだめになることになる.年令 k のものがちょうど n 単位時間後にだめになる確率は寿命時間が k 以上であるという条件のもとで,ちょうど寿命が $k+n$ となるという条件付確率である.ところで寿命時間が k 以上である確率は $r_k=a_{k+1}+a_{k+2}+\cdots$ であり寿命が $k+n$ であれば当然 k 以上になっているから条件付確率の定義によって求める条件付確率は $\dfrac{a_{k+n}}{r_k}$ となる.時刻 0 で年令 k のものが v_k 個あるとしたからこのようなものの中でちょうど時刻 n でだめになる平均数は $v_k \dfrac{a_{k+n}}{r_k}$ である.

したがって初代のもののうち時刻 n でだめになるものの平均数は

$$b_n=\sum_{k=0}^{\infty} v_k \frac{a_{k+n}}{r_k} \quad (n\geqq 1).$$

もちろん v_k はある k から先は $v_k=0$ である.

寿命時間と n とが大きな差がなければ,三代目,四代目のものを取換える確率は小さいから略するとすると,上の二つの可能性を総合して時刻 n で取換える平均数は

§39. 取替問題

$$u_n = b_n + (u_1 a_{n-1} + u_2 a_{n-2} + \cdots + u_{n-1} a_1).$$

ただし $a_0 = u_0 = 0$; また $b_0 = 0$ とする.

平均数 u_n の n が十分大きいときの近似的な状態は前に述べたとおりとなる.

また時刻 n のときの年令分布 $v_k(n)$ は次のようになる. $v_k(0) = v_k$ であるから $k < n$ のものについては時刻 n で年令 k であるということは時刻 $n-k$ で一度取換えられ, それが時刻 n で k 時間だったことであるから, その平均数は時刻 $n-k$ で取換えられる平均数 u_{n-k} とその取換えられたものが k 以上保つという確率 r_k を掛けた

$$v_k(n) = u_{n-k} r_k \quad (k < n).$$

また $k \geqq n$ のものについては時刻 n では初代のもので出発時に年令 $k-n$ であったことを意味している. したがって時刻 n で年令 k であるものの平均数 $v_k(n)$ は出発点で年令 $k-n$ のものの数 v_{k-n} にそれが n 時間以上もつ確率を掛ければよい. 年令 $k-n$ のものがさらに n 時間以上もつ確率は前と同様に $k-n$ 以上もつという条件のもとで k 以上もつという条件付確率であって $\dfrac{r_k}{r_{k-n}}$ である. よって

$$v_k(n) = \frac{v_{k-n} r_k}{r_{k-n}} \quad (k \geqq n).$$

いまこの現象が周期的でないとして $n \to \infty$ の状態をしらべよう. $n \to \infty$ のとき一般論から

$$u_n \to \frac{B(1)}{\mu}$$

であるが,

$$B(1) = \sum_{n=1}^{\infty} b_n = \sum_{n=1}^{\infty} \sum_{k=0}^{\infty} \frac{v_k a_{n+k}}{r_k}$$

$$= \sum_{k=0}^{\infty} \frac{v_k}{r_k} \sum_{n=1}^{\infty} a_{n+k} = \sum_{k=0}^{\infty} v_k = N$$

であるから

$$u_n \to \frac{N}{\mu}.$$

$v_k(n)$ には n を十分大きくすると $k<n$ であり
$$v_k(n) \to \frac{N r_k}{\mu}.$$

なお
$$\sum_{k=0}^{\infty} r_k = a_1 + 2a_2 + 3a_3 + \cdots$$
$$= \sum_{n=0}^{\infty} n a_n = A'(1) = \mu.$$

問 1. 本文のような取替方式が実行されると故障による取替は最初のうちはもとの取り付けた数から生じ，後には取り替えたもののうちから生じ，さらにまたそれらからも生ずるというようになる．それで時刻 t で故障する数は次式で表わされることを示せ:
$$M\left\{ p(t) + \sum_{x=1}^{n-1} p(x) p(n-x) + \sum_{y=2}^{n-1} \left[\sum_{x=1}^{y-1} p(x) p(y-x) \right] p(n-y) + \cdots \right\}.$$
ここに M は部品の総数．

問 2. 故障した部品を取替える方式において $f(t)$ を時刻 t において取替える数，$p(x)$ を時刻 $x+1$ になる直前故障する確率とする．時刻 $t-x$ に取替えた $f(t-x)$ のうち時刻 t で故障せずに(生き残って)いるものの年令は x になるから，それらが時刻 $t+1$ の直前で故障する確率は $p(x)$ である．時刻 $t+1$ の直前でこのように生き残っているものの故障する数は $p(x)f(t-x)$．よって時刻 $t+1$ の直前に故障するものの合計は
$$\sum_{x=0}^{\omega} f(t-x) p(x), \quad t=\omega, \ \omega+1, \ \omega+2, \cdots.$$
一方故障したものは取替えられるからこの量は時刻 $t+1$ の取替数 $f(t+1)$ に等しいから
$$f(t+1) = \sum_{x=0}^{\omega} f(t-x) p(x).$$
このことから $t \to \infty$ に対し $f(t) \to A_0$, すなわち取替数は一定におちつくことを示せ．

注意. 上の定差方程式は解 $y=A\alpha^t$ を代入して求められる．式を変形すると
$$\alpha^{\omega+1} - [\alpha^\omega p(0) + \alpha^{\omega-1} p(1) + \cdots + \alpha p(\omega-1) + p(\omega)] = 0.$$
$\sum_{x=0}^{\omega} p(x) = 1$ であるから一根は $\alpha=1$, ほかの根 α は $|\alpha|<1$．よって
$$f(t) = A_0 + A_1 \alpha_1^t + \cdots + A_\omega \alpha_\omega^t$$
と書き表わせる．

注意. 本章では扱っていないが取替の問題では取替の費用，部品をつかうときの損失などが実際問題では考慮されなければならない．それらに対しては初等的な取扱いが

Churchmann, Introduction to Operations Research;* 森口繁一他訳, オペレーションズリサーチ入門* にいくつか扱われている.

本章は Feller, Introduction to Probalility Theory and its Applications* ならびに西田俊夫, Renewal Problem (O.R 資料プリント) 未刊行 によっている.

第9章　在庫量管理

§40. 在庫量管理

　一定の期間を考え，この期間における顧客の需要にあてるための在庫は，期間の頭初にのみ注文され，この期間中一定売価で商品は売却され，この期間末において売れ残った商品は一定の処分価格で処分されるとする.

$$(売価 - 原価)/原価 = p, \qquad 原価 = P.$$
$$(原価 - 処分価格)/原価 = q.$$

この期間の頭初在庫を y，顧客の需要量を x とする.

　この期間における損失額は

$$y \leq x \text{ ならば } -Ppy,$$
$$y \geq x \text{ ならば } -Ppx + Pq(y-x).$$

この損失額は x と y との函数であるが x は未知であり y は制御できる量である. 顧客の需要 x は確率変数であり，過去の経験から x の分布が確率密度函数 $f(x)$ で与えられているとする.

　もし $x \geq y$ ならば潜在購買力の損失は考えないものとすると損失額の期待値(平均値)を最小にするような y がもっとも合理的な在庫量を与えるものと考えられる.

　損失額 w の期待値 $E\{w\}$ は

$$E \equiv E\{w\} = -\int_y^\infty Ppyf(x)\,dx - \int_{-\infty}^y [Ppx - Pq(y-x)]f(x)\,dx.$$

$E\{w\}$ を最小にする y を求めるために y につき微分して

$$\frac{dE}{dy} = Ppyf(y) - \int_y^\infty Ppf(x)\,dx - [Ppy - Pq(y-y)]f(y) + \int_{-\infty}^y Pqf(x)\,dx$$

$$= Pq\int_{-\infty}^y f(x)\,dx - Pp\int_y^\infty f(x)\,dx$$

$$= Pq\int_{-\infty}^y f(x)\,dx - Pp\int_y^\infty f(x)\,dx + Pp\int_{-\infty}^y f(x)\,dx - Pp\int_{-\infty}^y f(x)\,dx$$

§40. 在庫量管理

$$= P(p+q)\int_{-\infty}^{y} f(x)\,dx - Pp\int_{-\infty}^{\infty} f(x)\,dx$$

$$= P(p+q)\int_{-\infty}^{y} f(x)\,dx - Pp.$$

$$\frac{dE}{dy}=0 \text{ から } \int_{-\infty}^{y} f(x)\,dx = \frac{Pp}{P(p+q)}$$

なる y を求めればよい．

前の例を拡張して原価，利潤のほかに潜在購買力損失を考えてみよう．需要の分布函数は同じとして，供給不足から生ずる潜在購買力喪失の損失高を単位あたり e とする．

前と同様この期間中の損失額は

$$y \leqq x \text{ ならば } -Ppy + e(x-y),$$
$$y \geqq x \text{ ならば } -Ppx + Pq(y-x).$$

したがって損失額の期待値 $E\{w\}$ は

$$E = -\int_{y}^{\infty} Ppy f(x)\,dx + \int_{y}^{\infty} e(x-y) f(x)\,dx$$
$$- \int_{-\infty}^{y} Ppx f(x)\,dx + \int_{-\infty}^{y} Pq(y-x) f(x)\,dx.$$

よって

$$\frac{dE}{dy} = Ppy f(y) - \int_{y}^{\infty} Pp f(x)\,dx - e(y-y) f(y) - \int_{y}^{\infty} e f(x)\,dx$$
$$- Ppy f(x) + Pq(y-y) f(y) + \int_{-\infty}^{y} Pq f(x)\,dx$$
$$= Pq \int_{-\infty}^{y} f(x)\,dx - (Pp+e) \int_{y}^{\infty} f(x)\,dx$$
$$= \{P(p+q)+e\} \int_{-\infty}^{y} f(x)\,dx - (Pp+e).$$

$$\frac{dE}{dy}=0 \text{ から } \int_{-\infty}^{y} f(x)\,dx = \frac{Pp+e}{P(p+q)+e}$$

から y を求めればよい．

$f(x)$ が与えられれば表から y が求められる．

さらに簡単な例として 1 部 a_1 円で仕入れた新聞を a_2 円で売る売子があっ

たとし,一日平均 λ 人の客が買いに来る場合,彼はどのくらいの部数を準備すればよいかを考えよう.客の数 s は日々変動するが,これが λ を母平均とするポアソン分布 $p(s,\lambda)=\dfrac{\lambda^s e^{-\lambda}}{s!}$ に従うものとしよう.準備量を x とすると前と同様利潤は $s\leq x$ ならば sa_2-xa_1,$s>x$ ならば $x(a_2-a_1)$.

利潤の期待値 E は

$$E=\sum_{s=0}^{x}(sa_2-xa_1)p(s,\lambda)+\sum_{x=s+1}^{\infty}x(a_2-a_1)p(s,\lambda).$$

$\sum_{}^{m}p(s,\lambda)=P(m,\lambda)$ とおくと,

$$E=a_2\{x-xP(x,\lambda)+\lambda P(x-1,\lambda)\}-xa_1.$$

λ, a_1, a_2 に対して E を最大にする x の値は数値計算でも求めることができる.

在庫管理の問題はいろいろな仮定と立場から論ぜられているが,ここで簡単な場合についてさらに一つの方法を考えよう.

時間区間はただ一つ,取扱う商品も一種類であるとし,需要の確率分布がわかっているものとする.間近い未来に圧倒的な商品需要が考えられるようなときには一つの区間とみて扱うことができる.手もとにある商品のストック量を x とする.そこでいくらかの商品を発注する.発注された品物が時間的ずれなく入手できるとする.注文量がはいったときの初期ストックと注文量との合計を y とする($y-x$ が注文量である).需要量は確率的に変わると考えられその確率変数を p とする.考えている時間区間の需要の分布函数は

$$F(s)=P\{p\leq s\}.$$

$F(s)$ が与えられたとして,損失を表わす函数を W とする.$W(x,y,p)$ と表わされる.需要量 p が確率変数で偶然性をもつから $W(x,y,p)$ にも偶然性が入り一つの確率変数と考えられる.一般には種々な面から偶然性が入るわけであるがここでは上のように限る.

また需要量は x とか y にも関係すると考えられるので

$$F(s,x,y)=P\{p(x,y)<s\}.\text{[1]}$$

損失函数 $W(x,y,p)$ を需要量 p の分布について平均したものが平均損失であ

---

[1] もし多くの面から偶然性が入るときには p を需要量とせず偶然性をもつ多くの要因を同時に表わすベクトルと考え $F(s)$ を同時分布とみればよいことになる.

§40. 在庫量管理

る.

一般に確率変数 S の平均値を $E(S)$ で表わすとき S が離散的な値 $s_1, s_2, \cdots, s_n, \cdots$ を確率 $p_1, p_2, \cdots, p_n, \cdots$ でとるとき

$$E(S) = \sum_{i=1}^{\infty} s_i p_i.$$

もし S が確率密度函数 $f(s) = \dfrac{dF(s)}{ds}$ をもつとき

$$E(S) = \int_{-\infty}^{\infty} s f(s)\,ds.$$

これらを総括して

$$E(S) = \int_{-\infty}^{\infty} s\,dF(s)$$

と表わす.

平均損失を $V(x, y)$ で表わせばこれは $W(x, y, p(x, y)) \equiv W(x, y, p)$ の p の分布 $F(s)$ による平均値で

$$V(x, y) = \int_{-\infty}^{\infty} W(x, y, s)\,dF(s).$$

この平均損失をもとにして注文方策を考える. すなわち $V(x, y)$ を最小にするものが最適注文量である.

出発時のストック y は実際には x によりきまるから $y = y(x)$ とかくと

$$V(x, y(x)) = \min_{y} V(x, y)$$

となる $y(x)$ を求めて $y(x) - x$ が最適注文量である.

実際には $W(x, y, p)$ の形の決定がむずかしく一つのモデルとして次のようなものが考えられている:

$$W(x, y, p) = cy + c'(y, p) + c''(x, y).$$

ここで
$$c'(y, p) = \begin{cases} 0 & (p \leqq y \text{ のとき}), \\ A & (p > y \text{ のとき}); \end{cases}$$

$$c''(x, y) = \begin{cases} 0 & (y = x \text{ のとき}), \\ K'(y - x) + K & (y > x \text{ のとき}). \end{cases}$$

$c, A, K, K\check{}$ は正数とする.

c は商品単位量の運送費または生産費で cy は運送または生産のための費用,$c'(y,p)$ は需要が供給を超過したときに起る潜在購買力喪失の損失を意味し,$c''(x,y)$ は注文に要する費用で量に無関係な一定費用と注文量に比例した費用との和を示している.

このモデルでは需要に関係するのは $c'(y,p)$ だけであるから需要の確率分布について平均するには

$$E\{c'(y,p)\} = 0 \times P\{p \leqq y\} + A \times P\{p > y\}$$
$$= A\{1-F(y)\}.$$

したがって平均損失は

$$V(x,y) = \begin{cases} cy + A\{1-F(y)\} & (y=x \text{ のとき}), \\ cy + A\{1-F(y)\} + K'(y-x) + K & (y>x \text{ のとき}). \end{cases}$$

$V(x,y)$ を最小にする注文方策を求めるのに次の二つの関数を考える:

$$\lambda(x) = V(x,x), \quad \mu(x,y) = V(x,y) - \lambda(y).$$

$\lambda(x)$ は初期ストック x で全然注文しない場合の平均損失,$\mu(x,y)$ は注文のために要する余分の費用を示している.

x は固定しているから $V(x,y)$ を最小にする y は $V(x,y)-\lambda(x)$ を最小にするものであり,また $\lambda(y)+\mu(x,y)-\lambda(x)$ を最小にするものと同じである.

$$\lambda(y) + \mu(x,y) - \lambda(x)$$

で $y=x$ とおけば $\mu(x,x) = V(x,x) - \lambda(x) = V(x,x) - V(x,x) = 0$ であるから上式の最小値は零よりも小である.最小値の求め方は次の図式解法によると便利である.x の函数 $y(x)$ を u とおいて (u,v) 平面上で次のように考える.

まず (u,v) 平面を考え,この平面上に $v=\lambda(u)$ 曲線を画き,次に $v=\lambda(u)+\mu(x,u)$ 曲線を画く.

1) $v=\lambda(x)$ は u 軸に平行な直線であるが $v=\lambda(u)+\mu(x,u)$ が $u>x$ のところで常に直線 $v=\lambda(x)$ の上側にある場合.

2) $v=\lambda(u)+\mu(x,u)$ の少なくとも一点が $u>x$ のところで直線 $v=\lambda(x)$ の下側にくる場合.

1) のときは $u \geqq x$ なら $\lambda(u)+\mu(x,u)-\lambda(x) \geqq 0$ で $u=x$ のときこれが零であるから最小値が零で最適方策は $y=x$ で全然注文しないことである.

2) のときは $\lambda(u)+\mu(x,u)-\lambda(x)<0$ なる点があるから $v=\lambda(u)+\mu(x,u)$ の最小となる点として $u=y(x)$ を求め $y(x)-x$ を注文するのが最適である.

前述したモデルでは
$$\mu(x,y)=\begin{cases}0 & (y=x \text{ のとき}),\\ K'(y-x)+K & (y>x \text{ のとき}).\end{cases}$$

数値を与えて計算例を示すと $A=3, K=1, K'=0.$ 需要分布が
$$F(s)=\begin{cases}0 & (s<0 \text{ のとき}),\\ s & (0\leq s\leq 1 \text{ のとき}),\\ 1 & (s\geq 1 \text{ のとき})\end{cases}$$
とする.
$$\lambda(y)=cy+A\{1-F(y)\}=y+3(1-F(y)).$$

$v=\lambda(u)$ は
$$\lambda(u)=\begin{cases}u+3(1-u)=3-2u & (0\leq u\leq 1 \text{ のとき}),\\ u & (u\geq 1 \text{ のとき}).\end{cases}$$

$$\mu(x,u)=\begin{cases}0 & (u=x \text{ のとき}),\\ 1 & (u>x \text{ のとき}).\end{cases}$$

そこで $v=\lambda(u), v=\lambda(u)+\mu(x,u)$ の図をかいてみると直線図形であるからすぐわかるように, $x<\frac{1}{2}$ のときは $v=\lambda(x)$ に対し $u>x$ の部分で $v=\lambda(u)+1$ の点がこの直線の下にくる. その最小点は $u=1$. ところが $x\geq\frac{1}{2}$ のときは $u>x$ の部分で $v=\lambda(u)+1$ の点は常に $v=\lambda(x)$ の上側にある. よってこの場合の最適注文策は

$$x<\frac{1}{2} \text{ のとき } y(x)=1,$$

$$x\geq\frac{1}{2} \text{ のとき } y(x)=x.$$

よって最適注文量は $x<\frac{1}{2}$ のとき $1-x$, それ以外は全く注文しないことである.

問 1. 簡単な例として一時的に需要の集中する商品の注文量を考えてみよう. そこでは在庫はあまり問題でなく売れ残り商品の損失が考えられる.

今クリスマスケーキの仕入れの問題をみよう. 一個あたり販売による利潤が a 円, 売

れ残りケーキ一個損失が b 円とする.さらに過去の例年の経験から販売量の分布が確率密度函数 $f(s)$ で与えられているとする.また経験上 s_0 以上は売れないこともわかるとする.

いま実際の販売量が s,注文量を x とする.もし $s<x$ ならば売れ残りは $x-s$ で,このときの利潤は $as-b(x-s)$.もし $s>x$ ならば潜在購買力の損失は考えないとするとこのときの利潤は ax.

したがって注文量を x としたときの利潤の平均値(期待値) E は

$$E=\int_0^x \{as-b(x-s)\}f(s)ds+\int_x^{s_0} axf(s)ds.$$

x は平均値 μ,分散 σ^2 の正規分布に従うものとして,最適注文量を求めよ.

注意. $\displaystyle\int_0^x \frac{1}{\sqrt{2\pi}\,\sigma}\exp\left[\frac{-(s-\mu)^2}{2\sigma^2}\right]ds=\frac{a}{a+b}.$

与えられた a, b, μ, σ に対し正規分布の表から x が求められる.

$\dfrac{s-\mu}{\sigma}=t$ とおくと

$$\int_0^x \frac{1}{\sqrt{2\pi}}\,e^{-\frac{t^2}{2}}dt=\frac{a}{a+b}.$$

§41. 在庫量管理へ自動制御論の応用

在庫量と生産率を管理するのに自動制御の機構との類似性を応用することができる.

在庫管理機構への適用には,期間を通じての製造費用を最小にすることが望ましい.この費用は製造率の変化と製品の在庫量によって影響される.生産率は調節できるが在庫量の変化は需要者という外的条件に支配される.最適在庫量にするためには需要という外力を考慮して生産率を決定せねばならない.

入力としては最適在庫量 $\theta_i(t)$,出力としては現実の在庫量 $\theta_0(t)$,在庫量の過不足は

$$\varepsilon(t)=\theta_i(t)-\theta_0(t).$$

需要は外力 $\theta_L(t)$ とみなす,時点 t における実際の生産量を $\mu(t)$ としさらに新しく設計された生産量を $\eta(t)$,在庫量の多少,注文量などによる情報にもとづいて日々の生産率を決定する.またその結果での誤差をフィードバックしてふたたび新しい生産量の設計を行なう.ε により $\eta(t)$,それにより $\mu(t)$,それにより θ_0 がきまり ε がフィードバックしてもとにかえされる.そして $\eta(t)$

§41. 在庫量管理へ自動制御論の応用

は ε を小さくする方向にむけられる．

実際には製造期間があって時間的ずれが生じそれがフィードバックでふたたび調整されるのであるが時間的ずれのない場合をまず考えよう．このときは $\mu(t)=\eta(t)$ である．

そして
$$\theta_0(t)=K_1[\mu(t)-\theta_L(t)],$$
$$\mu(t)=K_2[\varepsilon(t)].$$

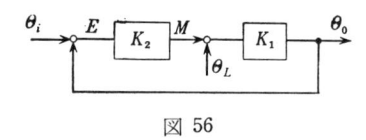

図 56

ここで K_1, K_2 としてどのような作用素をえらぶかが問題となる．

まず基本関係式として（K_1 の一つのえらび方である）
$$\frac{d\theta_0(t)}{dt}=\mu(t)-\theta_L(t)$$

をとろう．これは時点 t における在庫量変化率がそのときの生産量と需要量との差であると考えることである．$\varepsilon(t)$ を最小にするように $\mu(t)$ を決定するのが生産率決定の問題である．

次に生産に時間的ずれのある場合を考えよう．
$$\theta_0(t)=K_1[\mu(t)-\theta_L(t)],$$
$$\mu(t)=K_4[\eta(t)],$$
$$\eta(t)=K_2[\varepsilon(t)]+K_3[\theta_L(t)],$$
$$\varepsilon(t)=\theta_i(t)-\theta_0(t).$$

K_4 は生産のおくれの作用素，K_2, K_3 は在庫水準と新しい注文に関し新しい生産計画の決定方式を与えるものである．K_2, K_3 を求めるのが問題となる．K_4 は生産方式によりきまってくるものでたとえば生産のずれが一定周期 τ をもっていれば
$$\mu(t)=\eta(t-\tau).$$

そしてブロック線図は

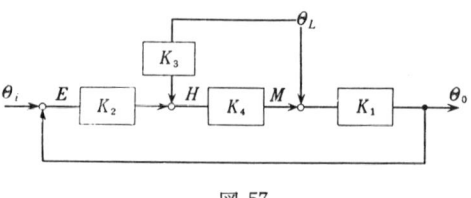

図 57

おくれのない場合

$f(t), \theta(t), \mu(t), \varepsilon(t)$ のラプラス変換を $F(s), \Theta(s), M(s), E(s)$ とすると，$f(0)=0$ ならば

$$\frac{d\theta_0(t)}{dt} = \mu(t) - \theta_L(t)$$

において時刻 $t=0$ で在庫量 0，すなわち $\theta_0(0)=0$ として両辺のラプラス変換をとると，

$$s\Theta_0(s) = M(s) - \Theta_L(s),$$

$$\Theta_0(s) = \frac{1}{s}[M(s) - \Theta_L(s)].$$

作用素 K_1 はラプラス変換すれば $\dfrac{1}{s}$ にあたる．次に $\mu(t) = K_2[\varepsilon(t)]$ で K_2 は線型作用素ならばエフ・リースの定理からある条件の下に積分の形で表わされそのラプラス変換をとれば定理 20.1 から積となる．よって両辺のラプラス変換をとれば

$$M(s) = K_2(s) E(s),$$

$$\varepsilon(t) = \theta_i(t) - \theta_0(t)$$

の変換は

$$E(s) = \Theta_i(s) - \Theta_0(s).$$

よって

$$\Theta_0(s) = \frac{1}{s}[M(s) - \Theta_L(s)],$$

$$M(s) = K_2(s) E(s),$$

$$E(s) = \Theta_i(s) - \Theta_0(s)$$

の三式を得る.

　そこで希望在庫量を一定の水準に保っておき需要の変化に応じて生産率を調節することを考える. そこでこの一定量を差引いたものをあらためて $\theta_i(t)$ とすれば $\theta_i(t) \equiv 0$ として一般性を失なわない. そのとき $\Theta_i(s) = 0$. よって

$$E(s) = -\Theta_0(s),$$

$$M(s) = -K_2(s)\Theta_0(s),$$

$$\Theta_0(s) = -\frac{1}{s}[K_2(s)\Theta_0(s) + \Theta_L(s)],$$

$$\Theta_0(s) = \frac{-\dfrac{1}{s}\Theta_L(s)}{1+\dfrac{1}{s}K_2(s)} = \frac{-\Theta_L(s)}{s+K_2(s)}.$$

生産率調節の作用素 K_2 としては $\varepsilon(t)$ をできるだけ小さくするようにえらばねばならない. $\varepsilon(t) = -\theta_0(t)$ であるから安定状態としては $\lim_{t\to\infty} \theta_0(t) = 0$ なるように K_2 をえらべばよい.

　自動制御の理論から外乱 $\Theta_L(s)$ に対する $\Theta_0(s)$ が安定なためにはその分母 $s+K_2(s)$ の零点の実部が負であればよい.

　例えば $K_2(s) = \dfrac{1}{s}(a+bs)$, $a>0$, $b>0$ にとれば安定条件を満足する.

　実際の $\mu(t)$ を求めるには需要状態 $\theta_L(t)$ が t の函数として与えられれば $\Theta_L(s)$ を求めその $\Theta_L(s)$ および $K_2(s)$ を上式に代入し, その逆変換として求められたものにより $\mu(t)$ が決定する.

例えば
$$\theta_L(t) = \begin{cases} 0 & (t<0), \\ 1 & (t\geq 0) \end{cases}$$

ならば
$$\Theta_L(s) = \frac{1}{s}.$$

よって
$$\Theta_0(s) = \frac{-1}{s^2+(a+bs)}.$$

ラプラス変換の定理 $\lim_{t\to\infty} \theta_0(t) = \lim_{s\to 0} s\Theta_0(s)$ から $\lim_{s\to 0} s\Theta_0(s) = 0$ であるから $\lim_{t\to\infty} \theta_0(t) = 0$ を満足していることもわかる.

　さらに

(41.1) $$M(s) = \frac{1}{s}\frac{a+bs}{s^2+(a+bs)}.$$

問. 式 (41.1) から生産量 $\mu(t)$ は $a>0$, $b>0$, $\dfrac{b^2}{4}>a$ ならば

$$1-e^{-\frac{b}{2}t}\cosh\sqrt{\frac{b^2}{4}-a}\,t+\frac{\frac{b}{2}}{\sqrt{\frac{b^2}{4}-a}}e^{-\frac{b}{2}t}\sinh\sqrt{\frac{b^2}{4}-a}\,t.$$

また $\dfrac{b^2}{4}<a$ ならば

$$1-e^{-\frac{b}{2}t}\cos\sqrt{a-\frac{b^2}{4}}\,t+\frac{\frac{b}{2}}{\sqrt{a-\frac{b^2}{4}}}e^{-\frac{b}{2}t}\sin\sqrt{a-\frac{b^2}{4}}\,t$$

となることを示せ.

次に生産にずれのある場合も同様である.

$$\mu(t)=\eta(t-\tau)$$

と仮定すれば

$$\frac{d\theta_0(t)}{dt}=\eta(t-\tau)-\theta_L(t).$$

$\eta(t)$ のラプラス変換を $H(s)$ とすれば前と同様にしてラプラス変換の定理 19.2 をつかって,

$$\Theta_0(s)=\frac{1}{s}[e^{-s\tau}H(s)-\Theta_L(s)],$$

また

$$H(s)=K_2(s)E(s)+K_3(s)\Theta_L(s),$$
$$E(s)=\Theta_i(s)-\Theta_0(s)$$

から $\theta_i(t)\equiv 0$ とおき $E(s)=-\Theta_0(s)$.

$$H(s)=-\Theta_0(s)K_2(s)+\Theta_L(s)K_3(s),$$

$$\Theta_0(s)=\frac{1}{s}[e^{-s\tau}\{-\Theta_0(s)K_2(s)+\Theta_L(s)K_3(s)\}-\Theta_L(s)]$$

$$=-\frac{1}{s}e^{-s\tau}K_2(s)\Theta_0(s)+\Theta_L(s)\left\{\frac{1}{s}e^{-s\tau}K_3(s)-\frac{1}{s}\right\},$$

$$\Theta_0(s)=\frac{(e^{-s\tau}K_3(s)-1)\Theta_L(s)}{s+e^{-s\tau}K_2(s)}.$$

§41. 在庫量管理へ自動制御論の応用

$t \to \infty$ に対し $\theta_0(t) \to 0$ なる要請には $\dfrac{\Theta_0(s)}{\Theta_L(s)}$ なる伝達函数の分母を0とおいた方程式

$$s + e^{-s\tau} K_2(s) = 0$$

の根の実数部分が負であればよい.

よって

$$K_2(s) = \frac{b_0 + b_1 s + \cdots + b_n s^n}{a_0 + a_1 s + \cdots + a_m s^m}$$

とおいて上の方程式の根の実数部分が負となるように $a_0, \cdots, a_m, b_0, \cdots, b_n$ を決定すればよい.

もし生産にずれがある確率分布 $f(\tau)$ にしたがっているならば

$$\mu(t) = \int_0^t f(\tau)\, \eta(t-\tau)\, d\tau$$

となりラプラス変換すれば

$$M(s) = F(s)\, H(s)$$

である.

このとき

$$\frac{d\theta_0(t)}{dt} = \mu(t) - \theta_L(t).$$

から

$$\Theta_0(s) = \frac{1}{s}[F(s)H(s) - \Theta_L(s)],$$

$$\Theta_0(s) = \frac{\{F(s)\, K_3(s) - 1\}\, \Theta_L(s)}{s + F(s)\, K_2(s)}.$$

特性方程式は

$$s + F(s)\, K_2(s) = 0.$$

例えば $f(\tau)$ として $f(\tau) = \lambda e^{-\lambda \tau}$ なる指数分布をとると $F(s) = \dfrac{\lambda}{s+\lambda}$ であるから

$$s(s+\lambda) + \lambda K_2(s) = 0.$$

$K_2(s) = a + bs$ ととれば方程式はとけるが実数部分が負になるようにえらべばよい.

例えば $K_3=1$, $K_2(s)=a+bs$, $F(s)=\dfrac{\lambda}{s+\lambda}$ ならば，さらに $a>0$, $b>0$ として

$$\frac{\Theta_0(s)}{\Theta_L(s)} = \frac{-s}{s^2+\lambda(1+b)s+\lambda a}.$$

よって $\theta_L(t)$ が前のようで $\Theta_L(s)=\dfrac{1}{s}$ ならば

$$\Theta_0(s) = \frac{-1}{s^2+\lambda(1+b)s+\lambda a}.$$

$s+F(s)K_2(s)=0$ の根の実部は負となり前と同様 $\lim\limits_{t\to\infty}\theta_0(t)=0$ となる．

注意. 本章では在庫量管理の問題について例を挙げたにとどまる．在庫量管理の問題はいろいろの方面から論ぜられており，数学的な手法も簡単な微分学の応用にすぎないものから線型計画法によるものなど種々とある．

本章最後の在庫量管理への自動制御論の応用は興味のあるもので H. A. Simon, On Application of Servomechanism Theory in the Study of Production Control, Econometrica 20 (1952) による．

参　考　書

第 1 章, 第 2 章
R. V. Churchill, Fourier Series and Boundary Value Problems.
E. C. Titchmarsh, Introduction to the Theory of Fourier Integrals.
H. S. Carslaw, Introduction to the Theory of Fourier's Series and Integrals.
W. Byerly, An Elementary Treatise on Fourier's Series.
N. Wiener. The Fourier Integral and Certain of its Applications.
S. Bochner, Vorlesungen uber Fouriersche Integrale.
泉信一, フーリエ解析概論. (共立全書), 共立出版.
E. T. Whittaker and G. N. Watson, Modern Analysis
高木貞治, 解析概論. 岩波書店.
寺沢寛一, 自然科学者のための数学概論. 岩波書店.
スミルノフ, 高等数学教程. 共立出版.

第 3 章
R. V. Churchill, Modern Operational Mathematics in Engineering.
D. V. Widder, The Laplace Transform.
G. Doetch, Theorie und Anwendung der Laplace-Transformation.
林五郎, ラプラス変換論. 河出書房.
城憲三, 応用数学解析. 養賢堂.
野邑雄吉, 応用数学. 内田老鶴圃.
河田竜夫, 応用数学, I, II. (岩波全書), 岩波書店.
山田直平, 国枝寿博, ラプラス変換演算子法.

第 4 章
伊沢計介, 自動制御入門. ホーム社.
上滝致孝, 自動制御概説. 東京電機大学出版部.
高井宏幸監修, 自動制御. コロナ社.
アイセルマン, 野本林訳, 自動制御理論. コロナ社.
S. A. MacColl, Fundamental Theory of Servomechanisms.
H. M. James, N. B. Nichols, R. S. Phellips, Theory of Servomechanisms.

第 5 章, 第 6 章, 第 7 章, 第 8 章, 第 9 章
J. McKinsey, Introduction to the Theory of Games.
J. von Neuman, O. Morgenstern, Theory of Games and Economic Behavior.
W. Feller, Introduction to Probability Theory and its Applications.
A. Charnes, W. W. Cooper, A. Henderson, An Introduction to Linear Programming.

参　考　書

C. W. Churchman, R. L. Ackoff, E. L. Arnoff, Introduction to Operations Research.
森口繁一他四名訳, オペレーションズ・リサーチ入門, 上下.

T. L Saaty, Mathematical Methods of Operations Research
山内二郎他二名訳, オペレーションズ・リサーチの数学的方法.

M. Sasieni, A Yaspan, L. Friedman. Operations Research (Methods and Problems).
森口繁一他五名訳, オペレーションズ・リサーチ 手法と例題). 叢書「経営数学」.

人 名 索 引

ギッブス　Gibbs, J. W. (1839—1903)　19
コーシー　Cauchy, A. L. (1789—1857)　99

シュワルツ　Schwarz, H. A. (1843—1921)　48

チェザロ　Césàro, E. (1859—1906)　4

ナイキスト　Nyquist, H. (1889—　)　14
ノイマン　von Neumann, J. (1903—1957)　176

パーセバル　Parseval　3
フェジェール　Féjer, L. (1880—1959)　4
フーリエ　Fourier, J. B. J. (1768—1830)　2
フルウィッツ　Hurwitz, A.　14
ベッセル　Bessel, F. W. (1784—1846)　158

ラプラス　Laplace, P. S. (1749—1827)　62
ルジャンドル　Legendre, A. M. (1752—1833)　158

事 項 索 引

I 動作　156
アーベルの定理　43
インデシャル応答　127
Mp 基準　155

過渡応答　127
技巧的変数 artificial variable　203
基底 basis　198
基底解 basic solution　198
基底実行可能解 basic feasible solution　198
基底変数 basic variable　198
区分的連続　2

ゲイン位相線図　133
ゲームの値　171, 176
ゲームの理論 theory of game　169
弦の振動の微分方程式　33, 56, 119
合成函数 convolution　30
　――のラプラス積分　88
cosine 変換　27
混合方策　174

再帰現象　230
再帰方程式 renewal equation　230
在庫量管理　238
最適基底実行可能解　198

最適在庫量　244
最適注文量　241
sine 変換　28
軸 pivot　210
周波数応答　129
需要の分布関数　240
シュワルツの不等式　48
純粋出生過程　220
純粋方策　174
シンプレックス法 simplex tableau　210
制御係数　152
制御系の安定，不安定　144
制御面積　154
清算行列　172
生成死滅過程 birth and death process　218
積分函数のラプラス積分　84
線型計画法 linear programming　197
損失函数　240

第一種帯球函数　165
第一種ベッセル函数　160
退化の場合 case of degeneracy　213
第二種帯球函数　166
第二種ベッセル函数　161
チェザロ総和法　4
調整変数　197
定常位置偏差　152
D 動作　157
伝達函数　126
導函数のラプラス積分　85
取替問題　233

ナイキストの条件　14
熱伝導の微分方程式　40, 52, 116

パーセバルの等式　3

反転公式　27, 28, 29
非基底変数　198
P 動作　155
フェジェールの定理　4
フーリエ級数　2
　——の収束定理　2
フーリエ係数　2
フーリエ積分　24
フーリエ積分定理　26
フーリエ・ベッセル展開　163
フーリエ変換　29
フルウィッツの条件　14
ブロック線図　134
平均収束　4
ベクトル軌跡　133
ベッセル微分方程式　160
変形ベッセル函数　163
母函数 generating function　219
ボーデ線図　133
ポテンシャルの微分方程式　46

待行列 waiting line　226

輸送問題　188

ラプラス逆変換　90
ラプラス積分　62
　——の一意性　70
　——の一様収束　78
　——の一様収束座標　80
　——の収束域　65
　——の収束座標　65
　——の正則性　80
　——の積分　83
　——の絶対収束域　66
　——の絶対収束座標　66
　——の微分　82

ラプラス変換 62
　——の表 73
ルジャンドル微分方程式 165

ループ伝達函数 142
零函数 67
零和ゲーム 170

著者略歴
清水辰次郎
- 1897年　東京に生れる
- 1924年　東京帝国大学理学部数学科卒業
- 1932年　大阪帝国大学教授
- 1949年　神戸大学教授
- 1951年　大阪府立大学教授
- 1961年　東京理科大学教授
　　　　　理学博士

朝倉数学講座 10

応用数学

定価はカバーに表示

1961年 9 月10日　初版第 1 刷
2004年 3 月30日　復刊第 1 刷

著　者　清水辰次郎（しみずたつじろう）
発行者　朝　倉　邦　造
発行所　株式会社　朝　倉　書　店
　　　東京都新宿区新小川町6-29
　　　郵便番号　１６２-８７０７
　　　電　話　03（3260）0141
　　　FAX　03（3260）0180
　　　http://www.asakura.co.jp

〈検印省略〉

©1961〈無断複写・転載を禁ず〉　　　新日本印刷・渡辺製本

ISBN 4-254-11680-2　C 3341　　　　　Printed in Japan

前東工大 志賀浩二著 数学30講シリーズ 1 **微 分・積 分 30 講** 11476-1 C3341　Ａ５判 208頁 本体3200円	〔内容〕数直線／関数とグラフ／有理関数と簡単な無理関数の微分／三角関数／指数関数／対数関数／合成関数の微分と逆関数の微分／不定積分／定積分／円の面積と球の体積／極限について／平均値の定理／テイラー展開／ウォリスの公式／他
前東工大 志賀浩二著 数学30講シリーズ 2 **線 形 代 数 30 講** 11477-X C3341　Ａ５判 216頁 本体3200円	〔内容〕ツル・カメ算と連立方程式／方程式，関数，写像／２次元の数ベクトル空間／線形写像と行列／ベクトル空間／基底と次元／正則行列と基底変換／正則行列と基本行列／行列式の性質／基底変換から固有値問題へ／固有値と固有ベクトル／他
前東工大 志賀浩二著 数学30講シリーズ 3 **集 合 へ の 30 講** 11478-8 C3341　Ａ５判 196頁 本体3200円	〔内容〕身近なところにある集合／集合に関する基本概念／可算集合／実数の集合／写像／濃度／連続体の濃度をもつ集合／順序集合／整列集合／順序数／比較可能定理，整列可能定理／選択公理のヴァリエーション／連続体仮設／カントル／他
前東工大 志賀浩二著 数学30講シリーズ 4 **位 相 へ の 30 講** 11479-6 C3341　Ａ５判 228頁 本体3200円	〔内容〕遠さ，近さと数直線／集積点／連続性／距離空間／点列の収束，開集合，閉集合／近傍と閉包／連続写像／同相写像／連結空間／ベールの性質／完備化／位相空間／コンパクト空間／分離公理／ウリゾーン定理／位相空間から距離空間／他
前東工大 志賀浩二著 数学30講シリーズ 5 **解 析 入 門 30 講** 11480-X C3341　Ａ５判 260頁 本体3200円	〔内容〕数直線の生い立ち／実数の連続性／関数の極限値／微分と導関数／テイラー展開／ベキ級数／不定積分から微分方程式へ／線形微分方程式／面積／定積分／指数関数再考／２変数関数の微分可能性／逆写像定理／２変数関数の積分／他
前東工大 志賀浩二著 数学30講シリーズ 6 **複 素 数 30 講** 11481-8 C3341　Ａ５判 232頁 本体3200円	〔内容〕負数と虚数の誕生まで／向きを変えることと回転／複素数の定義／複素数と図形／リーマン球面／複素関数の微分／正則関数と等角性／ベキ級数と正則関数／複素積分と正則性／コーシーの積分定理／一致の定理／孤立特異点／留数／他
前東工大 志賀浩二著 数学30講シリーズ 7 **ベクトル解析 30 講** 11482-6 C3341　Ａ５判 244頁 本体3200円	〔内容〕ベクトルとは／ベクトル空間／双対ベクトル空間／双線形関数／テンソル代数／外積代数の構造／計量をもつベクトル空間／基底の変換／グリーンの公式と微分形式／外微分の不変性／ガウスの定理／ストークスの定理／リーマン計量／他
前東工大 志賀浩二著 数学30講シリーズ 8 **群 論 へ の 30 講** 11483-4 C3341　Ａ５判 244頁 本体3200円	〔内容〕シンメトリーと群／群の定義／群に関する基本的な概念／対称群と交代群／正多面体群／部分群による類別／巡回群／整数と群／群と変換／軌道／正規部分群／アーベル群／自由群／有限的に表示される群／位相群／不変測度／群環／他
前東工大 志賀浩二著 数学30講シリーズ 9 **ルベーグ積分 30 講** 11484-2 C3341　Ａ５判 256頁 本体3200円	〔内容〕広がっていく極限／数直線上の長さ／ふつうの面積概念／ルベーグ測度／可測集合／カラテオドリの構想／測度空間／リーマン積分／ルベーグ積分へ向けて／可測関数の積分／可積分関数の作る空間／ヴィタリの被覆定理／フビニ定理／他
前東工大 志賀浩二著 数学30講シリーズ10 **固 有 値 問 題 30 講** 11485-0 C3341　Ａ５判 260頁 本体3200円	〔内容〕平面上の線形写像／隠されているベクトルを求めて／線形写像と行列／固有空間／正規直交基底／エルミート作用素／積分方程式／フレードホルムの理論／ヒルベルト空間／閉部分空間／完全連続な作用素／スペクトル／非有界作用素／他

上記価格（税別）は2004年2月現在